中国民居三十讲

王其钧 编著

中国建筑工业出版社

图书在版编目(CIP)数据

中国民居三十讲／王其钧编著. —北京：中国建筑工业出版社，2005（2023.2 重印）
ISBN 987-7-112-07709-0

Ⅰ.中… Ⅱ.王… Ⅲ.民居-建筑艺术-中国 Ⅳ.TU241.5

中国版本图书馆 CIP 数据核字(2005)第 100439 号

责任编辑：费海玲 张振光
责任设计：刘向阳
责任校对：王雪竹 刘 梅

中国民居三十讲
王其钧 编著
*
中国建筑工业出版社出版、发行（北京西郊百万庄）
各地新华书店、建筑书店经销
北京美光制版有限公司制版
天津图文方嘉印刷有限公司印刷
*
开本：880×1230 毫米 1/32 印张：13⅜ 字数：500 千字
2005 年 11 月第一版 2023 年 2 月第六次印刷
定价：**68.00** 元
ISBN 978-7-112-07709-0
(13663)

CONCENTS 目 录

第一讲

民居的历史发展

东汉楼阁式陶屋

中国是一个幅员辽阔、民族众多而又历史悠久的国家。中国民居不但式样丰富多彩，分布广泛，而且民居的发展与演变也经过了一个复杂而漫长的过程。

原始社会虽然生产力低下，建筑更无法与其后的任何一个社会形态时的建筑相比，但它却是其后各社会形态建筑的基础与发轫。

原始社会分为旧石器时代与新石器时代两个部分。旧石器时代由猿人出现开始，直到成长为完全脱离低级动物界的人类，其间经历了一个较为漫长的过程，而在这期间的居住空间的发展，也随着人类自身的不断成长而演变。

猿人在相当长的一段时期内，基本和现在的大猩猩、长臂猿等类人猿一样，生活在茂密的森林中，而且猿人为了躲避猛兽的侵害，多住在树上，并且是几十个人集体生活的群居方式。其后，经过不断的探索发展，猿人拥有了粗糙的生产工具。生产工具使猿人的生活逐渐向好的方向改变。同时，居住条件也渐渐得到改善。一部分猿人选择在山洞中居住，而仍在树上居住的猿人也对所住“居室”进行了修补，有了“建造”的意识。

无论是居住在树上还是居住在山洞内的猿人，都在不断发展。生产工具也逐渐细致、丰富，人们的生活质量改善了，人群数量也有所增加，繁衍。人类社会渐渐脱离了群婚方式，而开始有了氏族的萌芽。不过，就居住建筑本身来说，因为生活在树林与山洞中的环境的不同，渐渐发展演化为巢居和穴居两种形式。其后，直到新石器时

山西黄土高原土砌简易窑洞

代，原始社会居住建筑的发展，基本是在这两种形式的基础上逐步完善的形式。

巢居，在原始社会初期，单指建于树上的居住形式。后来这一概念也包括搭建于地面上的、从树上建筑延续而产生的建筑。所以，一般来说，所谓的巢居也就是指底层架空的居住形式。

穴居是由自然山洞发展而来的。当选择居住山洞的人类逐渐发展壮大后，一个山洞不再适合居住，便要寻找新的山洞，但自然界的山洞是有限的，人们在无法找到新的山洞时，从山洞的形式中受到启发，开始人工挖掘洞穴。

生产工具的发展，居住形式的改变，又促使人类向前迈进了一大步，进入了新石器时代。

从古至今的发展规律来看，居住建筑乃至其他一切事物，一般的进化模式在时间比例尺上的显示为发展越来越快。原始社会约经历了二三百万年的发展，而其中的新石器时代只占最后的一万年，也就是说新石器时代在时间上只占原始社会的极小一部分，但其居住建筑的发展，无论是在建造技术上还是在发展速度上，却是之前的二三百万年无法比拟的。

巢居最先选择在自然生长的单株树木上搭设，到了新石器时代已经可以根据生活需要，任意于地面搭设了。当然，为了更适合生存，一般选择在有水源，可渔猎，方便采集的地点。人们还根据所选地点的实际情况，分别采用打桩、栽柱两种方法，进行地面搭设，并且在建筑的细致性上有很大程度的提高。

由搭建过程，很容易看出其相较于原始社会初期的单株树木巢居的进步程度。它不但使人们摆脱了对自然的单纯依赖，而且形成了一种较为新式的建筑类型与居住方式。

陕北土坯窑

穴居形式主要经历了横穴、袋型竖穴、半穴居、原始地面建筑、分室建筑等几个阶段。最早的横穴只是对自然山洞的简单模仿，是对原有土材料的削减，是一种除了内部空间和穴口之外没有更多外观体形的建筑形式。

在漫长的旧石器时代，原始人类基本是居住在山洞与横穴内。而其后的竖穴、半穴居乃至地面建筑等形式，则是新石器时代住宅形式的发展。特别是半穴居和地面建筑，是以覆盖上面的建筑顶部构造为营造重点的居住空间。除了要利用较先进的生产工具及较高的搭建技术外，在材料的使用上更是一个飞跃。因为顶部巨大，在穴内要用木柱支撑，木结构完全起承重作用，而且木构架被整齐有序地排列。这些以绑扎方式结合的木梁及屋面支承结构，无疑为其后的中国传统木结构建筑，奠定了最初的基础，并提供了宝贵的经验。

原始社会末期，出现了氏族首领，相对前期来说，社会有了私有化的趋势。但基本上还是原始的公有制方式。而公元前21世纪时，夏朝的建立则彻底地结束了原始公有制生产方式，并表明了私有制度的确立。

随着私有制的产生，阶级出现了，这使得人类内部有了等级的划分，有了奴隶主统治阶级，也有了被统治的奴隶阶级，及一般平民阶层。身份等级的划分，使居住的房屋也出现了不同的等级，奴隶主特别是处于统治阶级顶端的君主，居住在宫廷御苑中，而普通庶民只能居住在较简易的住所里。应该说，中国从此才有了“民居”这一对民间居住形式的称谓，因为民居就是相对官式与皇家建筑而言的。

虽然说在原始社会，新石器时代与旧石器时代相比，居室的发展速度有了飞跃，但其实这一阶段的发展仍是非常缓慢的。旧的居住模式在夏、商时代仍有所延续，这是由当时的社会经济发展状况决定的。因此，原始社会的一些生活传统与方式，仍在夏、商两朝得到继承与保留。所以，即使贵为帝王宫室，仍然未能摆脱“茅茨土阶”的原始状态。

夏代在中国的历史长河中，是紧随原始社会之后的朝代，距离今天已十分遥远。因此，其建筑也和原始社会一样，只有部分遗址而没有实物留存至今。

夏代聚落与民居遗址中，较有代表性的有内蒙古伊克昭盟朱开沟遗址、山西夏县东下冯村二里头文化居住遗址、河南商丘县坞墙二里头文化居住建筑遗址、河南偃师县二里头文化居住建筑遗址等。

内蒙古伊克昭盟朱开沟遗址，位于内蒙古自治区伊克昭盟伊金霍洛旗的朱开沟，发掘遗迹中既有夏代早期住所，也有中、晚期住所。早期住宅的建筑形式，主要是半地穴和地面建筑，房屋的平面，尤其是面积较大的房屋的平面，以圆形或近似圆形为主，另有少部分四角为圆角的方形和矩形平面房屋。早期较大的圆形房屋，直径一般在5米左右。中期民居，以方形或长方形平面的浅穴为主，部分为圆角方形。晚期民居，则以长方形平面的浅穴数量为最多，另有部分圆形及圆角方形平面的。

山西夏县东下冯村二里头文化居住遗址，位于山西夏县东下冯村东北。据推断，其营建与存在时间应在夏代中、晚期及商初。遗址面积达25万平方米，房屋形式有半地穴、窑洞和地面建筑三类，以窑洞形式为最多。窑洞都是依靠黄土崖或沟壁开凿而成，

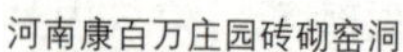
河南康百万庄园砖砌窑洞

面积较小，一般在5平方米左右。平面有方形、圆形、椭圆形三种。窑洞内室顶多收为穹窿形，内壁上多置有小龛，室角设有火塘，有的还在上方引烟道通向室外。除居室外，还挖掘有窖穴、灰坑、水井等。整个聚落外围有二重濠沟圈护，濠沟的横断面都呈上大下小的梯形，深度约为3米。两濠沟间隔约10米，是聚落重要的防御设施。

河南商丘坞墙二里头文化居住建筑遗址内，已发现的房址的平面均为圆形。其中较为完好的一座建于地面，直径约3米，室内地面只略低于室外。此房的外围还有草、泥、砂等材料砌筑的墙垣。

民居发展到商代时，虽然保存了若干半地穴的形式，但地面建筑已明显占据优势，这表明木构架及夯土墙垣已得到逐步推广。同时，还发现带有台基的建筑遗址，地面分室建筑形式也较多地出现。

山西夏县东下冯村商代聚落遗址，原建于夏代中期，商代时被继续使用，并有所增修与扩建。这一聚落的外围是宽达8米的夯土墙，基本已包纳了原有的二重濠沟。此外，还发掘有十多处成行排列的基址。基址高出地面30~50厘米，形成一个个凸起的台基，台基的直径多在8~10米之间。台基的中心有一个直径约30厘米的大柱洞，边缘则环列有几十个较小的柱洞。建筑下面有凸起的台基，表明建筑已完全脱离了原始的穴居形式。

黑龙江朝鲜族茅草顶、土墙民居

黑龙江朝鲜族水泥抹面墙体民居

河南偃师二里头建筑遗址中，也有高出地面的台基遗迹。如位于第三发掘区内的一处台基，呈东西走向的狭长条状，东西长约28米，南北只有8米左右。台基现残存夯土厚在0.16~1米之间。此处遗迹不但有台基，而且在台基上有木骨泥墙环绕相隔，成为三间建筑形式，这表明穴居形式已发展到了地面分室建筑阶段。

类似的地面分室建筑，在河南柘城孟庄商代居住建筑遗址中也有发现。从遗迹可以看出，这个建筑由三间房屋组成，三者共建于一座夯土台基上。最西边的一间，平面近似方形，面积约7.5平方米，室门辟在南墙的东端，宽约半米。中间的一座最大，面积约18平方米，平面为长方形，室内偏东北处有一段泥墙和一个灰坑，东南角有一个略呈长方形的灶坑，室门位于南墙偏东处。东边的一间，平面也近似方形，面积比西间稍小，室门开在南墙西端。这三间建筑遗址，并没有使用木柱的痕迹，应当是以两端山墙作为屋顶承载的。

夏朝建立了奴隶制国家，社会形态与之前相比有了一个质的飞跃，社会的各个方面随之产生根本性的改变，建筑当然也不例外。不过，因为经济水平还是很低，所以在建筑形态上，较为突出的质变表现出来时，已是商代的中后期了。其主要表现在于建筑木构架开始慢慢复杂、独立起来。

总的来说，夏、商时期的建筑活动，不但起着“承前启后”的巨大作用，同时还

云南西双版纳傣族干阑民居

东汉干阑式陶屋

东汉干阑式建筑陶屋

东汉干阑式陶屋

为中国传统建筑确立了许多原则和规范。可以说，举世闻名的独特的中国建筑体系，就是在这样的基础上一步步发展起来的。

夏、商之后的周朝在前者的基础更进一步发展，建筑活动十分活跃，成为社会生活中的重要组成部分。建筑涉及相当广泛，城邑、宫室、坛庙、陵墓、苑囿、道路、水利、民居等各个方面均有建设。

周代的建筑技术比夏、商来说是一大进步，其表现在多个方面。首先是木构架在建筑中得到进一步肯定。人们在长期的实践和比较中，发现了木建筑越来越多的优点。虽然当时的建筑不乏石料，但仍以木材为主。自原始社会后期就常见于建筑中的擎檐柱，仅在周代早期还能见到，而以后的出土遗址乃至铜器图像中都已不复见。这大概是因为斗栱已被较多地使用，取代了这种柱子的功能。木构架得到广泛应用的同时，榫卯等连接件的使用也越发成熟。

此外，夯土技术的发展，石材的辅助运用，金属件的应用等，也都表明了周代建筑技术的进步。特别是周代末期陶制砖、瓦等材料在建筑中的应用，更是中国建筑技术发展中的一件大事。它不仅使建筑结构和构造产生了重大变革，同时也对建筑外观和用途有着诸多影响。

不过，一般的民居建筑，虽也有发展，但却不能与宫殿及官式建筑相比，除了财力因素外，等级制度也是限制民居发展的一个重要原因。周代的民居建筑相对来说，仍然较为简陋，因此少有留存，其建筑式样也多为依据遗址发掘的推断。

西周早期民居仍多沿用商代之前的半穴居形式，平面上也没有太大的变化，也有深浅穴之分。不过在单室式房屋之外，较多的是分室式房屋。当然，这时期也有部分木结构的地面房屋形式。

东周时士大夫的居所一般可以建一个小院，有前后两排建筑，这在《仪礼》中的记载是：前排房屋面阔三间，中央为门道，两边为堂、室；后排房屋面阔五间，中央三间是起居与接待宾客的厅堂，两侧隔墙分别为南北向排列的东堂、东夹和西堂、西夹，此排房屋后面连着的后室是寝室。

由商到周的长期发展，房屋的造型逐渐有了质的飞跃，特别是西周末期，奴隶制开始瓦解，封建制度萌芽。这一时期，不但房屋的结构越来越复杂，而且作为中国几千年传统房屋中最富表现力的屋顶样式开始有了变化。当然，这并不是某一个时期的突然变化，而是在长期发展的基础上逐渐演变的。

夏、商时期虽然有了宫室、宗庙、民居等建筑类型的划分，出现了等级，但尚未形成一个完整的建筑体系，没有为不同类型的建筑各自整理出一套较为完备和通用的制式来。周代末期，各类建筑则都有了严格的等级制度。周代还出现了目前所知中国最早的建筑文献《周礼·考工记》，这对后世建筑，特别是宫殿、皇城的设置形式影响很大。这从以后各朝各代建筑中可以明显看出。

周朝后期群雄并立，最后秦始皇灭六国实现统一，但只有十四年的短暂统治，其后，中国迎来了历史上第一个长期统一而强大的封建王朝——汉。

汉朝民居建筑虽然没有发现实例，但从当时建筑的全面蓬勃发展来看，民居也应处在极为繁荣兴旺的上升时期。同时，与之前各朝相比，我们对于汉代民居建筑的了解，除了通过发掘遗址外，还有一些画像石、画像砖、壁画、器皿及文献等资料可作研究参考，我们从中得知的这一时期的建筑形态也更为清晰明了。

从这些资料上可以看到，汉代民居建筑无论在结构类型、单体或组合配置等方面，都已达到相当成熟的状态。而其表现形式大都是木架构，包括抬梁、穿斗、干阑、井干结构等形式。

抬梁式是中国古代建筑中最为普遍的木构架形式，它是在柱子上放梁，梁上放短柱，短柱上再放短梁，层层叠落直至屋脊，各个梁头上再架檩条以承托屋椽的形式，即用前后檐柱承托四椽栿，栿上再立两童柱承托平梁的做法。抬梁式结构复杂，要求加工细致，但结实牢固、经久耐用，且内部有较大的使用空间，同时还可做出美观的造型、宏伟的气势。

穿斗式构架的特点是柱子较细且密，每根柱子上顶一根檩条，柱与柱之间用木串接，连成一个整体。采用穿斗式构架，可以用较小的料建较大的屋，而且其网状的构造也很牢固。不过因为柱、枋较多，室内不能形成连通的大空间。

干阑式木构架是先用柱子在底层做一高架，架上放梁、铺板，再于其上建房子。这种结构的房屋高出地面，可以避免地面湿气的侵入。

井干式构架用原木嵌接成框状，层层叠垒，形成墙壁，上面的屋顶也用原木做成。这种结构较为简单，所以建造容易，不过也极为简陋，而且耗费木材。

云南大理某民居精美的门楼

建筑的规模大小、平面组合、外观形式，都在很大程度上受到结构类型与材料特性的制约，汉代民居也不例外。一般来说，采用抬梁与穿斗式结构的民居，在建筑规模与平面变化上，比干阑式与井干式为优。

汉代规模较小的房屋，平面多为矩形或曲尺形，面阔一到三间，室门位于中央或一侧。房屋的外观多数为单层，少部分为二层，上面多是两面坡悬山顶。而较大型的住宅，则多有前后两排房屋，之间为院落；有的还用墙将房屋连接起来，形成封闭的“口”字形住宅；有的是将主体房屋建在中央，前后以院墙连接次要建筑，形成“日”字形。

富豪和地位较高的官吏、贵族等的宅第，则有多重房屋与院落，主要厅堂位于宅后

东汉楼阁式陶屋

东汉楼阁式陶屋

东汉牲畜用陶屋

东汉用于防御性的陶屋

部，有的还附带园林。房屋一般多设围廊，大门处还常设有双阙。《后汉书》卷六十四就有对此类宅第的记载："冀乃起第舍，而寿亦对街为宅，殚极土木，互相夸竞。堂寝皆有阴阳奥室，连房洞户，柱壁雕镂，加以铜漆，窗牖皆有绮疏青琐，图以云气仙灵。台阁周通，更相临望。飞梁石磴，凌跨水道。金玉珠玑，异方珍怪，克积藏室。"

从现存遗址和众多的资料来看，汉代的民居建筑大多没有明显的中轴线，即使富豪的大宅也是如此，较为灵活而富有变化，这与后世宅第多采用中轴对称布局的形式有所区别。

总观汉代遗存的画像砖、壁画等表现出的民居，形式千姿百态，丰富多彩，令人目不暇接。出现的建筑类型有大、中、小型住宅，及坞堡、楼屋、塔楼、仓廪、畜栏、厕所、作坟、亭榭、水井等多种附属建筑形式，建筑部件或元素有屋顶、门窗、斗栱、台基、勾阑、踏跺、门阙、门楼、墙垣、角楼等。中国古代居住建筑的整体与局部形式，这时几乎全都具备，有些还一直沿用至今。因此可以说，中国古代的各种类型民居，在汉代后期已基本出现。

由此，联系整个中国古代建筑发展史，汉代当属中国封建社会建筑发展的第一个高峰，后来的隋唐则是第二个高峰。秦汉与隋唐之间的三国、两晋、南北朝时期，则属于两高峰之间的过渡期。这一时期,除对汉代建筑的继承与发展外，还因国家大部分

北京某四合院民居

时间处在分裂割据和战乱状态，而使建筑带有自己的特色。这突出表现在城堡、望楼等防御设施的增建上。虽然豪华的大型贵族城堡建筑，由于南北朝时的“抑门阀”运动而有所收敛，但却没有绝迹。当然，有能力营造这样建筑的都是贵族、权臣、富贾。

此时的平民与下级官吏住宅相对来说是很简陋的。据说宋武帝出身寒门，即使做了帝王依然生活简朴，他的孙子孝武帝在大明年间，将藏有他衣冠的“阴室”拆毁建宫殿时，见其床头有土筑屏风，土壁上挂葛制灯笼，其简朴可见一斑。而孝武帝说：“田舍公得此，已为过矣。”这说明一般平民还住不上这样的房子，由此可知平民住宅的简陋。

分裂割据的政治局面，使得社会的各个方面都不再有统一局面下的严谨，虽然文人没有春秋战国时期士人的地位，但文艺气息浓烈，涌现出很多留名青史的诗文大家，而正因为其中的很多名士不得志，又崇尚老、庄之学，使得玄学清谈之风盛行，居室也受到这种风气的影响，追求舒适、自然的田园之美。

文人名士以诗、文著称于世，其中大多数人更是将自己所居宅室写入诗文。如南朝时最为著名的庄园始宁别业，是当时的著名诗人谢灵运退隐后居所，它的闻名就是由于谢灵运作了《山居赋》这篇流传千古的文章。谢灵运的这篇文章与其他文人名士对当时住宅、庭园的记述与描写，在其实物已不存的今天，无疑是极好的了解当时住宅情况的文献资料。

总体来说，中国建筑在汉、唐之间的过渡期，直到南北朝前期，还多是承继汉朝建筑形制。由南北朝中后期开始，有了较大的发展与变化，其突出之处就是屋顶的外观，出现了屋面为下凹曲面，屋角稍微翘起，檐口呈反翘曲线的形式。而之前的两汉、魏晋、南北朝前期，房屋都是平坡屋顶、直檐口的形式。这为以后的飞檐起翘的活泼的中国屋顶形象奠定了基础。

经过三百年的过渡与发展，中国建筑进入了又一个高潮——隋唐。近代所说的中国传统木结构，即以木构架为骨干，墙只是围护结构，墙倒屋也不塌的建筑结构，真正始于此时。而之前即使是大型宫殿，也都是土木混合结构，而非全木结构。在建筑风格上，隋唐以前，自汉朝开始基本都是古拙端正而严肃的汉代风格，建筑多使用挺直方正的直线。从唐朝开始，建筑风格转为豪放富丽，建筑多使用遒劲挺拔的曲线。

唐代地方城市与长安、洛阳一样，民宅建在坊内，而把官署和主要官员住宅放在子城中。一般民居仍是土墙承重，上架梁檩，草顶民居相当普遍。

唐制规定，王公及三品以上官员，可以建面阔三间、进深五架的悬山屋顶大门，门旁依官阶设戟架置戟，用来象征仪仗，烘托气氛。官阶大的还可以在门外设阍人之室，也就是守卫室；如果一家有多位显官，则可于大门左右另开门；五品以上官员，宅邸门外可另立乌头门，也就是后代牌坊的起源。这些大宅第一般分为外宅和内宅两部分，外宅是男人的活动场所，内宅则居女眷。外宅主要建筑是接待宾客的厅堂，在全宅中最为雄伟豪华。堂与宅门之间有中门。堂之后也有门，门内即为寝，是内宅的主体建筑，也是女主人接待宾客之处，其规模与堂相当或稍低。以堂和寝为主，分别围成一进大院落。

比大型住宅稍低一级的是六品以下及城市富户所居住宅。唐《营缮令》中规定，六品以下官员住宅和庶人住宅基本相同，大门阔一间，深两架，堂阔三间。进深上则是庶人四架，官员五架。

长安、洛阳是都城，除王公与高官外还有很多中下级官员，因为升谪调动无常，所以大多数官员租赁城中房屋居住。其规模自然不能与王公相比，但也不受一般住宅间数的限制，因为租屋者也有大小官阶的不同。如唐代大诗人白居易，于唐贞元十九年（803年）在长安做校书郎，因为此官阶为正九品上，属最下级官员，所以只能租住茅屋四五间，和平民居室同制。

外地州县与乡村住宅自然属于民居最低等级。北方建筑大部分为夯土垣墙，上加木屋架，或盖瓦，或铺茅草；江南地区建筑则较多用茅草或竹苇，不过后来因茅草易发生火灾而有所改变，这在《旧唐书》与《新唐书》中均有相关记载。《旧唐书·宋

北京四合院民居群

东汉陶屋

璟传》载："广州旧俗，皆以竹茅为屋，屡有火灾。璟教人烧瓦，改造店肆，自是无复延烧之患。人皆怀惠，立颂以纪其政。"大约发生唐睿宗末年（712年左右）。《新唐书·循吏传·韦丹》则载有江西的类似事："始，（洪州）民不知为瓦屋，草茨竹椽，久燥则戛而焚。丹召工教为陶，聚材于场，度其费为估，不取赢利。人能为屋者，受材瓦于官，免半赋，徐取其偿。"这约发生在唐宪宗后期（815年左右）。说明在那时，对于瓦的普及工作，一些人还是起到了推动作用的。

唐代民居虽然没有实物留存至今，但有关的文献资料，特别是文学家的多方记述，是较为真实可信的参考资料。

中国古代居住建筑发展到宋代，已达到了封建社会的较高水平，不仅在个体建筑方面技术日趋完备，而且在建筑的人文精神追求上也表现得非常突出。住宅的等级规定较唐代更为清晰，并且在等级与功能上更偏重于等级的需要。《宋史·舆服志》："执政亲王曰府，余官曰宅，庶民曰家。""诸道府公门得施戟，若私门，则爵位穹显，经恩赐者，许之……六品以上宅舍许作乌头门，父祖舍宅有者，子孙许仍之。""凡庶民家不得施重栱藻井，及五色文采为饰，仍不得四铺飞檐。""庶人舍屋许五架，门一间两厦而已。"

规制从某种角度说，是一个大体的模式，总有其达不到之处。这些规定在城市或天子脚下可能被严格遵守，但在偏远而较发达的农村，则有突出等级之外的建筑与装饰。当然，总体来说，等级还是极为分明的。

品官住宅大多采用多进院落式，有独立的门屋，主要厅堂与门屋之间形成住宅轴线。房屋使用斗栱、月梁、瓦屋面。住宅的后部多带有园林。住宅中建楼阁，楼阁上使用平座，主要房屋前带抱厦等形式，都较为普遍地出现。建筑的台基高低表现出建筑等级的差别，主要厅堂较高，这一点明显是对汉、唐等前朝住宅的承继。

郊野农舍自不能与品官住宅相比，而且形制布局上较为自由，规模也大小不一。一般小型住宅为三、五间，较大的则有十数间，也成院落形，并多有院墙围合及前带院门。主要建筑的平面布置与组合形式有一字形、丁字形、曲尺形、工字形等，以工字形最多，且表现出一种新的建筑风尚。多数的房屋为两面坡悬山顶，极少的为九脊顶，也就是歇山顶。屋面较多铺设茅草，甚为简朴。

此外，在一些有关边陲风土人情的宋代文献中，还记载了云南、四川、贵州、广西等地区山林居民的住宅情况。如《太平寰宇记》就载有“今渝之山谷中……乡俗构屋高树，谓之阁阑。”渝也就是今天的四川重庆。昌州和窦州（即四川剑南和广东信宜）两地记载为“悉住丛菁，悬虚构屋，号阁兰。”“以高栏为居，号曰干栏。”其实这三者所记住宅都是今天所说的干阑式住宅，只是各地在称呼上稍有差异。

元朝继宋朝之后成为中国统治之主。但元代一方面因为是少数民族进驻中原而统治的朝代，建筑等各方面多是对中原前朝的继承与模仿；另一方面因为元人尚武轻文，而其统治年代又不过百年，所以还未能形成并制定完整的住宅制度，住宅基本是在宋代基础上的自由发展。而明之后的清代，则几乎完全继承明制，只是略为修改而已，清代帝王入主明代所建紫禁城就是最好的实例。因此，宋代之后，中国古建筑的发展重在明代，明代也因此成为中国古建筑的最后一个高峰期。

明代住宅制度主要记载于《明会典》、《明史·舆服志》，《明史·舆服志》中就有明

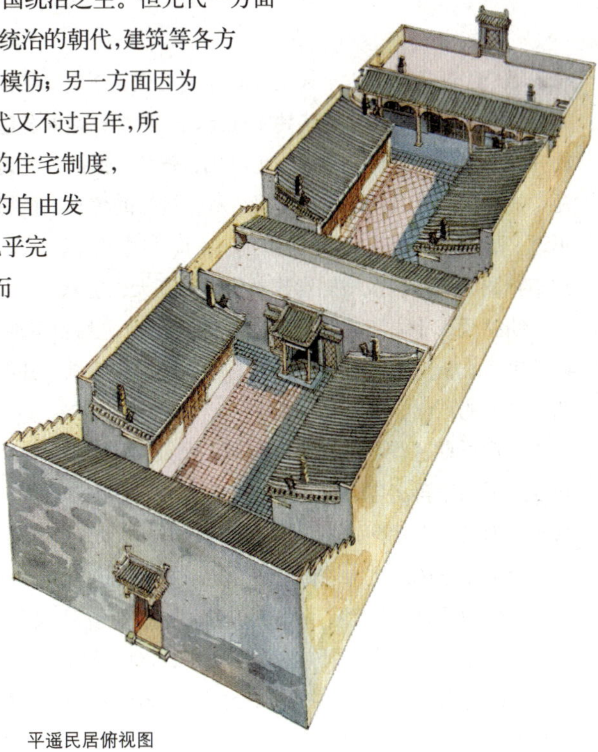

平遥民居俯视图

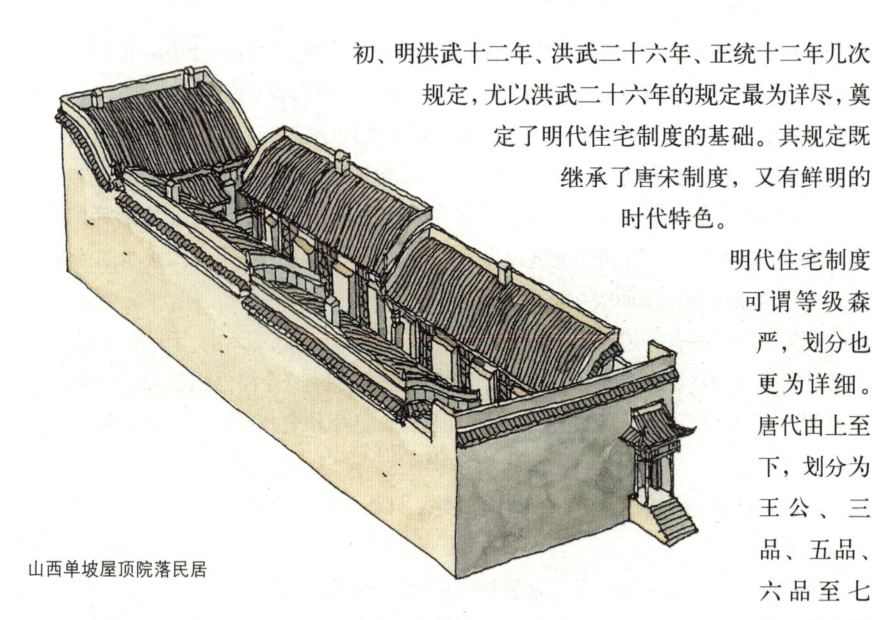
山西单坡屋顶院落民居

初、明洪武十二年、洪武二十六年、正统十二年几次规定，尤以洪武二十六年的规定最为详尽，奠定了明代住宅制度的基础。其规定既继承了唐宋制度，又有鲜明的时代特色。

明代住宅制度可谓等级森严，划分也更为详细。唐代由上至下，划分为王公、三品、五品、六品至七品、庶人五个等级，明洪武二十六年规定基本与之对应，分为公侯、一至二品、三至五品、六至九品、庶民五个等级。但其具体规定则较唐严格，如在建筑形式上除了继续把重栱、藻井作为帝王宫室专用外，还把歇山、转角、重檐等列为品官宅第不许采用的形式。瓦脊式样，门色，门环质地，梁、栋、檐等的色彩，也都有不同等级规定以示尊卑。不过，明代六品以下官员住宅的堂、门，与唐相比，间数相同而架数有所增加，如果檐高相同的话，架数增加意味着建筑更高大、宽敞。

明洪武二十六年定制还规定："功臣宅舍之后留空地十丈，左右皆五丈。不许挪移军民居址，更不许于宅前后左右多占地，构亭馆，开池塘，以资游眺。"也反映了明宅制度的严格。

明代早期这些严格的规定与崇尚简朴的风气，使宋、元时期单体建筑的丰富造型与复杂平面不再出现，取而代之的是清一色的悬山顶，单纯的一字形平面，正房也要求对称形式，等级差别只在尺度而已。建筑群也以严正的中轴线组合，小至一进三合院，大至多进的深宅大院，无一例外，并严格遵循"前堂后寝"的建筑安排。

明代中后期，制度有所放松，技术也有所提高，使住宅出现新的特点。雕饰日趋精美，居住空间更讲究依实际需要建筑，出现横向的自由布局，崇尚自然之风兴起。在具体的建筑形式上，北方的四合院、窑洞，南方的干阑式、穿斗式，等等，都已成熟定型。

明代是中国古建筑历史长河中百花齐放的鼎盛期与发展的终结。

四川院落民居

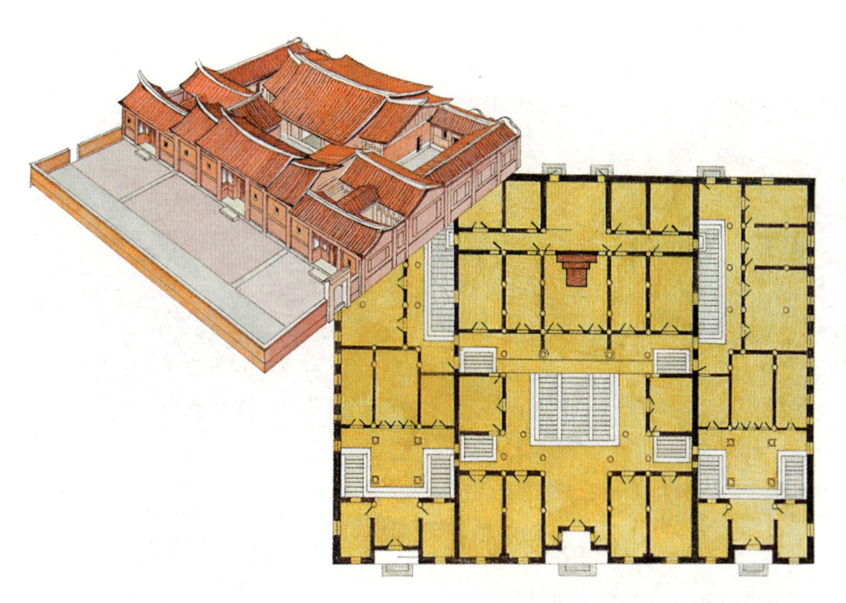

闽南红砖民居俯视图与平面图

第二讲

民居的结构形式

中国民族众多，因而民居形式也非常多，其建筑结构也各有特点，不过总体来说，主要以木结构为主，包括抬梁式构架、穿斗式构架、干阑式构架、井干式构架。

抬梁式构架，又称叠梁式构架，是中国古代建筑中最为普遍的木构架形式。它在柱子上放梁，梁上再放短柱，短柱上又放短梁，以此层层叠落直到屋脊，各个梁头上再架檩条以承托屋椽。抬梁式结构坚实牢固，经久耐用，并且内部有较大的使用空间，构架而成的建筑具有美观的造型和宏伟的气势。不过，其结构较为复杂，要求也极严格细致。

浙江东阳某民居房屋室内月梁与构架

穿斗式构架由一些细而密的柱子构成。柱子与柱子之间用木串穿接，使之连成一个整体，每根柱子上顶着一根檩条。穿斗式构架的优点是，能用较细小的木料建造体形较大的房屋，结构也非常牢固。但它也存在着一定的缺点，那就是屋内柱、枋太多，不能像抬梁式构架一样形成连通的大空间。

当人们发现抬梁式与穿斗式两种结构各自的优点后，就出现了将两者相结合使用的房屋，即两头靠山墙处用穿斗式，而中间使用抬梁式，这样既增加了室内使用空间，又不必全部使用大型木料。

干阑式构架先用柱子在底层做一高架，在架上面放梁、铺板，做成一个平台形式，然后再在这个平台上建构房子。房子的上层住人，下面的空间用来储存柴草，或圈养牲畜。这种结构的房子多见于南方的少数民族。

井干式构架的最大特点就是需要使用大量木料，所以只有树木丰富的森林地带才常采用这种木构架。它是先用原木嵌接成框状，然后层层垒砌、叠落形成墙壁，固定，同时也即成为构架。这种房子不但墙壁全部使用原木，就连屋顶也都是用原木做成。井干式结构非常简单，建造起来也很容易，但是这样的房子太过于简陋，而且极耗费木材，使用空间又很小，是生活在森林地区的人们，因自然情况与经济生活等条件所限，不得不采用的一种房屋建筑形式。

这些木构架形式，是随着社会的发展，不断产生、形成的，并不是有人类出现时就有的，也就是说，构架与建筑整体一样，是一个不断发展演变与丰富的过程。

从原始社会到秦朝，有关建筑的资料都很少，很多情况都是推断而来。

根据遗址与文献资料等推断、考证，原始社会出现了巢居与穴居，后来又出现了半穴居式、浅穴式，逐渐向地面建筑发展。商朝的时候，已有了较成熟的版筑夯土技术，出现了规模较大的宫、室建筑，但都是奴隶主阶级的王公贵族们使用，奴隶住房还多为穴居。

春秋时代已出现有重屋建筑和较多的高台建筑，开始以宫室为中心营建城市，一般的士大夫住宅也出现了三开间形式，有

井干式构架建筑越来越少，这是吉林某民居外部的井干式构架厕所

了院落与堂、寝之别。战国时代不仅进一步发展了高台建筑，还出现了一些二三层的楼房式建筑。战国时期，台坛、楼阁、殿堂、廊庑等建筑基本类型都已齐备，砖瓦材料已较为普遍地使用。

砖瓦和木架结构的结合，是中国房屋建筑艺术上形成稳固传统的技术因素。

秦代时大肆修建宫殿、陵墓，特别是长城，但普通民居并没有太大的发展，而相关记述也非常之少。汉代时，有了较多的资料留存与记载，如墓葬出土的画像石、画像砖、陶屋、器皿上的图案，及一些文献中的文字等。

东汉与春秋战国时期相比，高台建筑逐渐减少，而多层的楼阁大量增加，并且楼阁的每一层都是一个独立的结构单元。东汉时还出现了全部石造的建筑物，但都不是居住建筑，更不是民居建筑，而是石墓、石祠、石阙等类的建筑。

一般民居房屋的构造，除了有少数用夯土筑造的墙体为承重结构外，基本上都采用木构架为主要承重结构。这与以木构架为主要结构的中国建筑体系相应。而夯土之外的砖石材料结构，在汉代的民居中更是极为少见。目前仅在画像砖上见到有以连券施于院墙，或在陶楼明器墙壁上刻画砖缝等现象。

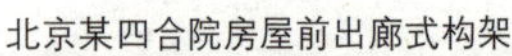
北京某四合院房屋前出廊式构架

木构架的结构技术在秦汉时已日渐完善。两种主要的结构方法——抬梁式与穿斗式已发展成熟，如穿斗式结构往往在柱枋之间使用斜撑，构成三角形支架，以防止变形。此外，在中国南部地区，还有建筑下部架空的干阑式构造，而木料较丰富的地区则多采用井干式壁体。如河南荥阳汉墓出土的明器上就有抬梁式结构房屋，广东省广州汉墓出土的明器上有穿斗式和干阑式结构房屋，云南省晋宁石寨山铜器上则有井干式结构房屋。

顺便提一下汉代的屋顶。汉代依附木构架结构而形成的屋顶形式，主要有庑殿、悬山、囤顶、攒尖、歇山等几种。

斗栱是中国建筑中特有的构件，

也是中国古代木构建筑中最有特点的部分。据记载，斗栱的产生可追溯到周代末年，但直到秦代都只有零星记载。汉代时，斗栱应用才多了起来，成为很多建筑上的重要木构件。汉代时的斗栱不仅用来承托屋檐，还可以承托平座，结构机能是多方面的，是建筑形象的一个重要组成部分。不过，斗栱构件组成的完备已是唐代时的事了。

明朝以前，斗栱主要是作为结构件存在，明代以后，斗栱逐渐向装饰性作用转变，清代时，基本只作为装饰件了，并且只有宫殿、庙宇等建筑还在使用，以显示皇家与神佛的威严与尊贵。

三国两晋南北朝时期，砖瓦的产量和质量都有所提高，金属材料也开始运用于建筑。不过，金属材料主要作为建筑装饰，而砖结构在汉朝时多用于地下墓室，北魏时开始大规模运用到地面建筑上，但也多是建造砖塔，而极少用于普通住宅。南北朝时期，石工技术达到了极高水平，如大规模的石窟开凿和塑像的精雕细琢等，云冈石窟就开凿于这一时期。

由以上所述可以看出，砖、瓦、石、金属等，都较少运用到民居建筑，而木材在一般建筑上仍然被大量使用，很多建筑还是以木结构为主，并且在木结构的构件方面也更为丰富多样，结构也更为精致。但因为时代久远，木结构建筑几乎荡然无存，而只能从文献、壁画、雕刻等有关资料上领会与感受了。

统一强盛、经济发达的隋唐时期，在前朝各代的基础上，材料有了更大发展，不但有土、木、砖、石、瓦，还使用了琉璃、石灰、竹、铜、铁、矿物颜料、油漆，等等，而且材料的应用技术都已达到较成熟的程度。不过，夯土主要用于城墙、地基，砖则用来砖筑城墙、塔、墓，木构架依然是住宅建筑的主要承重结构。或者更准确地说，到隋唐时，木构架作为中国传统住宅建筑的承重结构，早已成为无须赘言的定势了。

由隋唐经两宋、元，到了明清，也就是中国传统民居建筑的完成期，建筑结构更加成熟，渐趋标准化、定型化，并根据全国各地的不同情况而形成了各自的特色和具体的类型。木结构仍然是民居的主导，另有少部分特殊的地区采用土、石、砖等结构。

汉族住宅除了黄河中游少数地区为窑洞形式外，其余地区多是木构架结构系统的院落式住宅。同时，住宅的布局、结构、艺术处理等方面，因为自然条件与社会文化等众多因素的影响，大体以淮河流域为界，形成南北两种不同的风格。而南方住宅中，长江下游的院落式住宅，又与四川山区少数民族及岭南客家民居等具有显著的差别。北方住宅中，中原地区与北部少数民族地区及西北窑洞住宅，又体现出不同的材料与风格。

北方的住宅以北京的四合院为代表，其个体建筑经过长期的经验积累，形成了一

北京某四合院民居室内梁架

套成熟的结构和造型。一般房屋在抬梁式木构架的外围砌砖墙，屋顶以硬山式居多，次要房间多用平顶或单坡顶。要了解其具体的建筑构架，可以从其中的几个主要房间，包括正房、厢房、倒座房、后罩房来分析。

正房是四合院中最重要的建筑。大中型四合院中的正房，多采用七檩前后廊的木构架形式，也就是房顶共有七条檩，房子盖好后前后会有走廊。具体的构架是，在进深方向列有四排柱子，由前至后分别称前檐柱、前檐金柱、后檐金柱、后檐柱；前后檐柱上架檐枋、檐垫板、檐檩，前后檐金柱上架金枋、金垫板、金檩；檐柱与金柱之间搭穿插枋和抱头梁，前后金柱之间则搭随梁枋和五架梁；五架梁上又有三架梁，三架梁正中为正脊，由脊枋、脊垫板、脊檩组成；正脊两边即三架梁头侧又各有一枋、一板、一檩的组合。如此构架的房屋，其进深可达7米以上，而明间的宽度一般在4米左右。

坐落在较小型院落中的正房，相对上面所述的大中型院落正房构架来说，尺寸相应地减少，面宽、进深同时酌情缩减。如，在进深上，可以减少柱子的数量，降低柱子的高度；在面宽上，可以缩减开间，也可以减少开间的宽度；在房屋高度上，也要相应地降低，才能使房屋整体看来协调一致，美观舒适。一般来说，小型院落正房为前有廊后无廊形式。

厢房在合院中的地位仅次于正房。大中型四合院中的厢房，形式、大小等都与小

苏州某民居室内横梁上的雕花短柱

型院落中的正房相仿，而小型院落中的厢房，一般为五檩、不带廊子的形式。

倒座房的体量都不大，多为五檩构架，进深约四五米，极少有带外廊的。倒座房的后檐临街，或临近道路，所以檐子形式灵活多样，一般有官阶的人家多做成出檐形式，而普通百姓则多做成封护檐，也就是不出檐。

后罩房是四合院中最后面的一排房子，一般来说，只有三进及三进以上院落的四合院中才有后罩房，一进与二进院落的四合院中是没有后罩房的。在大型的四合院中，后罩房往往建成两层楼的形式，称为后罩楼。后罩房或后罩楼，多是由家中的女眷或未出嫁的女子居住。

后罩房的大小与倒座房相似，多采用五檩构架，不带外廊。而后罩楼的构架形式也不是很复杂，多采用通柱形式以增强构架的整体性，一层顶部柱间施承重梁与间枋，梁枋上面搭楞木，楞木上铺楼板，楼板上面铺设方砖作为二层室内地面。通柱直通二层，二层屋顶构架和一般的后罩房构架相同。

南方汉族木构架住宅以长江下游最具代表性。长江下游地区的南方住宅，其房屋结构一般为穿斗式构架，或穿斗式与抬梁式的混合结构。

木结构的外围一般砌空心斗子砖墙，作为木架的围护层，屋顶的结构也比北方住宅薄，这都是因为南方天气相对北方来说比较温暖的缘故。屋内顶部天花做成各种形式的“轩”，形制秀美而富于变化。梁架处仅施有少量精致的雕刻，涂以灰、栗、褐等色，不施彩绘。露出房屋外部的木构部分，则漆上黑、褐、墨绿等油色，使之与白墙、灰瓦相辉映，形成素雅明净的色调。

徽商在外经商致富者，会回到家乡造房建屋，这类房屋多为中型住宅，既适应了乡村生活的尺度，更能使妻儿老小居住得舒适安宁，富有浓郁、温馨的家庭生活气息。

皖南地区的黟县关麓村传统住宅，基本能代表徽州各地流行的这类建筑样式，或者说是大同小异。都是封闭的内向型宅子，外围高墙，内部只有一个很小的天井。即，住宅多为三合屋或四合屋形式，也就是合院式，其建筑个体一般有作为主体的正房，附属的别厅、厨房、柴房、杂务房等。并且，个体建筑多为两层楼房，这是为了适应当地土地少的实际情况。除了房屋外，有的宅子还带有花园和菜园。

住宅内的各座房屋都以木构架承重，而且是抬梁式和穿斗式相结合的木构架，这样的组合结构，既能节省大型木料，又能营造出较大的使用空间。木构架的外部则用空心斗子砖墙围护，既可以防止木质材料因风吹雨淋而腐蚀，又不是十分厚密，而具有较好的隔热作用，适应南方较温热的气候。

除了以上这两处较典型的木架构建筑外，云南、广西等省的一些少数民族使用的

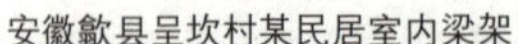

安徽歙县呈坎村某民居室内梁架

民居也是木架构，这主要是指干阑式建筑。

干阑式结构住宅，据流传乃是古越人及其先民所创建，它们用特定的木架结构将底层局部或全部架空，一般多用木柱作为承重结构，人在二层以上活动起居。这种架空形式最初主要是为了躲避毒虫猛兽，《旧唐书》中就记载："山有毒草及虱蝮蛇，人并楼居，登梯而上，号称干阑。"

这些干阑式住宅，早期的分布区域非常广，几乎遍及古百越族群的聚居区。《魏书·僚传》记载："僚者，盖南蛮之别种，自汉中达于邛笮洞之间，所在皆有，种类甚多，散居山谷……依树积木以居其上，名曰干阑。干阑大小，随其家口之数。"

后来，有些地区随着建筑技术的进步，干阑式住宅逐渐被其他新的形式所取代，现在使用干阑式住宅的地区相对要少一些。只有居住在广西、云南、贵州、台湾等地的一些少数民族，因为气候炎热而又潮湿、多雨，为了通风、采光、防兽等，依然采用这种较为原始形式的，下部架空的干阑式住宅。不过，与最初相比已有所发展变化，比如，下部虽然还是架空形式，但其躲避虫蛇等的防御性已不再作为重点，因为多数的干阑民居底层多作为圈养牲畜等使用之所了，也就是作为民居具有使用价值的不可缺少的一部分了。

干阑式民居中较有代表性的要数侗族干阑。侗族干阑多属于底层架空较高的高干

树木掩映着傣族干阑式民居构架

干阑式民居构架

阑形式，而且绝大多数都是三层。底层圈养牲畜、饲养家禽、放置农具、杂物等；二楼是主要的生活起居层；三楼是阁楼层，一般作为贮存物品之用。

侗族干阑式民居几乎全部使用木材，包括梁、柱、地板、墙面、楼梯等，现在除了部分改用小青瓦覆顶外，大部分连屋顶也用树皮覆盖，所以基本是全木住宅。这样的建筑，其结构当然是由木材组成。如果我们看一下它具体的营建过程，就会更为清晰明了。

它的营建过程非常简单，首先是房主人上山把木料砍好扛下山，再请寨子里的木匠做好榀架，即山墙架，三开间的房子做四个榀架，四开间的则做五个榀架，以此类推。正式盖房子的时候，大家共同出力将榀架竖起来，然后在榀架之间架梁和檩，房子的骨架就做好了。最后，在屋顶铺上草或瓦，房子也就基本建成了。

百越人传说干阑式住宅是自己的先民所创，其实，它与原始社会的巢居形式是有一定渊源的，或者说，它就是巢居形式的延续与发展。

井干式住宅是一种更为原始的住宅形式，数量极少，仅见于云南和东北少数森林地区。井干式民居利于防寒，取材与建造都较为容易，费用也很低廉。

在云南西北森林密布的高寒山区，部分纳西族、彝族、傈僳族、独龙族、普米族的人民，仍使用井干式住宅，当地人又称它为“木楞房”，意思是用木头叠起来的房子。云南的井干式住宅，分为平房和楼房两种。

据丽江元代府志记载，古纳西人就住在全木制的木楞房中。永宁纳西族被称为原始社会的活标本，永宁县居住的摩梭人住宅就是井干式结构的木楞房。房子的内外墙体用原木层层相压，在转角处自然呈十字交叉状，然后在木头之间的缝隙处填上泥浆即可，也有不抹泥浆的；屋面用经过砍削的木板交错叠盖而成，为了防风雨，木板上面会压上适当大小的石块；屋面与墙体之间，有木架相连撑，使屋顶能够挑起。而为了收获时节晾晒粮食，屋面的坡度都做得较为平缓。

从外观上看，木楞房的高度比较低，檐口的高度一般在2米以下。屋顶为悬山式，屋脊正中挂有“悬鱼”装饰，屋檐的四面出挑都较长，形成较强的明暗对比。

这种以全木为材料建造的木楞房，自然是以木材为承重体了，但它并不是另外搭建木架构，而是直接以原木墙体承重。木楞房的室内冬暖夏凉，非常适合云南地区潮湿多雨、温热的气候。

云南使用木楞房的彝族等人民，也多居住在云南西北部，与纳西族相邻，房屋的具体形式也相差无几。

井干式住宅的木材消耗量大，又不利于防火，所以，材料渐渐有所改变。如，将木板屋面改为瓦屋面，墙体的一部分用土坯砖代替了原木。现在，真正的全木井干式住宅越来越少了，而楼房形式的井干住宅就更少了。

此图前部地面上的砌木为井干式民居墙体造型

井干式住宅虽然建造简单，风格较为粗犷，但却自有一种朴素、自然之美。

木构架建筑是中国传统民居的主要形式，但并不是全部，因为在木构架之外，还有一些以石、土等为承重构架或主要材料的民居建筑。

藏族住宅主要位于西藏、青海、甘肃及四川西部地区，这些地方雨量稀少，而石材丰富，所以民居外部多用石墙，内部以密梁构成楼层和平屋顶。

藏族住宅的结构有两种，一种是墙承重结构，一种是梁、柱承重结构。

墙承重结构的房屋，不论使用黄土或是片石材料，都是将外墙与室内分间墙连成一体，室内不用柱子，各楼层与屋顶的梁或椽的两端都搁在墙上，全部负荷都由内外墙体承担。为了增加墙体的承重能力，便将墙基建得很厚，但宽厚的墙基较多地占用了室内的使用空间，那么，只好减少分间墙的数量，所以，就形成了较为简单的房间划分形式。四川阿坝州藏族住宅就属于这种形式。

而四川甘孜州境内住宅都采用梁柱承重结构。梁柱承重结构的房屋，先用土或片石材料筑成一个方形或长方形的外墙，作为整座建筑的围护结构。房内用木梁、椽子承托楼面或屋顶，木梁下面用木柱支撑，木柱组合构成纵横间距相等的方格，即形成梁、椽、柱结合的承重柱网。这种柱网也有两种形式，一是通柱与短柱结合，一是上下各层均用短柱。显然前一种较为稳固，但后一种因为简单而被普遍采用。

沙漠、戈壁是新疆地区的大自然环境，这样的环境决定了当地的气候——干旱少雨、昼夜温差大，民居也因此形成了特定的形式，除了部分可移动的毡房之外，定居住宅几乎都是平顶形式。

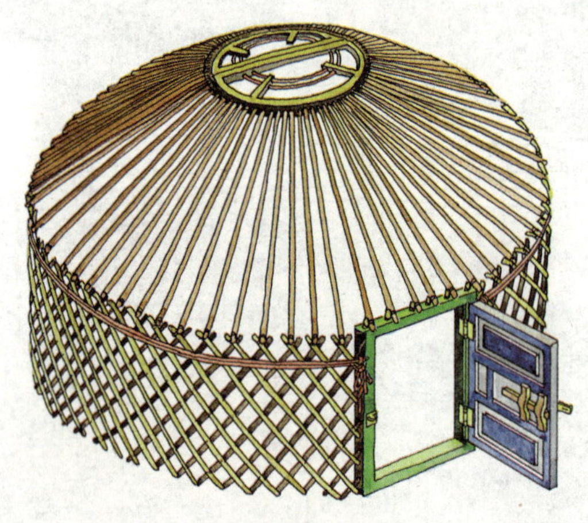

蒙古包构架

圆形平面的蒙古包

蒙古包顶部平面

平顶住宅大体分为两种类型：一种是南疆的喀什、和田等地用砖、土坯外墙、木架、密肋相结合的结构，依地形组合成的院落式住宅。拱廊、墙面、壁龛、火炉与密肋、天花等处，雕饰精致，色彩华美动人。另一种是吐鲁番的土拱住宅，用土坯花墙、拱门等划分空间。

新疆喀什地区的民居就属于第一种类型。喀什民居有一层的，也有二到三层的。

一层的民居多数为土木结构，其具体设置是以砖为基础，在此基础上，砌土墙或土坯墙，墙体最上部设一圈木梁，在土墙内间隔约3米左右，或在墙的拐角处安设木立柱，柱顶与墙体上部的木梁相接。在这样的土木墙体之上，密集铺设檩条、椽子，也就是密肋，其上再铺设草席、芦苇或麦草、稻草等，作为保温隔热层，最上面用草泥抹平以防渗漏雨水。

二、三层的民居因为房屋高了，重量增加了，所以多采用砖木或砖混结构，以加强承重能力，其结构与普通多层同类住宅相仿。基础多用砖材料，也有用卵石灌浆或片石材料的，墙体砌砖，上搭木梁架，或混凝土梁架。

新疆吐鲁番地区，最有特色和代表性的民居形式是土拱平房。主要由成片的实土墙面、拱洞大门、拱型屋面、空透高敞的葡萄晾房共同构成，外观轮廓丰富，体形粗壮。其中的葡萄晾房多见于农村，是用来晾晒葡萄干的，其四周用土坯交叠砌筑成通透的墙壁，顶部搭设木架，上面铺设芦苇、麦草，再以草泥抹面。葡萄就悬挂在屋顶上下垂的带有伸出枝条的木杆上，进行风干。

土拱平房一般是集中式布置，所以，形成了毗连式、套间式、穿堂式等不同的平面布局形式，每一种形式的房屋都会有一个院落围合。其中，最主要的房间多设在院落的中部或后部，而此房间的前部室外空间，往往设一个宽大的土炕台或木床，作为家庭日常活动中心，如就餐、纺织、休息或待客等。

毗连式，是由三间或三间以上的土拱平房组合成一长排或曲尺形的房屋群，作为生活的主要用房；套间式，是在一间长而宽的大房间内，穿套两三间或更多的房间，组成生活的主要用房；穿堂式，是一间通长的土拱房居中，再在其两侧垂直方向布置多个房间的组合。不论是毗连式，还是套间式、穿堂式，其组合的房间中都包括有客房、居室、厨房、库房和杂物间等用房。牲畜房多另置一角。

土拱平房是吐鲁番地区独树一帜的优秀的传统建筑，此类建筑均为全生土结构，基础为土，墙体为土坯或夯土，屋顶为土坯拱。不过，房间的大小与平面布局，丝毫不受其结构的影响与限制，各房间既可相互平行也可相互垂直，房屋的开间和层高也可各不相同。拱券的形式有圆拱形、尖拱形、抛物线形、两点圆心拱形等等。

土拱平房屋顶大多不设女儿墙，只把拱沟填平，形成平屋顶，以便于夏夜在屋顶纳凉或作为收获时节的晒台。有的土拱房建筑，故意将土拱暴露在外，以追求其自然的形态之美。房间内部一般不用穹隆顶，所以室内顶棚、墙面都用草泥抹平，再用掺有少量牛羊粪的泥浆抹光，或者刷白灰浆。

土拱平房建筑简洁明快而又富于变化，并且带有浓郁而朴素的生活气息，是极具地方特色的民居形式。

客家住宅主要分布在福建西南部及广东北部地区，包括前方后圆的五凤楼形式和平面方、圆，或矩形的土楼形式。其实，五凤楼也是土楼的一种，而且是最早的土楼。

土楼在结构上是土与木的结合，外墙为厚达1米多的夯土承重墙，内部一圈是木材料搭的构架，墙内部又有若干与外墙垂直相交的隔墙，以分开不同的家庭与房间。福建土楼的内部木构架与外部的夯土墙都是建筑的承重结构，但最主要的承重体还是外部厚实的夯土墙。夯土墙不仅墙体厚实，而且为了使之更为牢固，人们还在墙体中每隔一定距离，放置木板或竹片作拉筋，所以墙体更具有承重能力。拿福建南靖县的裕昌楼来说，楼体高达5层，楼内的走廊木柱已有部分倒毁，但外墙未塌，建筑依然稳固，至今楼内还有人居住。

从以上的介绍可以看出，虽然中国传统民居的材料与架构多种多样，有石，有砖，有土，有竹，但木材一直都是其中最主要，使用最普遍的构架用料。

第三讲

民居的建材

任何建筑都是凭借一定的物质材料建构而成，民居自然也不例外。

民居建筑材料的使用，主要是在结构、墙面、屋顶三个部分。中国传统民居的结构多是由木材料来完成，后来也有一部分砖、石结构的；墙面材料则多为泥土，也有砖、石的。有些地方民居用木、竹作为承重结构，但同时不加粉饰，也便作为墙面了。屋顶多用瓦来覆盖，当然较为贫穷的地方，也有用茅草覆顶的。还有些地方民居较注

石片砌筑的贵州石板房

青瓦顶、土坯墙的安徽歙县某民居

重地面装饰，所以也有地面材料一说。

人类最早是居住在树木上的，后来渐渐发展，出现了“构木为巢”居住形式，也就是利用自然树木搭建窝棚或可供居住的巢居。又经过漫长的发展，人们受到在树上搭建巢穴的启发，同时，因为人口的不断繁衍，慢慢地延伸出了在地面用柴草、树枝搭建的巢穴形式，这可以说就是后来的干阑式民居的雏形。而从建筑材料上看，巢居也可以说是中国传统木结构建筑的源头。

原始社会，巢居存在的同时，还有另一种居住形式——穴居。《墨子·辞过》中有关于穴居的记载：“古之民未知为宫室进，就陵阜而居，穴而处。下润湿伤民，故圣王作为宫室。”直到新石器时代时期，穴居仍然是黄河流域原始人类的主要居住形式。

在地势较高敞的黄土地带，营造穴居比“构木为巢”更为方便、容易，因此，不仅在黄河流域，还有长江、珠江流域，及西南、东北等地区，只要是有类似于黄土地带条件的，也多是采取穴居形式。穴居也就是我们今天所说的窑洞民居的雏形，或者说，窑洞是穴居的延续形式。

从中国整个传统民居的发展来看，穴居并没能成为主流，巢居才是一直的主角。也就是说，挖筑的住宅形式不如搭建的住宅形式更受人们的喜爱，更准确地说，这是

木构架覆瓦顶的云南傣族干阑民居

居住建筑发展的必然。搭建形式渐渐发展成为搭建、砌筑相结合的形式，巢居终于蜕变成为了真正的、舒适的人类的住宅。而这种住宅形式，直到封建社会末期，都以木结构为主。

先秦时期的建筑，在众多发掘遗址中有了夯土台及土墙的出现，“土”继木材料之后，成为了建筑的主要材料之一。而南方地区则由于气候等原因，仍多为干阑式住宅，即以“木”为主要建筑材料。两汉、魏晋时期，建筑有了很大发展，规模体量扩大、建筑更精心细致，屋面开始使用瓦，但在材料、结构上仍以“木”为主。

隋唐时期，经济发达，建筑技术也有了很大提高，因而建筑材料也更丰富多样，虽然大多数住宅仍以木结构为主，但砖、石等墙面围护材料也非常普遍了。宋代时，生活在下层的农民住宅还多为草屋，体量上也不过三、五间，但城市民居则多为瓦屋，规模也较大，这在张择端的《清明上河图》中可以清楚地看到。

民居建筑发展到明清时期，材料与技术都较前代更为发展、进步，如，青砖可以用于外墙，那么也就不需用挑檐来保护了，悬山顶房屋减少而硬山顶房屋多了。而南方地区因为人口稠密，一旦发生火灾往往延烧一片，所以在硬山墙的基础上又出现了高出屋面的山墙，因主要功能在于防火，便称作防火墙或封火墙。由此也可看出，明代时，建筑的地方特色加强了，气候、材料、风俗、制度等的协调作用更为明显，从大的概念上民居已可分为南、北两大块。

从时间上说，清代是中国传统民居的收尾与成熟期，民居在明代的基础上，更进一步发展、丰富，各地民居的特色尽皆显现。我们现在所能见到的传统民居实例，多是清朝时期所建，明朝的当然也不少，不过其中应当有一部分在清时改建过。

从现存的传统民居实例与资料看，各地的建筑材料情况及民居的具体建筑方法各有差异，因而，各个地方民居都具有自己的鲜明特色。这不仅是指各个大的地区，还包括不同小地区。

既然中国传统民居是以木结构为主，那么我们就先看一看以木材料为主的例子。云南、广西等地很多少数民族使用的干阑式民居，就是典型的木质材料的民居形式。

壮族定居在广西、云南、湖南等地，并以广西最为集中，他们所居住的房子以楼居“麻栏”为主，明清时因汉族的影响，出现了地居平房三合院民居形式。“麻栏”也就是全木结构的干阑式民居，不过，壮族“麻栏”民居的下层并非是简单的支柱层，而是围以横木做成的半圆形栅栏，用来圈养牲畜或放置杂物。“麻栏”民居除了屋面覆盖有简单的瓦片外，其余各部分均使用木材料构筑。

德昂族散居在云南西南边境，大多分布在瑞丽、陇川、潞西、梁河等县。这一地

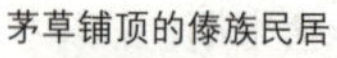

茅草铺顶的傣族民居

区属亚热带气候，雨量充沛，土地肥沃，山峦叠翠，并且有成片葱郁的竹林，竹材正是建筑干阑式民居的主要材料。

德昂族干阑式民居，多建在浓荫茂密的山梁上，一户一院，木屋架、木梁柱、竹壁或木壁、草顶，楼上住人，楼下架空作为畜圈，上下楼有木制楼梯。民居的草顶多为歇山式，但其中有很大一部分都不是我们常见的汉族民居中的歇山样式，而是独具特色的圆弧形，当地俗称“毡帽形”，风格自由粗犷，形状活泼可爱。南伞德昂族和部分孟休德昂族干阑式民居的屋顶，就是这种毡帽形歇山式。

湖南的湘西民居形式，与广西、云南的干阑式民居不同，且建筑材料相对丰富一些，但其建筑材料的选择也多是就地取材，如木条、卵石、页岩、砖、青瓦、树皮、茅草、竹子等。

由于不同的家庭有不同的经济状况，所以人们都根据实际情况与需要，灵活使用其中的一种或几种材料，以致形成了湘西民居建筑的多样化外观与丰富的质感变化。因为材料取于自然，所以，不论是哪一种或哪几种材料搭建成的民居建筑，都与当地的自然景象非常和谐、融洽。

过去，湘西地区较为封闭，而又盛产木材，很多的民居除了屋面覆瓦之外，其他部分都使用木材料，这倒与广西壮族干阑式民居很相近。

在木材料的具体应用上，湘西民居常常选择天然弯曲的木料来做挑枋、穿枋、撑栱，既有承重功能，又富有装饰性。建筑物部分形体因此自然起翘，出挑线条优美柔和，大方而不造作。同时，一般的木装修都不加油彩等装饰，而保持木材的本色，仅仅是涂上桐油以防腐蚀与虫蛀，所以，建筑看起来古朴、淡雅。

砖石材料厚重坚实，构筑的建筑给人坚不可摧的安全感。湘西的砖石建筑以苗族为多，如三江一带的保家炮楼，就是用砖石材料砌筑，形体高耸挺直而又不失稳重。此外，三江一带还常用片石砌门楼，质感粗糙，带有一种原始的粗犷与野性之美，在峭石林立、绿树如茵的自然背景中，既和谐优美、相依相融，又巍然突出，产生出一种动人心魄的魅力。

湘西的片石材像木材一样丰富，并且开采方便，平整光滑，不需要费力加工，因此运用也极为广泛。门楼片石只是其中的一小部分，大部分用在铺地、台阶、墙体等处，甚至是砌筑栏杆、覆盖屋面。

一幢建筑上使用多种材料，在湘西也是极为常见的。比如，墙的底层用砖或片石砌筑，砖石上面放土坯，土坯上面再搭木构架，铺设木板，这样的组合，充分发挥了各种材料的性能，无论在外观上还是实际结构上，都是上轻下重，整体稳妥而不失轻盈之风。

用树皮作为民居的建筑材料，当是湘西的一大特色了，并且，在湘西的城步、靖县等很多地方都有，风格独特，自然而古朴。

藏族民居建筑也是就地取材，不过与湘西的材料相比，却有着很大不同。湘西的天然材料是竹、木、草、瓦、卵石等类，建筑的民居轻盈、灵巧，而藏族地区则拥有大量天然的土、木、石等材料，建造的民居经济、实用、坚固，风格深沉、朴拙、厚重。

岷江上游的黑水河、大渡河等河谷地区，人们拥有砌石墙的技术；甘孜、阿坝等草原地区，则用黄土筑墙。梁、柱及室内装修等多为木材料，而楼层和屋顶一般用泥土铺筑。这些建筑不但坚固而且高大，很多防御性的碉楼甚至高达三四十米。

藏族住宅的结构有两种，一是墙承重结构，墙体材料多用黄土或片石，将室内的分间墙与外墙连成一体，室内不用柱子，梁、椽的两端搁在墙上，内、外墙承担了房屋全部的重量，因此，墙基都筑得较宽厚，以提高稳定性与承重能力，如阿坝州地区的住宅；二是梁、柱承重结构，甘孜州的住宅多是如此，在这些住宅中，土墙或片石墙只是整座建筑的围护结构。

因为藏族地区气候寒冷、干燥，年降雨量也不大，所以屋顶及晒坝也都用泥土材料构筑，只有主卧室及经堂的楼面会铺设楼板。土筑楼面和平屋顶是藏族建筑的一大特色，在藏族建筑中也非常普遍，隔声、保温效果都很好。

福建省的地理情况相对复杂一些，有平地，有山区，有沿海地区，主要建筑材料也便有了不同。沿海和交通文化发达的地区，如福州、晋江、厦门、泉州、漳平、龙岩、古田等地，制砖技术较高，所以民居材料多为砖瓦。特别是泉州、晋江一带，不但能烧制出红砖，而且可以在砖上烧制出深浅不同的花纹，那么，砌筑时就可以利用砖色的不同而拼砌出不同的图案来，以此作为墙面等处的装饰。而为了防潮，民居墙体的基础部分用石块砌筑，石料多为条石、青石，大约砌到腰线的高度。白条石、青石与红砖之间，自然产生色彩、质感的变化，非常明亮耀眼。

晋江的青阳住宅就是一座具有代表性的红砖民居。青瓦屋面，重楼飞檐，红砖墙体，白石墙基。庄宅的入口有精细的青石雕，人物栩栩如生，入口两边的侧墙，以红色深彩条砖拼砌成图案，既实用又富装饰性。

福建山区多产木材，民居便以木材料为主，特别是墙体，不论是内隔断墙还是外围护墙都用木板。为了防潮，墙基也多以砖石砌筑，其中的石块多是就地开采的不规整的毛石，带有粗犷、质朴的独特风格。这类建筑多分布在崇安、建瓯、三明等地。

木建筑是中国传统民居的基本类型，结构轻盈、灵活、自由，又便于扩建、发展。福建木材料民居除了具有这些基本特点外，还常在露明的本色木构架和木板墙上，重点装饰木雕花纹，活泼、质朴、自然，与山村环境相合而又使人印象深刻。

三明列东旧街魏宅，就是一栋全木的二层楼民居。它以木梁架承重，以木板作外墙，为了保护木料不受日晒雨淋，特意采用了出檐很大的悬山屋顶，并且山墙处还做了防雨披檐。为了打破外墙的平直，使建筑外形更为丰富生动，在二层加设了挑廊，廊前的柱子、柱下部的美人靠栏杆，也都是木材料。

闽西南地区，包括永定、武平、上杭等县，采石挖土较为方便，民居围护结构多用卵石砌筑墙基，而用黄红色素土夯筑成厚厚的墙身，这类材料建筑主要就是指土楼民居。其建筑封闭，外观简洁。福建土楼本就是中国民居中的特别形式，每一座都很有特色，都可以作为论述的对象，二宜楼、顺裕楼、承启楼、福盛楼、永康楼、顺源楼、奎聚楼，等等。土楼外墙是土筑，内围则是木构架承重。

以"土"作为建筑材料的民居中，最完全彻底的当属窑洞。窑洞民居多分布在陕西、山西、甘肃等省境内。这些地区多处在高原上，气候寒冷、干燥，而木材料又不是很丰富，但土质的稳定性极好，而其强度甚至接近于一般的黏土砖。因此，这些地区多建筑以黄土为主要材料的窑洞民居，不仅节省木料，而且冬暖夏凉，特别是冬季，可以节省取暖所用的必需而又短缺的燃料。

窑洞民居根据建筑的位置不同，可大体分为靠崖式、下沉式、独立式三种类型。不论是哪种类型的窑洞民居，几乎都以泥土为主要建筑材料，只有较少位置使用砖石材料，以及常开启的门窗等部位使用木材料。

靠崖式窑洞剖面图

三孔相连的靠崖式窑洞

陕西乾县吴店乡吴店村的吴宅，就是一处具有代表性的渭北窑洞。它是标准的“八挂窑洞”，即在9米×9米的下沉式天井院四面崖壁上，每面各挖两孔窑洞，共为八孔。窑洞内居室、厨房、柴房，主次分明，各有所用。而在长长的坡道两侧，则安排着鸡舍、兔窝。在立面处理上，采用褐黄色草泥窑面，开有抛物线形的拱券，券门门洞口设房门与窗子。漆黑的门、通透的窗、雪白的帘子，材料质感与色彩上都形成对比，给人深沉、朴素而又鲜明的美感。

山西晋中南黄土窑洞中，以独立式土坯拱窑洞居多，其类型有原土腿土坯拱、夯土腿土坯拱、牛踩坯腿土坯拱、土坯（砖坯）腿土坯拱，“腿”是土拱的垂直墙。土坯拱窑也就是用土坯券砌的拱形窑洞，在浮山县、洪洞县等地的村镇较为多见。拱窑的开间宽度在3米左右，进深约8米，净高约3米多。除了土坯材料窑洞，浮山县的

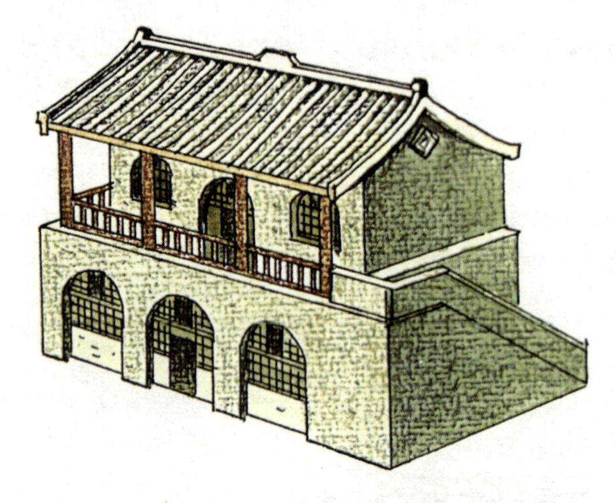

双层带屋顶的独立式窑洞

并连式带屋顶的独立式窑洞

半靠土坡的独立式窑洞

窑头村还有草泥窑洞。

安徽省具有代表性的传统民居集中在皖南地区，它们在中国传统住宅中特点突出。皖南地区的传统民居材料主要有木、石、砖、瓦等，但与其他地区民居相比，其材料经过精心雕琢，所以精良、细致，并且还多有华美的装饰，如木板门上的水磨砖拼嵌、门楼上的砖雕、栏杆和窗扇上的木雕等。

在内院可以清晰地看到皖南民居使用的木材料

皖南民居都是院落的形式，基本的院落形式是三合院和四合院。在三合院、四合院的基础上，又变化组合出两个三合院、两个四合院、一个三合院和一个四合院相结合等形式。

皖南民居的造型，内部为楼房形式，厅堂为人字形屋顶，大多三开间，中间开间楼上楼下都是不带窗的敞厅形式。厢房是单坡屋顶，楼上楼下都有格扇门窗。无论是正房还是厢房，朝向院落的部分都使用木材料。外围

青瓦、木架、砖墙及石灰抹面的皖南民居

一圈由高墙围合。

墙体下部是石块垒砌的，石块雕凿方整，所以砌的墙面严丝合缝。墙的拐角处下部也有石料作保护，同时起着装饰作用。墙体大面积为白色的石灰抹面，而墙内实际是由薄薄的望砖砌筑的空心砖墙，也就是空心斗子墙，即用砖砌成方斗状（方盒子形），中间是空的，所以称空斗。空心斗子墙具有较好的保温、隔热、隔噪声等功能。这里的砖材料只对墙面起围护作用，实际上起承重作用的是里面的木构架。

围墙上最富于变化的地方，是墙体上部以小青瓦做成的屋檐。此屋檐类似人字形，檐上还有屋脊。墙体上部的边缘线不是呈水平直线，而是安排一些台阶状的折线，类似马头墙的形式。并且折线变化多样，让人百看不厌。

屋面也和墙檐一样，全部铺设小青瓦。所有的屋顶都是向院内倾斜的，一旦下雨，水都流向院子里，呈“四水归堂”之势，喻意财不外流，表达了人们的美好愿望。院落四周的高墙是白色的，配上黑色的屋瓦，被称为“粉墙黛瓦”，风格清新素雅。

皖南民居院内的天井地面由青石铺砌，与粉墙黛瓦相融相映。

黟县的西递村被称为桃花源里人家。阳光明媚的三月，沿着溪流在长满青苔的石板路上悠然前行，不经意一抬头，在片片粉红的桃花丛中，粉墙黛瓦的房屋若隐若现。

砖砌随墙门

走到近处看，其清雅之姿更胜。尚德堂和仰高堂算是村中现存最早的传统民居了，两座建筑都是木结构承重，且木材料都是素色原木，其上并没有繁缛的雕刻，更没有闪亮的彩绘，只有刚柔并济而极富韵味的回纹线条。其中尚德堂的八字门楼特别值得一提，门楼高大壮观，门框和八字墙都是用整块的大理石“黟县青”筑成，打磨得光可鉴人，边角、接缝做工精细。

北京四合院也属于院落民居，并且主要的建筑材料也是木、砖、石、瓦等，但其具体形制、造型、色彩、用料组合等各方面，同样拥有自己的特色，和皖南等地民居有着较大差异。

北京四合院房屋也采用木构架承重，包括柱、梁、枋、檩、椽等部分。如，其中最主要的正房，在大中型四合院中，一般采取七檩前后廊的构架形式，进深方向排列着四根柱子，即前檐柱、前檐金柱、后檐金柱、后檐柱，檐柱与金柱之间为廊，前檐金柱间安装门、窗。

北京四合院的墙体有山墙、槛墙、檐墙、廊心墙等形式，均由砖材料砌筑，不过，做法有若干不同的档次。最讲究的做法是通体磨砖对缝；稍微经济一些的做法是只在墙体四角采用磨砖对缝，墙心部分是表面抹灰的糙砌；另一种等级较低的做法是淌白墙面，所用砖料不作精心打磨，砌出的墙体偏于粗糙，但比糙砌砖墙整齐、讲究得多。

传统四合院的墙体砌筑，一般都是外层为好砖，内用碎砖衬里，这种做法当然可以节省大量好砖。而对于一幢建筑来说，较高级的做法多用于正面或距视线较近的地方。至于墙体砌筑的高度、宽度、厚度等，则按木构架的高、宽、进深，及建筑体量的大小而定。

有了墙体后必须有屋顶，才能将建筑围合成一个居住空间，屋顶除了木材料的构架外，上面还要铺设瓦，以挡风雨，防止木架腐朽。

在具体介绍北京四合院屋瓦的铺设前，我们需要来看一下“瓦”的概念。

根据资料等的记载可知，瓦的产生还是比较早的，《史记 · 廉颇蔺相如列传》中就有“秦军鼓噪勒兵，武安屋瓦尽振”的描写，说明在战国时代瓦已有所应用，并且还较为普遍。后来，随着建筑技术的不断发展，瓦也出现了多种材料类型，包括青瓦、铜瓦、金瓦、铁瓦、明瓦等。

青瓦是不上釉的普通的青灰色的瓦，清代官式名称为布瓦，一般也叫片瓦，它是用泥土烧制而成。青瓦可做成板瓦和筒瓦两种形式。板瓦的横断面是小于半圆的弧形，并且瓦的前端比后端稍稍窄一些。据考证，西周的板瓦长约55厘米，宽近30厘米，而清代时的板瓦长宽只有20厘米左右，尺寸的逐渐减小主要出于实际需要：一是便于施工，二是破裂时易于更换。筒瓦与板瓦的区别是筒瓦的横断面呈半圆形。根据现有资料推断，筒瓦的出现晚于板瓦。

封建社会等级森严，对瓦的使用也有严格的规定，只有上等官和高于上等官建筑的房屋，才能使用筒瓦，当然也可以使用板瓦，而普通民居只能用板瓦而不准用筒瓦。不过，到了封建社会末期，这种情况有所改变。

金瓦是在铜片上包赤金的瓦片，鱼鳞状，钉在屋顶望板上，清代常将它用于喇嘛庙建筑。而《旧唐书 · 王晋传》载：“五台山有金阁寺，镂铜为瓦，涂金于上，照耀山谷。”也是将金瓦用在寺庙上。此外，铜片和铁片瓦也多是用在庙宇上，极少见于普通民居。

明瓦是一种较为特殊的瓦，它是用蛎、蚌之类的壳磨制成的薄片，多嵌在窗户和天棚上，通透明亮、利于采光。多用于宫殿和帝王住宅上。

北京四合院民居屋顶主要铺设板瓦和筒瓦。

北京四合院的屋瓦铺设方法，和江南等地民居不同。江南等地民居是将屋瓦平铺在屋面上，只是一块压着一块，不加任何的固定。而北京四合院盖房铺瓦时，要先在屋面抹一层插灰泥，然后再把瓦一块块放在泥上固定，铺好后形成的瓦垄都要用插灰泥勾抹严实。

筒瓦、砖墙、木构的北京四合院民居

北京民居四合院所用屋瓦大多是青板瓦，且多做成正反相扣的形式，即先用板瓦仰面铺底，再用板瓦反扣住两列仰瓦之间的缝隙。当然，也有用板瓦铺底，用筒瓦骑缝的，但较为少见，因为筒瓦等级较高，多用在宫殿、寺庙等建筑之上。

比板瓦仰合相扣还经济的做法是，只用板瓦铺底，缝隙处用插灰泥勾抹成棱状，外面刷一层青灰，猛一看与筒瓦相似，俗称“灰梗”。如果只在屋面的边角处平铺板瓦，而中间大片面积抹灰，则称为“棋盘心”做法，很有特色。还有一种全部抹灰而不铺瓦的“灰背”屋面，只靠灰背形成的密实的面层防止雨水的渗漏，这种做法多用于灰平台屋面等处。

屋瓦虽然没有砖活、木作的丰富多样，但对于民居来说，也非常重要，并且同样具有自己的特色与美。

北京四合院民居建筑的材料还包括地面用料，包括室内地面、廊内地面、庭院甬路、散水等几处的铺设材料，均以砖料为主。依据砖料的质量及铺设方法的不同，又分为若干等级。最高等级的“金砖墁地”极少用于民宅。民居中较讲究的做法是“细砖地面”，砖料需要打磨加工，使之规格统一、尺寸精确、棱角分明、砖面平整，铺设完成后还要用桐油浸泡。细砖地面细致、整洁、美观而又坚固耐用。

淌白地面稍次于细砖地面，只要求将砖料的四个小面进行打磨，而大面则不需要，这样的砖料铺出的地面自然要粗糙一些。不过，最粗糙、随意的要算糙墁地面，砖料不经打磨加工，铺出的地面不但粗糙，而且砖块之间的缝隙较大。

一般来说，细墁地面用于较讲究的室内，淌白地面用于普通民宅室内，糙墁只能用于室外的甬路、散水。

以上我们介绍了几处较有代表性的民居及用料，可以说是基本概括了中国传统民居的用材种类。

虽然，每个地方的民居都拥有自己的特色，材料也互有差别，但这只是从总体上来分析，某个地方较盛产某种建筑材料，人们偏爱使用某种建筑材料，以及此地民居的总体风格，而不是全部，不是细致到每一个个体。所以，在一些以木材料为主的地方民居中，也会使用石、砖、瓦、草等材料；以石材为主的地方民居中，也会使用木、瓦、砖、土等材料；或者，某地区大部分民居使用木材料，但也有部分以石、砖等其他材料为主的民居实例，等等。

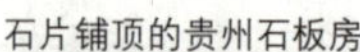
石片铺顶的贵州石板房

第四讲 民居的装饰手法

中国建筑装饰的源头可以追溯到原始社会，在陕西西安的半坡遗址中，就发现许多底部带席纹和布纹的陶器。开始时，这些纹理也许是无意中印上去的，但根据数量看绝不都是偶然现象，很大一部分应当是人们有意印上去作为装饰的。

中国较早的建筑装饰多已没有实物留存，但有一些间接的资料，如殷商铜器等出土文物的优美造型和精巧技艺，就表明了中国两千多年前的装饰艺术成就。

中国传统建筑装饰有实物留存的，最早当属汉代。东汉时的墓壁画像砖上面就记载有朱雀、白虎等瓦当装饰。

秦汉以后，历经三国的纷争，两晋的离乱，南北朝的扰攘，社会动荡不安，从帝王到平民都希望通过崇信佛教求得解脱，文人们则崇尚玄学，反映在建筑装饰上则是，风格简洁疏朗，色调沉静，造型粗犷，庄重肃穆中略带着朴拙厚实的特色。

隋唐时，国家统一，社会富裕安定，建筑装饰也进入一个鼎盛期。总体风格博大清新、华丽丰满。

宋朝开国时，统治者就强调“偃武修文”，其后的统治也以“守”为主，甚至给人虚弱不振之感。反映在装饰艺术上，则表现出典雅、理性、严谨、含蓄和平易的艺术风格。

宋代时还有一项重大转变，就是人们终于改变了近千年的跪坐习惯，因此相关的家具形式也发生了重大的变化。坐用的桌椅等家具逐渐普及，并衍生出多种类型。在结构上也有突出的变化，最显著的是宋时采用梁柱式的框架结构，较之隋唐时沿用的箱形壶门结构，更轻便、实用，易于挪动，又节省空间。同时，家具的摆放、布置也有一定的格局。主要有对称与不对称两种形式，一般在较开阔而对外的室内采用对称布局，如会客的厅堂，就在屏风前面正中置椅，两侧又相对地摆放四椅；或者仅在屏风前放置两只圆凳，供宾主对坐。而在卧室、书房这样较私密的地方，则采用不对称格局，比较随意。这些变化对建筑装饰当然会有一定的影响。

元代与宋代相比，不是“偃武”而是“尚武”，因为元代统治者是善于骑射的蒙古族人，粗犷大气，因而装饰艺术也具有刚劲、豪放、粗犷的风格。

明代建筑装饰艺术已逐渐发展成熟，达到了十分精练的程度，风格端庄、敦厚而不浮艳，质朴、自然而又严谨，基本具备了我们现今所能见到的古典建筑装饰的主要特征。

中国古代装饰装修主要以彩画和雕刻为主，但因古代等级森严，这些装饰多用在宫殿、陵墓、寺庙之中，民间建筑是极少采用的。这在各朝典籍中多有记载，《古今图书集成·考工典》引《稽古定制》就记载有宋代时的规定：“非宫室寺观，毋得彩画栋宇及朱黔漆染柱窗牖，雕镂柱础。”特别是彩画，虽然它是中国传统建筑中一种极为重要的装饰。

普通民居建筑装饰，一直到清代都是不准施彩画的，最多是在木构件表面涂刷油漆以防腐蚀而已。明代《舆服志》载：“家庙……梁栋斗栱檐桷彩绘饰，门窗枋柱金漆饰。一品二品厅堂梁栋斗栱檐桷青碧绘饰，门……黑油铁环。六品九品厅堂梁栋饰以土黄……品官房舍门窗户牖不得用丹漆。”“庶民庐舍不过三间五架，不许

上海豫园建筑屋脊上的人物雕塑

用斗栱饰彩色。”

清代也有较严格、具体的规定，但有些方面较明代明显放宽，据《大清会典》载："公侯以下官民房屋……梁栋许画五彩杂花，柱用素油，门用黑饰，官员住屋，中梁贴金……”从这里可以看出，清代时一般民居建筑也可以施绘彩画了。当然，就彩画本身来说又是有不同等级的。

明代以前实物留存较少，而明代时实物留存较多，因此可以更直观地看到它的风格。明代建筑装饰手法比较简洁，像现存的安徽屯溪、广东潮州等地区民居中，大多只是在木构件原材料表面涂油，防止腐蚀、虫蛀等以保护木料。

到了清代，民居装饰所受的限制渐少，从北到南各地住宅的装饰都有了很大发展，而清代实物留存较多，又是历代建筑装饰发展的顶峰，所以较有代表性，论述也便多以此为主。清代装饰式样丰富多彩，做工纤巧，但是又流于繁琐、堆砌，甚至有庸俗、低下之嫌，不过，在技术上确是已达到中国传统建筑装饰的顶峰。

在中国传统民居中，装饰装修是艺术表现的重要手段之一，它根据不同材料的特点进行技术与艺术的加工，并恰当地选用绘画、雕刻、书法等多种艺术形式，灵活搭配、相融，达到建筑性格与美感的协调、统一。同时，更根据不同的材料与工艺特点，采用不同的工具加工，以形成不同的风格、特色。

浙江东阳某宅人物雕刻斜撑

民居建筑装饰既要有艺术感染力，又要做到经济节约，因此必须突出重点，那么，具体的方法就是将装饰用于民居中最易集中人们视线的地方，如大门入口、屋脊、墙面、栏杆、家具等处。

民居中有些地方的装饰是出于藏拙的目的，如梁架的挑出部分，经过恰当的装饰，不但不会有碍观瞻，反而会成为民居吸引人的一个焦点。此外，在一些木石、石砖等材料的连接处，也多有装饰，既美观又起着过渡的实际作用。

民居的装饰手法多种多样，室外常用的有石雕、砖雕、陶塑、灰塑等，室内则多是木雕、彩绘等。这几者在民居建筑中，常常综合运用，使各种装饰出

浙江东阳某宅圆雕花叶斜撑

现在同一空间内，和谐统一又相得益彰。

中国传统建筑大多是木结构，所以木雕装饰在传统民居中也最为常见。木雕装饰是利用木材质感进行雕刻加工、丰富建筑形象的一种雕饰种类，用于门窗、屏罩、梁架、梁头出檐托木，或家具、陈设等，并根据部位的不同而采用不同的工艺、技法，像屋架等较高远的地方，常采用通雕或镂空雕法，外表简朴粗犷，适于远观。

木材料的质感相对柔润，而带有一种自然的生机，因此，雕刻多用流畅的曲线和曲面，以表现出明快、柔美的风格。

木雕的种类很多，主要包括有线雕、浮雕、透雕、隐雕、嵌雕、贴雕等。

线雕也叫线刻，是出现最早也最简单的一种木雕做法，是近于平面层次的雕刻。

浮雕也称浅浮雕、凸雕、铲花，古时也称剔雕，它是按所需要的题材在木板上进行铲凿，逐层加深以形成凹凸面。浮雕层次明显，工艺也不太复杂，是最常见的一种木雕做法。

透雕也称通雕、拉花，也就是我们通常所说的深浮雕，它的雕刻工艺要求更高一些，先要在木料上绘出花纹图案，然后按题材要求进行琢刻，将需要透空的地方拉通，而将凹凸的地方铲凿出来，有了大体轮廓后磨平，再进行精细加工。

隐雕也称暗雕、凹雕、阴雕、沉雕，是剔地做法的一种。

浙江东阳木雕场景与故事

嵌雕工艺比透雕更为复杂，它是先在木构件上通雕起几层立体花样，然后为了增强立体感，再在已透雕的构件上镶嵌做好的小构件，要逐层钉嵌，逐层凸出，最后再经细雕打磨而成。

木雕之外，石雕也是民居中较为常见的一种雕饰。石材料质地坚硬耐磨，又防水、防潮，因而外观挺拔，又经久耐用，多作为建筑中需防潮湿和需受力处的构件，如门槛、柱础、栏杆、台阶等，这些地方也就往往成为石雕装饰的重点部位。

石雕种类和木雕相差无几，也主要有线刻、隐雕、浮雕、圆雕、透雕等几种。只是因为石材料相对难雕琢一些，所以工艺较复杂的透雕实例就少一些。

砖雕是以砖作为雕刻对象的一种雕饰，它模仿石雕而来，但比石雕更为经济、省工，因而也较多被采用，特别是民间建筑。它多用于民居的大门门楼、山墙墀头、照壁等处，表现风格力求生动、活泼。在雕刻手法上，也与木、石雕饰相类，有剔地、隐雕、浮雕、透雕、圆雕、多层雕等。

砖雕既有石雕的刚毅质感，又有木雕的精致柔润与平滑，呈现出刚柔并济而又质朴清秀的风格。

灰塑在民居装饰中也占有一定的地位，特别是在南方地区。它是用白灰或贝灰为原材料做成的灰膏，加上色彩后在建筑上描绘或塑造成形的一种装饰类别，一般用于屋脊、山花墙面等处。

灰塑又分为画和批两大类。画即是彩绘，也就是在墙面上绘制出山水、人物、花草、鸟兽等壁画。批即指灰批，是具有凹凸立体感的灰塑做法，分为圆雕式和浮雕式两种。圆雕式灰批的做法是，先用铜线或铁线做出骨架，将砂筋灰依骨架做成模型，半干时再用配好颜料的纸筋灰仔细雕塑而成，制作过程较为复杂。特别是多层立体式，因为层次多，为了增加效果，就要特别讲究粘合材料的选用。浮雕式灰批用途相对圆雕式要广，不仅能用在屋脊部，还能用在门额、窗楣、山墙等处，而且处理手法也较多样。

陶塑是用陶土塑成所需形状后烧制而成的建筑装饰构件，多用于屋脊部。陶塑材料分为素色和彩釉两类，素色也就是原色烧制，釉陶则是在土胚烧制前先涂上一层釉。釉陶色泽鲜艳，防水防晒，经久耐用，但造价较高。

陶塑材料较粗重，成品主要靠烧制而成，实用性强，但工艺上不若灰塑精致与逼真，好在多用于屋脊部，距离较远，所以构件具有象征意义也就可以了。

除此之外，在广东的潮州和福建的漳州一带，民居中还较多运用嵌瓷装饰，也就是用破瓷片作为装饰原材料。经济、美观，又能防止海风侵蚀，是独具地方特色的一种建筑装饰。

如此多的装饰手法，其装饰题材与内容更是丰富，并且多有一定的象征意义。

动物类题材有麒麟、狮子、鹿、凤凰、鹤、蝙蝠、蝴蝶、鸳鸯、喜鹊、鱼等。麒麟是传说中的灵兽、仁兽，喻意子孙仁厚贤德；狮子是百兽之王，象征权力与富贵；蝙蝠、鹿、鹤在一起表示福、禄、寿，等等。

植物类题材有松、竹、梅、兰、菊、芙蓉、水仙、牡丹、海棠、百合、万年青等。松被视为百木之长，四季长青，是祝颂、长寿的象征，所以有“福如东海长流水，寿比南山不老松”的祝寿辞；松还常与鹤配在一处，谓之“松鹤延年”，也表长寿；而松与梅、竹在一起，则被称为“岁寒三友”，显示出其不畏霜雪、挺拔坚韧的精神；梅花玉洁冰清、傲骨嶙峋；竹子高风亮节、清秀俊逸；牡丹国色天香、富贵荣华；兰花清雅芳香、花质素洁，每一个题材形象都有美好的喻意。

人物类形象主要是神仙与古代名士，神仙有八仙、寿星、钟馗、孙悟空、哪吒，等等，历史人物则如花木兰、岳飞、红拂、关羽、刘备、张飞、赵云、李白、苏轼，等等。这些人物形象组合成不同的喻义故事：八仙过海、哪吒闹海、桃园三结义、岳母刺字等。

此外，还有一些回纹、几何纹图案装饰，这也是一般民居中最为常用的装饰题材。这类题材也多有美好的喻意，甚至到了明清时，已达“图必有意，意必吉祥”的地步。

浙江东阳民居石雕麒麟

彩绘与雕饰一样，有一个发展的过程，早期建筑上的色彩油饰是没有明显区分的，后来随着不断的发展而出现了油漆与彩画的分类。凡用于保护构件的油灰地杖、油皮等统称为油饰，而用于装饰的各种绘画、图案、色彩等统称为彩画。

油灰地杖是由砖灰、血料（加工过的猪血）、麻、布等材料包裹在木构件表面形成的灰壳，在它的表面可以涂油漆，也就是油皮部分。

彩画是我国古代建筑上极富特色的装饰，用彩色涂料在梁枋、斗栱、柱、天花板等处刷饰或绘制花纹、图案乃至人物故事等。其实，彩画除了装饰作用外，也可以防腐防蛀。中国在春秋时就有了彩画的雏形，至秦汉时已很发达，出现了龙、云纹样，南北朝时期受佛教的影响，彩画中又添了卷草、莲花、宝珠、万字等纹样。随着不断的发展，内容越来越丰富，画法与名称逐渐增多，明清时渐成定制。

中国地大物博，幅员辽阔，因此，各地民居装饰虽有着传统的相似性，但又都各有特色，而大体可分为南北两部分。相对来说，北方装饰大气简洁，形式较为统一；南方装饰则精致繁复，形式丰富多变。而在色调上，则是南方民居装饰更清新素雅一些。

北方民居装饰中最有代表性的要数北京四合院了。木雕、砖雕、石雕等艺术在北京四合院的装饰艺术中占有相当重的份量，尤其是砖雕。

北京四合院的砖雕，主要装饰在建筑的门、墙、脊等部位，如廊心墙、廊门筒、槛墙等。

廊心墙是建筑外廊两侧的窄墙，位于山面的金柱和檐柱之间，分为上身和下碱两段。廊心墙面积不大，但处在非常重要的位置，所以是装饰的重点部位。廊心墙砖雕一般做在上身墙心部分，图案的中心雕刻中心花纹，四角刻岔角花纹，较为讲究的还在外圈的大枋子部也做出雕刻。雕刻题材多为牡丹、如意、菊等花纹，还有少部分雕刻有字的廊心墙，较为特别。

廊心墙处的砖雕，往往还可以和墀头上的砖雕，共同构成大门处的装饰。

当带外廊的房子与抄手游廊相连通时，往往要在廊心墙处开辟门洞，这时，廊心墙就变成廊门筒了。北京四合院的正房、厢房外廊两侧有廊门筒子，上方为门头板，由八字枋子、线枋子、墙心组成，廊门筒也是砖雕的重点装饰部位，雕刻多在八字枋子和墙心上。在横枋、立枋、搭脑上画出池子，再在里面雕刻花卉等漂亮的图案。墙心部分的雕刻多按匾心处理，大的宅子多在四周雕刻花纹，在中心处雕刻意境深远、蕴涵丰富的美词佳字，如竹幽、伫月、含珠、隐玉，等等，令人回味无穷。对于较为低小的房子，廊门筒上方的门头板尺度也较小，匾心处一般不刻字而留白，也别有韵味。

北京某四合院砖雕影壁

在门头板上雕刻时，往往同时将上面的穿插枋当子一并刻出，并且两者题材要求相同，以取得上下协调一致的效果。

北京四合院廊门筒上的石雕

槛墙雕刻多用在一些较为讲究的宅院建筑中。槛墙砖雕的布局，一般是在外圈横枋子及立枋子上圈出小的海棠池子，再在池内做雕刻，而里圈的线枋因为较窄，一般不做雕刻。槛墙雕刻的题材多为花卉，构图灵活自由。

此外，影壁也是北京四合院砖雕的一个重点所在。影壁是设在建筑或院落大门的里面或外面的一堵墙壁，与门相对，起到屏障的作用，由壁顶、壁身、壁座三个部分组成。

影壁从建筑材料上来分的话，有琉璃影壁、石影壁、砖影壁、木影壁等几种，以砖影壁居多，四合院的影壁几乎都是砖影壁。砖影壁就是从顶到底全部用砖瓦砌筑的影壁。它的装饰手法多样，其中，在砖上加饰雕刻的就称为影壁砖雕，花、鸟、虫、鱼图案均有，丰富多彩。

砖雕有雕砖和雕泥两种做法。雕砖是在烧好的砖料上按设计图谱放样雕刻；雕泥则是在泥坯脱水干燥到一定程度时雕刻，刻好后的成品放入窑内烧制。我们通常所说的砖雕是指前者，也就是在烧好的砖料上雕刻。

石雕主要应用于宫殿、陵墓、寺庙等建筑中，而在普通民居中则较少使用，北京四合院也是如此，但其艺术价值却一样不容忽视。北京四合院石雕主要是抱鼓石，另有滚墩石、挑檐石、角柱石、泰山石等。

抱鼓石，是众多石雕构件中最为可爱、精致的一种，立于宅门门口的两侧。抱鼓石由形体的不同可大致分为圆形鼓子和方形鼓子两种，方形鼓子又称幞头鼓子。这两种鼓子都与门枕石连在一起，中间以宅门的门槛为界，抱鼓石在外，门枕石在内。

圆形鼓子主要由上部的圆鼓子和下部的须弥座组成。其中的圆形鼓子部分又由一个大鼓和两个小鼓组成，大鼓的两边各有一圈鼓钉，鼓面中间是一团花装饰，团花内有花纹，也有草纹，有动物纹，也有神兽纹，还有一些吉祥物纹，内容丰富，变化多端，其中以转角莲花最为常见。圆鼓子的正面一般雕刻着如意草、荷花、宝相花等图案。两个小鼓位于大鼓子的下面。说是小鼓，其实只是由中间的莲叶纹向两边翻卷形成的圆鼓形纹，线条极为柔美简洁。

圆鼓子的顶端还有一个石狮子。狮子的形态有趴狮、卧狮、蹲狮等。趴狮的狮身基本含在鼓中，只有前面的狮子头略略扬起凸出鼓面。卧狮较趴狮要高出一些。蹲狮前腿站立后腿伏卧，头部仰起，其高度大致占鼓石全高的四分之一。

圆鼓子下面为须弥座，平面大多为长方形。它的三个立面均有呈倒三角形的包袱角，是作为抱鼓石的须弥座最特别的地方。三角形内雕有各种图案，其内容之精彩、丰富不逊于上面圆鼓子的团花装饰。

圆形鼓子多用于大、中型宅院的宅门两侧，方形鼓子则因体形较小，多用于小型如意门或随墙门等门的两侧。方形鼓子由幞头和须弥座两部分组成，幞头上刻有卧狮。方形鼓面由于没有圆的限制，纹案雕刻更为灵活、多变。

木雕在四合院中的应用比较广泛，如宅门的门簪、门联、雀替，垂花门的花板、花罩、垂柱头，槅扇、风门、碧纱橱，及室内外的花罩、栏杆等处。

门簪是用以锁合中槛和连楹的木构件，其雕刻主要在簪头部的正面，题材有代表春、夏、秋、冬的牡丹、荷花、菊花、梅花等四季花卉，象征一年四季富庶吉祥；或是雕“团寿”、“福”、“吉祥”等字，然后贴在门簪上。

门联多是在纸上书写文字后张贴于门板上，但北京四合院则有直接将文字雕刻在

抱鼓石正立图　　抱鼓石侧面

木板门上的，这主要是面对街道的门。通常采用铲阳字雕，属于隐雕法，而字体多为名家书法，颇具艺术欣赏性。

垂柱头是垂花门雕饰的重点部位，也是垂花门最吸引人的地方。垂柱头有方、圆两种形式，圆柱头多雕莲瓣或风摆柳，方柱头多雕四季花卉。

槅扇、风门、碧纱橱的雕刻多在裙板和绦环板上，以自然花草、吉祥图案、人物故事等传统题材做落地雕或贴雕，如岁寒三友、灵仙竹寿、鹤鹿同春等。

传统民居中雕刻面积较大的木构件，是室内外的各种花罩：花罩楣子、落地花罩、栏杆罩等。花罩为双面透雕，非常具有立体感，生动美观。雕刻题材主要是自然花草或它们的组合，当然这些花草多有美好寓意，像松、竹、梅岁寒三友喻高洁、正直、不畏严寒，牡丹、海棠喻高贵、富庶，松、鹤喻延年益寿等。

栏杆雕刻主要是在枋之间的花板、绦环板及净瓶上。花板雕刻在室内以浮雕为主，在室外则以透雕为主。

北京四合院木雕除了以上几种，还有一些较为灵活施作的。或整齐有序，或随性多变，只要是可以雕饰的地方都尽量施以雕刻。因此可以说达到了有木构件就有木雕的地步。

在雕刻之外，北京四合院也较多装饰有彩画。我们今天所见到的彩画多是清式彩画，大体分为和玺彩画、旋子彩画和苏式彩画三类，都是由箍头、枋心和藻头几部分构成。但和玺彩画只有皇家建筑可以使用，旋子彩画可以在王府中使用，一般民居建筑只能装饰苏式彩画。

苏式彩画也有三个等级做法，最高等级为金琢墨苏画，其次为金线苏画、墨线或黄线苏画，而从现存建筑实物来看，几乎没有最低一级的墨线苏画案例。

苏式彩画不可以再使用龙、凤作图案，但题材依然丰富多彩，如各式的人物故事、山水树木、花鸟虫鱼、亭台楼阁等。布局上也更灵活多变，在青绿色之外加用红、黄等色，显得华丽而生动。或为线法风景画，或为浓墨山水画，趣味盎然，为人们所喜闻乐见，与四合院建筑如此贴切、相应，使四合院建筑更添一份亲切感。

南方较有代表性的古民居建筑装饰，要数安徽省的皖南地区。

安徽的古民居多集中在皖南古徽州区的一府六县，即黟县、歙县、绩溪、祁门、婺源、休宁。这些地区的古村落在整体上，追求中国泼墨山水画的潇洒与写意，而在具体的村落建筑中，则又讲求工笔画的精雕细琢。耸立的马头墙，流水般的飞檐，巍峨的斗栱，精美的木、石、砖雕饰等，都是徽派建筑最鲜明的标志。

徽州砖雕以歙县最具代表性。门楼、门罩、八字墙等处，均雕有一幅幅生动优美的图画，在厚度不到一寸的砖坯上，神情逼真的人物，婀娜多姿的花草，栩栩如生的鸟虫，乃至蔚为壮观的山水，全都是镂空的，近景、中景、远景往往有七八个层次，甚至九层，这就是流传在歙县民间的砖雕艺术。

砖雕制作首先要选择精细的泥土，经过人工处理除去杂质和沙粒，做成砖坯后烧成青砖。如果杂质过多会影响到砖的雕刻效果。砖烧制好以后就开始了雕刻的过程，它又分为两道工序，一是打坯，一是出细。打坯是创作的构思、构图过程，即在青砖上定出画面的位置，凿出画面中形象的深浅，确定画面的近、中、远层次，这多由富有经验的艺人操作。而出细就是精雕细刻的过程，即对大轮廓进行精心地刻划，使人物、鸟兽、花木、楼台等一一凸现出来，这多由一般艺人来完成。

砖雕图案题材多种多样，有神话传说、戏曲故事、民间风俗等以人物为主的，特别是风俗画面较多，如耕作、放牧、纺纱、饲养牲畜、担水、撑船等；有以动物为主的，并以狮子形象居多；又有以植物、花鸟为主的，如梅、兰、竹、菊、松、石榴等。此外还有八宝、博古、回纹、几何纹等图案。

绩溪县湖村的古民居也以砖雕最富特色，并且最注重在门楼处雕饰。湖村门楼的雕饰具有四大特点：一是雕刻手法细腻，线条精致入微；二是多采用透雕，工艺要求复杂；三是门楼多是两三层，最多可达九层，层层叠加，雕制这样的门楼要几个工匠连续做几年才能完成；四是门楼较集中，门挨门、门对门，共存于迷宫般的小巷中，让人眼花缭乱，惊喜不断。门楼雕饰的内容，大多是典雅美妙的园林景色或古装戏剧人物，在皖南首屈一指。

砖雕多用于门楼是皖南民居的一个特色，除了湖村门楼外，在有“小上海”之誉的上庄镇也是如此。上庄镇的胡适故居石库门楼，就有精雕细镂的戏文人物砖雕，而镇东边的胡开文故居也在大门上额饰有砖雕花纹。

徽州有四雕，除了砖雕还有木雕、竹雕和石雕。

黟县历史上极少受战争侵扰，而16世纪时徽商鼎盛，他们在这里建筑了星罗棋布的古民居，民居的装饰也因徽商的财力而丰富、不凡。村落环境幽然美妙，有如世外桃源。南唐诗人许坚曾作《入黟吟》描绘：“黟县小桃源，烟霞百里宽。地多灵草木，人尚古衣冠。市向晡时散，山经夜后寒。吏闲民讼简，秋菊露溥溥。”黟县民居保存之完整居皖南之首，素有“明清民居博物馆”之称。

在民居装饰上，黟县的卢村占有一绝，即木雕。相传卢村已有千年的历史，且自古出巧匠，一些木、石、砖雕工匠技艺炉火纯青，足迹遍布徽州各地，志诚堂就可以说明一切。而卢村的声名远播，就因为它拥有这座徽州最精巧的木雕楼——志诚堂。

志诚堂始建于清代道光年间，据说是由当地大户“卢百万”所建，仅木雕一项工艺便由4个工匠用了25年的时间才完成。志诚堂的四周，仅莲花门就有16扇，每扇门的下端雕有一个故事，“八仙过海”、“金榜题名”等。而整栋楼的门窗、梁柱、栏杆等处，全部雕满花鸟虫鱼、风景、典故等图案，构图巧妙，雕刻细致，精美传神。这座木雕楼的雕刻故事几乎贯穿了中国五千年文明史。

关麓村位于黟县的西南部，村落中的“春满庭”、“武亭山房”、汪金寿住宅等，是村落建筑装饰的代表。后两座还是花园式住宅，其中的“武亭山房”是清代书画家汪曙的故居。关麓村中民居的木雕装饰，要数槅扇门和窗格处最为精彩，特别是清代时所建的民居，卧室的窗子非常华丽。

卧室的窗子通常有两层，内层是普通的菱花格扇或棂木竖条窗，下部约为三分之一的实板，板面上绘有色彩鲜艳的图画；外层称作“护净”，比窗洞略大，用榫卯挂在外侧窗框的板壁上。“护净”又分为两部分，上部是精巧细致的透空菱花格子，点缀有蝙蝠、芙蓉花之类的雕饰小件，中央又开一对小窗扇；下部是一块花板，约占“护净”的三分之一，外侧镶嵌着非常精致的高浮雕，内容多是有人物、房舍、花木、山水的场景故事，代表了徽派建筑木雕的最高水平，而内侧则绘有图画，内容与内层窗扇下部实板处的连成一组，内容多是母子同春之类，与卧室功能相吻合。

一般的住宅，正门也和窗户一样，有里外两层门扇，外层是镂空菱花槅扇，里层

安徽皖南卢百万场景故事雕刻

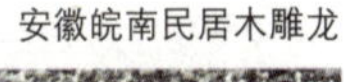

安徽皖南民居木雕龙

安徽歙县呈坎村某宅木雕斜撑

是木板门扇，既实用又是极好的装饰。菱花槅扇空灵剔透，使防卫森严的正门也显得亲切起来。

徽州人自称“儒商”，虽从商但更崇尚读书，因而，明清两代徽商捐资建书院、文昌阁等建筑的比比皆是。关麓村更建有大小十几座学堂厅，作为村中子弟读书之处。学堂厅的底层明间为厅堂，堂前金柱间装有菱花槅扇十扇，明间两侧的次间是孩子学习的课堂，因为需要充足的光线，所以采用菱花槅扇槛窗，多为六扇。楼上的明间和次间也用菱花槅扇。楼前带有大廊子的，还会设置花格栏杆或美人靠。这些槅扇与栏杆也是木雕的重点部位，非常精细、漂亮。

徽州区呈坎村的古民居装饰要数宝纶阁最具代表性，宝纶阁始建于明代嘉靖年间，是“贞静罗东舒先生祠”的精华部分，而它的雕饰则主要在天井与楼宇之间的青石板栏杆上，其中的石栏板上为浮雕花草与几何图案，而望柱头上都是浮雕石狮。阁前的几十根石柱、木柱呈弧形排列，上架纵横交错的月梁，梁、柱与梁柱的连接处，均有雕刻，特别是梁柱之间的盘斗云朵雕、镂空的梁头替木和童柱荷花托木雕等，美不胜收。

徽州四雕造型优美生动，雕刻玲珑剔透，刀法刚劲有力，在全国各地的古典建筑中独具特色。

彩绘作为雕塑之外的另一种主要民居装饰，在皖南民居中也有留存。

关麓村汪氏住宅中，正房厅堂的天花板上就绘有彩画，也是厅堂中最耀眼的装饰。它是在天花上先画一层以花草为主的、浅色淡雅的衬底画，然后在上面开一个个的什锦盒子，盒子外形多为蝴蝶、石榴、葫芦等的形象，盒子里面再画上山水、人物、花鸟等内容。如果不画什锦盒子，则多在底画上绘制各色鲤鱼，怡然自乐地嬉戏于水光藻影之中，活泼可爱之极。

彩绘明显受到当时绘画的影响。宋以后，元、明时安徽绘画艺术几成绝响，而到了明末清初则又大放异彩，与江浙各派争奇斗艳，且画家之多居于首位。徽州各地乡土建筑最盛的时期，也是绘画颇盛的时期，除了关麓外，还有邻近的黄村、碧山、古筑、南屏等村，都有地方性的画家。画风的鼎盛，渐渐渗透到了民居建筑装饰中。

其实，从更为广泛的角度来说，除了雕、塑、彩绘之外，门上悬挂的桃符或贴的对联，室内悬挂的书法、条幅等，也都属于装饰件范围，特别是对联最为常见。

春节的时候，人们多会在门上贴春联，而春联是由桃符演化而来的。

桃符就是用桃木削成的长条形薄板。在桃木板上画神像或直接写上神的名字，用来避吓邪神恶鬼。桃符每年更换一次，宋代的大文学家王安石的《元日》诗中就有“千门万户曈曈日，总把新桃换旧符”的诗句。后来画有神像的桃符演变成了门神，而写有名字的桃符则演变成了对联，并且由僻邪之物演变成了吉祥喜庆之物。他们实际上都是一种门上的装饰。

那么，对联是什么时候出现的呢？据黄休复《茅亭客话》考证，五代后蜀孟昶曾在桃符板上题“新年纳余庆，嘉节号长春”十字，被认为是中国最早的门联，也有认为是明太祖朱元璋始创的门联。当然，不论它始于哪个朝代，都已经有了一个长时间的发展，内容题材上是越来越丰富了，文字也渐渐脱离了桃木而采用纸张书写，现今的民居对联更是多用喜庆的红纸。不过，对联在形式上还是有一定的模式的，要求上下句字数相同，词义对仗。

今天人们使用的对联，大多以吉祥喜庆内容为主，不再限定在驱鬼避邪的范围。又因为对联多在春节时张贴，所以也称春联，它为欢乐的节日更添一分喜气。

门联能够用简洁的语言，言简而意赅地表达出房主人的理想、愿望和追求，同时也能表现出房主人的思想、格调与品位。

读书人家的住宅门上，多用“天然深秀檐前松柏，自在流行槛外云山”、“青山不墨千秋画，绿水无弦万古琴”之类的对联，以表现文人清雅不俗的思想、品性。做生意的则多在门上贴“生意兴隆通四海，财源广进达三江”、“户纳东西南北财，门迎春夏秋冬福”等对联，以表达希望生意红火、招财进宝的愿望。而普通百姓之家，则多贴些“新春如意寿永昌，盛世升平幸福长”等对联，表现出普通人期望平安幸福的朴实愿望。

对联除用在大门上外，还用在室内连接两间屋子的小门上，以及一些室内重要的画幅的两侧，后者多出在书香之家。

门笺也是中国传统的住宅装饰，又称挂签、挂千、吊千儿、花纸、挂钱等，它是用红棉纸或其他彩纸裁成的长方形，下面有穗，贴在大门或房门的门楣上。门笺多在春节、端午等喜庆节日里张贴，特别是在春节时多与春联一起贴挂。除节日外，也有在婚礼和新房落成时张贴的，不过节日里笺上是“新年大吉”、“吉庆有余”等内容，而新房落成时则为“姜太公在此百无禁忌”等字样。

门笺在今天看来是喜庆之物，但传说最初它的作用是“拒穷”，这还与我们熟知的姜太公有关。传说姜太公八十岁拜相，辅佐武王伐纣成功，大封诸神后踌躇满志地回到家里，正要老伴给他烫酒自己庆祝一下，不料，姜太婆劈头就说姜太公封神把她给忘了。姜太公想想也对，老伴跟随自己这么多年，没功劳也有苦劳啊，于是口封太婆为“穷神”，以后光顾哪一家，哪一家就破财败落，也尝尝吃苦受穷的滋味。但又规定不能去原已穷困的人家，以免雪上加霜。穷富要看门脸。哪知这老两口的话却被隔壁的张三无意中听到了，还给泄露了出去。谁不怕穷神光临呢，于是人们就找些破布或烂纸条之类挂在门窗上，表示家已破落，渐形成“挂笺”习俗。后来，人们嫌破烂千儿不雅观，便用整纸剪成带穗状来取代，慢慢发展成现在的门笺，涵义也渐渐改变了。

不论是什么样的装饰，也不论是南方还是北方，也不论装饰的多少，人们对装饰的使用，其主要作用都是为了美化门庭，使居住与生活更惬意、更有情趣。

第五讲

民居的岁时活动

民居的岁时活动主要是在民间的众多节日时举行。人类并不是一出现时就有现今如此多的节日的，而是在人类的不断发展中逐渐产生的。节日的产生有很多因素，如农业生产、宗教信仰、社会生活的提高，等等。

中国有众多的传统节日，而每一个节日都有一系列的节日仪式与内容；另外，中国有众多的民族，每个民族的节日又有所区别，甚至是相同的节日也有不同的活动内容。

广西三江侗族芦笙会

春节是农历一年中的第一天，即正月初一，古时又有“元旦”、“元月”、“元辰”、“端日”等称呼，近代因为使用阳历，其第一天被称作“元旦”，农历的第一天便被称为“春节”了。其实，中国人的春节从来不是仅指一年的第一天，而是一段延续十几天的大节日，是中国传统节日中最为重要的一个。

春节还被俗称为“过年”，关于这一名称还有一个古老的传说。太古时期，有一种怪兽，散居在深山密林中，其形貌狰狞，生性凶残，飞禽走兽、鳞介虫豸，甚至人，都是它的食物，并且它还一天换一种口味，一直从磕头虫吃到大活人，所以人类和动物们都很害怕它，这种怪兽被人们称作“年”。

人们起先只是害怕而毫无办法，但慢慢地人们发现了“年”的活动规律，就是它每隔三百六十五天才轮到吃人，而且都是在天黑以后才到人群聚集的地方来，破晓以后就回山林中去了。人们把这可怕的一夜称作“年关”，在这一天晚上，家家户户提前做好晚饭，把牲畜等都圈好后便躲在屋里吃饭，因为这顿饭有吉凶未卜的意味，所以置办得很丰盛，并且在吃饭前还祭祖先以祈求祖先神灵的保佑，吃完饭以后，都不敢睡觉，而是挤在一起闲聊。

“年”来了以后，转了一晚上也没发现一个人，只好在公鸡报晓时离开了。熬过“年关”的人们非常兴奋，早上起来放炮竹以示庆贺，还互相拜望道喜，气氛热烈，一连数日不绝。以后，为了防止“年”再来吃人，人们便将熬年关的活动保留下来。

古老的传说，表现了人们对邪恶的恐怕与厌恶，及战胜邪恶后的欣喜欢畅，同时也从侧面反映了家人期盼团聚的心里。

春节时，阖家团圆，户户喜气洋洋，人人兴高采烈，热闹非凡。吴自牧《梦粱录》中就有关于春节情景的记载：“民间士夫皆交相贺，细民男女亦皆鲜衣，往来拜节。街坊以食物、动使、冠梳、领袜、缎匹、花朵、玩具等物沿门歌叫关扑。不论贫富，游玩琳宫梵宇，竟日不绝。家家饮宴，笑语喧哗。”除民间士、庶外，就连皇帝也于元旦这一天在宫中举行大朝会，大宴群臣。可见，虽然此时尚属宋代，但其节日的热闹气氛与今天相比毫不逊色。

中国有着古老悠久的历史，尤其以长达两千年的封建社会文化风俗最具影响力，有着强烈的家庭血缘观念，所以在节日里，特别是春节也不忘先祭祀祖先。同时，祭祀祖先也有祈求其保护子孙后代的意思。

正月初一时把祖先牌位，或者象征祖先的“神马”剪纸、木刻，供在正厅或祠堂内，并于前面放置桌案，在案上摆放供品、香、烛等，以祭祀祖先。这在清雍正《常山县志》中就有记载：“元旦拜祖先遗像或牌位，谓之‘拜真’。”同治《宜黄县志》中也有记载：“元旦，子孙必至祠拜祖，孩提均至，按丁给煎饼。”此外，《平谷县志·

春节时祭祀灶王爷

岁时》也有对春节祭祀祖先的记载："正月元旦，初起，灶前先具香烛，谓之接灶。明燎陈盘案，拜天地，礼百神，祀先祖。堂中烧避瘟丹，放起火、响炮为乐。卑幼盛装饰，拜尊长为寿；亲朋交贺，旬日乃止。"这里不但有祭祖的记述，还有起灶神、放炮竹等其他春节活动。

虽然也有在春节时上坟祭祖的习俗，但大部分人家还是在厅堂、祠堂内举行，毕竟坟墓的留存不能非常长久，更不可能几代祖先的坟墓都同时存在，所以在厅堂、祠堂内拜祭是最为周全的。因之，民居与岁时活动也就产生了紧密相关的联系。

当然，除祭祖外，春节的其他活动也多与住宅、居室是分不开的。《天咫偶闻》卷十载："正月初一，子刻后祀神，谓之'接神'。遍至戚友家拜于堂，谓之'拜年'。初二日祀财神，初三日旃檀寺打鬼，初五日名'破五'，以前五日，禁妇女往来，初六日归宁。"这里就记述了除祭祖外，往亲戚家拜年也要于堂前祭拜之礼，妇女归宁也要至堂上拜父母。不过，其中所记关于"前五日，禁妇女往来"，在今天已不存在了，妇女归宁拜见父母已多在初二、三日。

拜年是春节时最重要的活动之一，也是这个节日最为突出的特点，春节就是因为人们之间的互相拜贺、祝愿，才有了热闹非凡、喜庆欢腾的气氛。

拜年又称"走春"、"探春"。《清嘉录》中就有拜年的记载："男女以次拜家长毕，主者率卑幼，出谒邻族戚友，或止遣子弟代贺，谓之'拜年'。至有终岁不相接者，此时亦互相往拜于门。门首设笈，书姓氏，号为‘门簿’……薄暮至人家者，谓之‘拜夜年’。”拜年的时候，受拜的长辈要给晚辈“压岁钱”，钱不论多少，只为添一份节日的喜庆气氛，也是长者对晚辈的疼爱之意。

在春节的各种喜庆活动中，与房屋、居室最贴近的当属贴春联了。春联一般来说是用红纸书写，贴于门板上，取其喜庆与迎新之意。同时，人们还在各种家具，及畜圈上贴“福”字，并且要倒着贴，喻“福到了”。

对联是由桃符演化而来，后来画有神像的桃符演变成了门神，而写有名字的桃符则演变成了对联，春节时张贴的对联就被称作“春联”。春联大多为吉祥喜庆的内容，既有除旧迎新的用意，也起着美化门庭的作用，驱鬼避邪的作用则渐渐淡化。

春节活动中与民居相关的内容众多，初二日有些地方人们主要是外出拜年，有些地方则以接、供财神为当天的主要活动。《旧都文物略·杂事略》中就有接、供财神的记载：“新年之二日，则于广宁门外五显庙祈财神，争烧头一柱香。倾城男妇，均于半夜候城趋出，借元宝而归。元宝为纸制，每出若干钱，则向庙中易元宝一二对，不曰‘买’而曰‘借’。归则供之灶中，更饰以各色纸制之彩胜，盖取一年之吉兆也。”记述了人们去庙中向财神祈元宝后，回家供在灶中的情形。

初三日在浙江杭州民间还有祭拜井神的习俗：“宅旁有井的人家，早晨拿香烛素菜供于井栏，并将井上除夕所封的红纸条揭去，名曰‘开井’。”由描述可知，“井”是作为民居的一部分的，所以祭井也是与民居相关的春节活动之一。

初四是迎神之日，因为腊月二十四神们被恭送上天向玉帝述职，正月初四是他们下凡的时间，所以这一天人们要举行接神活动。接神多于午后，于正堂中摆上桌案，放上香烛、食物等供品。《中华全国风俗志》下篇卷五《安徽》就有相关情形的记载：“正月初四日，接财神，具三牲肴蔌，谓之‘财神请酒’。”

很多地方还在初一至初五这五天中，在所供诸神位前，燃香不断，谓之“长香”。在春节的庆祝活动中，民居始终是活动的主要场所。

初五之后节日的庆祝活动还在延续，至十五日元宵节则又是一个高潮。元宵节又有上元节、元夕节、灯节等名称，这一晚月为满月，是“望”日，象征团圆、美满，是个非常吉利的日子。

元宵节庆典的形成也有一个发展的过程。《史记·乐书》：“汉家常以正月上元祠太一甘泉，以昏时夜祀，至明而终。”这或许是元宵节形成的起因。后因佛教的传入而产生“燃灯敬佛”的活动，及道教上元天官大帝的正月十五诞辰，都使得元宵节的活动更为丰富多彩。《东京梦华录》卷六《元宵》就记载了北宋东京城内热闹非常的场面：“正月十五日元宵，大内前自岁前冬至后，开封府绞缚山棚，立木正对宣德楼，游人已集御街两廊下。奇术异能，歌舞百戏，鳞鳞相切，乐声嘈杂十余里，击丸蹴踘，踏索上竿……更有猴呈百戏，鱼跳刀门，使唤蜂蝶，追呼蝼蚁。其余卖药、算卦、沙书地迷，奇巧百端，日新耳目。”这些活动的场所，包括大内前、宣德楼下、御街两廊等，都是由建筑围合而成的街道或广场。

元宵节除了杂耍百戏之外，观灯也是重要活动之一，民谚就有“三十的火十五的灯”之语，也就是说，大年三十夜里围炉向火与正月十五夜里观灯，是这两天里最为重要的内容。元宵挂灯一般从正月十三日开始，第一日为“上灯”，十四日为“试灯”，十五日则称为“正灯”，十八日为“落灯”。早在隋朝时，元宵灯节已经很兴盛了，南宋时，更是增添了灯谜一项，使原本热闹的节日更添趣味与文化气息。

关于元宵节时所悬挂的各种“灯”，在宋朝周密的《武林旧事》中有极为精彩的描述：“所谓‘元宵灯’者，其法用绢囊贮粟为胎，内之烧缀，及成去粟，则混然玻璃球也。景物奇巧，前无其比……口珠子灯以五色珠为网，下垂流苏，或为龙船、凤辇、楼台故事；羊皮灯则镞镂精巧，五色妆染，如影戏之法；罗帛灯之类尤多，或为百花，或细眼，间以红白，号‘万眼罗’者，此种最奇。此外有五色蜡纸，菩提叶，若沙戏影灯马骑人物，旋转如飞。又有深闺巧娃，剪纸而成，尤为精妙。又有以绢灯

侗族竹竿舞

三江侗族舞乐

翦写诗词，时寓讥笑，及画人物，藏头隐语及旧京诨语，戏弄行人……”我们可以想像，早在八九百年以前，当时人们的工艺技术就已经非常先进了。因而，当时的民居营造也会有不少超出我们想像之外的技术。

南宋诗人范成大在《灯市行》中也有关于元宵灯节的描写：“吴台自古繁华地，偏爱元宵影灯戏，春前腊后天好晴，已向街头作灯市。叠玉千丝类鬼工，剪罗万眼人力穷……”诗中的“灯影”、“叠玉千丝”、“剪罗万眼”均是灯之名，分别为走马灯、琉璃球灯、万眼罗灯。

宋代著名词人辛弃疾的《青玉案·元夕》词，则更是一首描写元宵灯节的脍炙人口之作：“东风夜放花千树，更吹落，星如雨。宝马雕车香满路。凤箫声动，玉壶光转，一夜鱼龙舞……”

元宵节不光是在街市上有挂灯、观灯活动，在各户家中也有挂灯的习俗，只是各地的习俗略有不同而已。如广东的海丰元宵节就会在厅堂中挂灯，正月十三厅堂开灯，还请亲戚邻居吃喝同乐，曰“庆灯”、“喝灯茶”。特别是年前生了男孩的人家，在元宵节一定要准备牲畜肉类和酒水，祀神祭祖，设宴观叙，曰“灯酒”。晚上，厅堂内灯烛辉煌，欢声笑语，一直闹到天亮。而广东的翁源在“庆灯”之前还

中元节的祭鬼活动

要“开大正”。人们用红绳把花灯吊在厅堂的梁上，吊起来的时候要敲锣打鼓，燃放鞭炮，称作“闹灯”。

元宵节过后，新年的整个庆祝活动也就基本结束了，不过中国的传统节日众多，不久又会有新的节日来到。

清明节又称鬼节、冥节、死人节、寒食节等，节日活动以祭祀为主，既祭鬼神也祀祖先。

清明祭祀活动现今所见多是到墓地扫墓，其历史较为久远，是种古老的习俗。《周礼·春官·冢人》：“凡祭墓，为尸。”尸是神主之意，也就是在坟墓旁立一石，上题“后土之神”，是祈求山神保护墓中逝者的意思。

扫墓的主要内容有两项，一是为死者烧香，一是为坟墓添土。烧香祭拜时必烧纸，这种纸是为扫墓特制的，称“光明”、“往生钱”，是送给鬼神或死人在冥世使用的。烧纸习俗是由最初的敬献实物发展而来的。钱币出现以后，便用烧钱币代替了献实物。汉代时用冥钱或瘗钱，唐改用纸钱。这在《旧唐书》中有记载：“汉以来葬者皆有瘗钱，后俚俗稍以纸剪钱为鬼事。”给坟墓添土是扫墓的另一项重要内容。民间认为，死者在另一个世界一样要生产劳动，衣食住行，与生时没有不同。而坟墓就是他们的房屋，坟头是房顶，墓穴是居室。地面上的“房顶”遭雨水冲刷与兽类践踏受损，死者不能到地面修整，所以就要生在人间的亲人定期的培土，这样的话，他们也会像在人间时一样生活得很好。

除扫墓外，在家中或祠堂内祭祖也是清明祭祀的一种重要形式，并且年代也极为久远。《公羊传》中就有相关记载：“大事者何？大袷也！大袷者何？合祭也。其合祭奈何？毁庙之主陈于大祖，未毁庙之主皆升合食于大祖。五年而再殷祭。”这里描述的是春秋时期在宗祠合祭祖先的情况，而其起源则是在更早的氏族部落时期。

近代汉族地区清明时节，多是在家中或宗族祠堂内祭祀祖先，于祖先牌位前摆上供桌，桌上放置各种祭品，然后家人于供桌前焚香叩拜。而其他很多民族也有类似的祭祖方法。《清俗纪闻》中就有关于这种祭祀的记述与描绘。

中国曾经长期处在封建社会，宗法制极严，祭祖扫墓又是这种制度的核心信仰，所以在封建社会，祭祖扫墓既是对祖先的怀念，更是为了强调家庭、宗族内的血缘关系，巩固团结，以利于家族的发展。《国语 · 周语上》载：“夫祀，国之大节也。”

清明时节还有很多与节日相关的食品，并且多有趋吉避凶之意。浙江临安地区在清明时，家家户户都要采嫩莲拌糯米粉做“清明狗”，家中有几口人就做几只，每人吃一只，但并不是在当时就吃，而是要先挂起来直到立夏，才放在饭中重新烧热了吃。杭州地区清明节时，人们喜欢吃螺蛳，并把吃剩下的螺蛳壳放在房瓦上，据说可以避虫害与避邪。

《东京梦华录》则记载有一种纪念性食品：“用面造枣锢飞燕，柳条串之，插于门楣，谓之‘子推燕’。”这种制作精细的食品，是对春秋时代的名士介子推的纪念，所以称“子推燕”。

春秋时的晋国公子重耳，因遭陷害被迫流亡在外19年，凭着自己的聪明才智与众多忠士的跟随保护，得以返回本国继承王位，成为历史上有名的晋文公。介子推就是这些忠士中的一位，在流亡时，有一次他们在山中迷路了，饿得头昏眼花，介子推就割下自己大腿的肉，烤熟了给重耳吃，救了重耳一命。但在封赏时，介子推不愿求取功名，不想为官，因而带着母亲避居山林中，重耳想方设法请他出山而不得，竟然下令用火烧山想逼他出来，不料子推却与母亲抱着树，至死也未出山，葬身于火海之中。

晋文公非常伤心，更后悔自己的鲁莽。于是，下令在介子推死的那一天，不准生火煮食。只能吃冷饭，这就是寒食禁火的由来。

清明时民居上还会添一些特别的装饰，其中最多的就是插柳。《中华全国风俗志》下篇卷五《安徽》中就有记载：“清明日，家家门插新柳，俗意谓可祛疫鬼，挂纸钱，于墓树，谓之赆野鬼。”另载：“泾县清明日，插柳于门，人簪一嫩柳，谓能解邪。具牲醪扫墓，以竹悬纸钱而插焉，或有取青艾为饼，存禁烟寒食之意。”后一段不但记有在房上插柳的，而且在人头上也有插柳的。柳枝被认为有神性，可以避邪，并且插在房上较为醒目，以方便逝去的亲人灵魂回来时辨认家门。

除柳枝外，也有用松枝的。山东一些地方在清明时用柳、松枝条打墙，喝蝎子，即民谣所说：“一年一个清明节，松柳单打青帮蝎，白天不准门前过，夜里不准把人蜇。”

江苏南通地区清明时必在墙上斜贴一张齐眉高的红纸条，上面写有“清明送百虫，一去永无踪”等字。

清明时节正逢阳春三月，还是个踏青的好时间，可去郊外的青山绿水间，放松心情，欣赏大自然的美妙。但因为多是在远离庭院之处，这些活动便与民居没有关系了。

相对于阳春时节的清明来说，芒种之后15天的夏至节则是酷暑的标志。北半球在夏至日时白天最长，夜晚最短。

夏季天气酷热而雨水多，特别是夏至节之后的15天，人们最怕下雨，因为容易闹水灾，所以民间有剪“扫天婆”贴在住房内、外止雨的习俗。“扫天婆”是一位手持扫帚驱赶云彩的妇女形象。《中华全国风俗志》下篇卷三《江苏》中就有类似记载：“吴县如遇久雨，则用纸剪为女子之状，名曰‘扫晴娘’。手执扫帚，纸人须颠倒，足朝天，头朝地。其意谓足朝天，可扫去雨点也。也用线穿之，挂于廊下或檐下，俟天已晴，然后将扫晴娘焚去。”

七月十五中元节，又称七月半、鬼节，是一个专门祭祀鬼神和祖先的日子，因此，比春节与清明的祭祀都要隆重。这是旧时中国仅次于春节的第二个重要的节日。传说中元节这一天是地狱开门的日子，各家祖先均可以回家看望子孙，与家人团聚，但其他的孤魂野鬼也纷纷出动，兴风作浪，危害人间，所以要举行祭祀活动，一为迎自家祖先，一为关照孤魂野鬼使之不做害人事。

《中华全国风俗志》下篇卷四《浙江》：“七月望，俗传为中元节。地官司赦罪之辰。人家多持斋育经，荐奠祖先，摄孤判斛，屠门罢市。”《老学庵笔记》卷七：“故都残暑，不过七月中旬，俗以望日具素馔享先……今人以是日祀祖，通行南北。”地官相当于俗语所说的“阎罗王”，是民间信仰中管理阴间的帝王。七月十五是地官的诞辰日，所以他大开地狱之门，给众鬼魂一日自由及与人间亲人团聚的机会。

中元节对祖先的祭祀也分为内、外两种。其一是上坟为祖先烧纸，为坟墓培土，其二就是在家中或祠堂烧香叩拜祖先。浙江、福建一些地方，人们在祭祖时，必先清扫祠堂，挂出《祖图》，人们还在祭祖时，回顾祖宗业绩，对族人进行家史、族规、风俗等方面的教育。

随同有人间亲人的鬼魂出地狱的还有一些无主孤魂，人们怕他们给自己带来麻

春节时热闹的街道游行活动，人们争相折取游行队伍中的花胜以图吉利

烦，往往也为他们举行一些祭祀活动。在全国各地，每逢七月十五人们必沿街设案，搭设孤鬼台，供孤鬼牌位，并置三牲、鲜果、饭菜、酒水等供品，还张贴告示告诉孤魂野鬼，今年去谁家享用食物，并请道士作法、念经，俗称“放焰口”。有些人还把道路上的杂草打扫干净，好让孤鬼通行无阻，能快速离开，减少他们在人间停留的时间。中元节的重要意义在于，不仅是在厅堂中祭祀先祖，教育后代，而且还要安抚贫困的孤魂野鬼，使人们不忘社会职责，尽量使社会安定平和。

中元节之后不久，即为中华民族又一个重要的传统佳节——中秋。中秋节又名八月半、仲秋节、月节、月夕、端正月、团圆节等，宋代时正式定为“中秋节”，而“中秋”一词的出现则早在周代，《周礼·夏官·大司马》中有“中秋，教治兵”之句。

中秋是个团圆的日子，当日各家均烹调美食，并于厅堂设宴会，全家共享。《清嘉录》卷八《八月半》记有：“中秋，俗称八月半。是夕，人家各有宴会，以酬佳节。”中秋家宴中，月饼是必不可少的美食，因为其形圆润，有“团圆”之意，象征阖家团聚。而在吃月饼之前，人们要先拜祭月亮。

拜祭月亮一般在庭院内或宅门前，设置桌案，摆上月饼、花生、瓜果、菱角，等等，然后焚香祭拜，有

湖南西部苗族鼓乐

苗族节庆舞蹈

的地方还在拜后将每种祭品取一点抛向月亮，先请月神食用。剩下的祭品则在祭拜结束后，分给每位参与者食用。祭月多由妇女主持，男子极少拜月神，谚云："男不拜月，女不祭灶。"

拜月、进食之后，人们还要赏月、谈天。《梦粱录》卷四："此际金风荐爽，玉露生凉，丹桂飘香，银蟾光满，王孙公子，富家巨室，莫不登危楼，临轩玩月，或开广榭，玳筵罗列，琴瑟铿锵，酌酒高歌，以卜竟夕之欢。"

腊八节，又称成道节，为农历十二月初八。腊八最重要的风俗是吃腊八粥，《酌中志》卷二十："初八日吃腊八粥，先期数日，将红枣槌破，泡汤，至初八早，加粳米、白米、核桃仁、菱米煮粥……举家皆吃，或亦互相馈送"。此外，腊八时已是严寒季节，对贫穷的人是一个威胁，因此，民间特意将腊八日作为济贫日，当日有乞讨者上门，必须以粥相送。

从腊八起人们就开始大扫除，屋里屋外，房前房后，一直到腊月二十三前后才完毕，从这么长的时间段上就可以看出扫除的彻底性。为什么要在腊月而且要打扫这么长时间呢？这里既有除旧迎新之意，也因为在民间人们认为鬼神到了腊月有归天的有入地的，人们趁此机会将屋里院内彻底打扫一下，以清除尘埃，不让鬼再有栖身之地。

扫除又称扫房、扫尘埃。《清嘉录》中就有此风俗的记载："腊将残，择宪书宜扫舍宇日，去庭户尘秽。或有在二十三日、二十四日及二十七日者，俗称'扫埃尘'。"此段关于大扫除的记载，不但记述了日期，还说扫除必要选在吉日良辰。

大扫除完毕就又是除夕，旧的一年过去，新的一年来到。

中国众多的节日与其他民间文化一样，具有无限生命力，而且相当多的节日与岁时活动的场所，都离不开民居这一空间。人们与社会需要节日和岁时活动，这些活动也反映了人们的社会生活，影响着社会生活。

湖南西部苗族舞蹈

第六讲 民居的大门

门是居住的室内与外界的出入口，有房屋建筑就得有门，它是居住建筑中不可或缺的组成部分。《论语·雍也》中就记载有孔子的一句话：“谁能出不由户？”说明门户极为重要，是出入的必经之路。户为单扇，门为双扇，《说文解字》中释门曰：“从二户，象形”。

作为出入口的门户，又被称为“门面”、“门脸”，这说明了人们对于门的关注和看重，同时也表明，门的作用绝不仅仅在于供出入。它还具有防卫的作用，是一种安

北京某四合院大门门板下部的壶瓶叶子，对门板有保护作用

全设施。掩上门，外人无法窥视室内；插上门，则能控制出入，抵挡外界危险的人与物的入侵，以保障居所的安全。《释名》中就有关于门的此项功能的解释：“门，扪也。为人所扪幕也，障卫也。户，护也。所以谨护闭塞也。”

门的另一种作用是界定空间。门内是内部空间，门外则是外部空间，以门为连接点，内外空间清晰明了。这在中国古典建筑中表现得最为精彩。中国的古典建筑采用的是平面上横向展开的群体空间组织方式，由单体建筑组成院落，由院落组成建筑群，建筑群组成街坊，进而形成一个完整的城市。在如此众多的建筑中，起界定与连接作用的就是门。房门、院门、坊门、城门等。

中国的门可以分属两大系统，一是划分区域的门，一是作为建筑物自身的一个组成部分的门。即如梁朝顾野王在《玉篇》中所说：“在堂房曰户，在区域曰门。”划分区域的门多以单体建筑的形式出现，包括城门、台门、屋宇式大门、门楼、垂花门、牌坊门等。而建筑自身的门则是建筑的一个构件，如实榻门、棋盘门、屏门、格扇门等。

门的建筑造型和数量都会关系到尊卑等级，所以，门在古代都是按一定的礼仪制度来设置的。因此，门在中国古代社会还是身份和地位的象征，甚至于门上的装饰，都直接关系到建筑的等级。如，单就屋宇式大门来说，就有高低多层不同的等级。

北京四合院蛮子门

北京四合院广亮大门

屋宇式大门是划分区域的大门中的代表，呈现为一座单独的房屋建筑形态，既是门又是屋。它是最为常见的一种大门形式，上自皇帝的宫室，下至普通百姓的住宅，都有较为广泛的应用。它有两种不同的形式，一是完全独立的单体建筑式"门屋"，一是倒座建筑与出入口相结合的"门塾"。

门塾式大门，也就是将倒座房的中央开间作为门，而两侧仍作为房间使用的建筑形式。这种门之所以被称为"塾式大门"，是因其两侧的房间在早期时叫做"塾"，《尔雅·释宫》中就说："门侧之堂谓之塾。"两塾相对，夹门而设，便出现了"门塾"一词。

屋宇式大门，尤其是独立式的屋宇式大门，属于高规格的区域性大门，一般只能用于重要建筑的南面正门，皇宫里的宫门，无疑是独立的屋宇式大门上中最为高贵华丽的。其中等级较高的、规模较大的宫门，呈多开间的门殿形式，前后檐完全敞开，门面开阔气派，如故宫的太和门、乾清门、宁寿门等。

宫殿以下各式住宅大门都有更为严格的限制。公主、王府大门可以用三到五开间，一般官员住宅及普通百姓住宅的大门只有单开间，并且多是门塾式大门。当然，就这里所说的单开间大门来说，也是有不同等级的。如，北京四合院中的广亮大门、金柱大门、蛮子门、如意门等，就是这种单开间大门的不同等级。

广亮大门是北京四合院大门的基本形式，也是各种四合院大门中等级最高的一种。过道在门扇内外各有一半。广亮大门是贵族人家才有的大门，清朝时，只有七品以上的官员宅子才可以用广亮大门。

广亮大门的进深略大于与它毗邻的房屋，下面做成台基状也高出邻屋地面，因此，即使它不增加本身的高度，也会比邻屋高大。这种高出门外街面的地基，可以增添大门的气势，而房主由院内出来，有居高临下之势，客人由外向内进，又有步步高升之意。大门的两侧配有一对抱鼓石，其实也就是外门枕石，由古代的仪仗演变而来，放在门前，既有对来宾的欢迎之意，又可衬托大户人家的气势，显现出隆重庄严的感觉。

抱鼓石所在门道内两侧的墙面叫做邱门墙。邱门墙有两种做法或者说是两种装饰法，一是用白石灰涂抹或再在其上雕刻花纹图案的软心邱门，一是采用磨砖对缝法砌筑的直接暴露砖石的硬心邱门。这两种邱门墙或素雅大方，或精美细致，各有特色。

广亮大门的屋顶为硬山式，上覆小青瓦。屋顶两端与山墙墙头齐平，山墙墙面上端裸露，没有屋顶遮挡，显得质朴硬实。上为跨草屋脊形式，也就是在正脊两端以雕刻花草的长方柱体结束，并以似翘起的鼻子作装饰。屋檐下的雀替和大小额枋之间均为飘逸的云形装饰。

等级略低于广亮大门的是金柱大门。两者形式相近，只是金柱大门的门扇装在了中柱和外檐柱之间的外金柱位置上，因此，门扇外面的过道浅而门扇里边的过道深了。此外，金柱大门的屋脊为平草屋脊，正脊两端用雕刻花草的盘子和似翘起的鼻子作装饰。金柱大门门前的台阶不似广亮大门的台阶两边有垂带，而是前、左、右三面均为阶梯，都可踩踏。

蛮子门又比金柱大门低一级，它的门扇装在靠外边的门檐下，气势不及广亮及金柱大门。但其里面的空间很大，可以存放物品，较实用。蛮子门前的台阶不是一级一级的，而是用砖石的棱角侧砌成洗衣板面似的坡路，这是一种便于车马行驶的、传统的阶梯形式。蛮子门为卷棚顶，上为鞍子脊，也就是说在卷棚的两坡相交处，不像通常那样做成一条正脊，而是做成圆形，似马鞍一般。屋檐下，不似广亮与金柱大门般，暴露里面的木结构，而是砖墙一直砌到屋檐下，称作封檐。

比蛮子门更低一级的是如意门，如意门是目前北京四合院中最常见的大门形式。如意门的正面除门扇外，均被砖墙遮挡住。早期的许多如意门是由广亮大门改装的，平民买了贵族宅子，不敢逾制，将之改建。顶部为形式简单的清水脊，是一种没有复杂装饰的瓦做的脊。如意门上有一种特有的装饰叫砖头仿石栏板，位于屋檐下，上面有漂亮的雕刻图案。此处也是如意门的重点装饰部位。

无论广亮大门还是如意门，其两扇门板多为棋盘门形式。棋盘门是木制板门的一种，它是先做木框架再安装门板，背面用穿带固定于边框，正面门板与框边平齐。因

北京四合院金柱大门

北京四合院如意门

北京四合院小门楼

安徽绩溪某民居的隔扇门

其背面的穿带呈格子状，略似棋盘，所以得名棋盘门。

根据这些大门的不同等级，旧时人们只要看到大门，就能知道房主的身份。

门塾式大门应用非常广泛，尤其是在南方地区。通常是在三至五开间的建筑明间设门，门框靠近前檐柱安装，后檐柱间安装四扇屏门。屏门起着遮挡内部庭院的作用，只有家中办大事时才开启，平时人们都要在进大门后绕过屏门才能进入庭院。规模较大的门塾式大门，入口凹陷部分也有达到三个开间，或是将明间扩大后分为三开间的，不过真正进出的部分只有一个开间，安装有两扇攒边板门。

北京四合院窄大门

门塾式大门还有一些变化形式，比如，为了突出入口，门上面的屋顶会被刻意加高。广东潮汕地区的民宅屋顶就常常如此，这使大门看上去更独立、醒目。而一些村落中的祠堂和寺庙等公共建筑，还会在大门的骑门坊上，再升高另做屋顶以使其更为壮观。如，浙江省楠溪江诸葛村的大公堂大门，就在屋顶上又加建了一个牌楼式重檐顶；安徽省绩溪县上庄祠堂的大门，则在屋顶上局部加建了歇山顶。

屋宇式大门之外，划分领域的门也常常做成墙门的形式，也就是在墙面上开设大门，这种门的做法比较简便，等级也较低，因为中国古代时曾有规定："非品官勿得起门屋"。墙门可大致分为门楼、随墙门、门洞等几种，虽没有了屋宇式大门的隆重，但却更经济实用，形式也较为自由灵活，丰富多彩。

北京四合院的小门楼就是一种随墙门，下面没有高高的台基，上面也只是在院墙上做个小屋顶，这多是普通百姓住宅院落的大门。

墙门在皖南地区的一些民居中又被称作"库门"，其建筑形式极富地方特色。如，黟县的关麓村，村中住宅正门多为青砖雕花门楼，由门柱石、作为过梁的门宕、上部的门楼等几部分组成。门洞两侧的门柱石各用一整块石料制成，上部门宕也由一块石料制成，所以称为石库门。这种门楼又有多种体式，主要包括垂花门式和字牌式两类。

垂花门式门楼比较华丽，主要特征就是门两旁有一对大垂花柱，上下枋之间也有

北京四合院小门楼

北京四合院垂花门

垂花门内侧屏风门

字牌；字牌式门楼上下坊有字牌，门两旁没有大垂花柱，但有时在檐口下的斗盘枋左右会有一对小垂花柱。

字牌就是门额上的题字。正门的门额上题写字牌，以表明宅主的身份、文化修养，或者只是题写一些表示吉庆祥瑞的字。关麓村的“双桂书屋”、汪令钰住宅、汪令钟住宅、汪令录住宅的正门额上都题有“大夫第”字牌。

安徽歙县某宅雕刻精美的门扇

大门的最具特色之处还不在此，而在门扇。关麓村一般的住宅，正门都有里外两层门扇，里层是木板门扇，门上包有铁皮，钉有泡钉，漆有黑色油漆，称为铁皮门；外层是镂空菱花槅扇，这在其他地方民居，特别是北方民居中是极少见的。空灵剔透的菱花槅扇，使原本防卫森严的大门显得极为亲切近人。

民居大门的设置不但与身份、等级等有关，还常常与住宅风水相联系。

门在中国人的传统观念中，处于非常重要的地位，这不但是因为它的实际作用，而且还因为中国人的风水观念。在风水理论中门是住宅的咽喉和沟通建筑内外的气道。

风水术认为，门上接天气，下接地气，还关系到聚气和散气，所以，门的位置的选择和建造，就涉及房屋总体布局的成败，也关系到住宅内居住者的吉凶祸福。《辩论三十篇》中有：“阳宅首重大门者，以大门为气口也。”《阳宅十书》中说：“门户运气之处，乖气则致戾，乃造化一定之理。故先圣贤制造门尺，立定吉方，慎选月日，以门之所关最大耳。”这都强调了大门的重要性。而《相宅经纂》中则更有“宅之吉凶全在大门”之语，强烈地向人们灌输大门在住宅风水中起着决定作用的观念。

民居大门的方向当然也就是住宅的朝向，建筑朝向的确定在古代是件十分重要的事。中国居住建筑的大门多朝向南方，因为中国地处北半球中纬度和低纬度地区，朝南的房屋在冬季背风向阳，室内温暖舒适，而在夏季时则能迎风纳凉，室内又清爽怡人。在这种自然地理环境中产生的文化也因此具有了“南面”特征。

这种“南面”特征，从古代的天文、地理，甚至人的统治上，都可以体现出来。

北京四合院某宅大门

中国古代天文学中，把天上的星象分为朱雀、玄武、青龙、白虎等南、北、东、西四宫，天文星图的方位坐标是以面南“仰观天文”而绘。而中国古代地理学中，早期地图的绘制也多是遵循上南下北、左东右西这个方位形式的，与今天我们常见地图的坐标方位恰好相反。

天文学、地理学依照方向是出于实际需要，不论以哪个方向为主，都是以仰观、俯察的实践测绘活动而得。但古代帝王坐朝临天下也要向南，则带有一种象征意义了。《易经·说卦传》有“圣人南面而听天下，向明而治”之句，《礼记》中又有“天子负扆南向而立”的记载，历代帝王的权术也就渐被称为“南面之术”了。

不光天子临朝听政是面南背北，就连古代的诸侯、大夫乃至府县官员等，升堂处理政事时也都是坐北朝南的。

除了少数特殊情况外，大门随着建筑的朝向而居南已是基本确定的了，但南向大门的具体位置，又有所不同，有的是处于住宅南面的正中，有的则处于住宅南面偏东位置，而后一种居多。《易纬·乾坤凿度》中说：“巽为风门亦为地户。万形经曰，二阳一阴，无形道也。风之发泄，由地出处，故曰地户。户者，牖户，通天地之元气。”巽即是八卦中的东南方，巽者顺也，因而东南方的风门是吉位，有利于纳气。所以，北京等地的四合院多在巽位上开设大门。

正南的位置为离位，如果在离位上开正门，气最盛，那为什么在正南设大门的民居比在东南的还少呢？这在风水上的解释是，恰恰因为离位气盛，普通民居才极少在正南设门，毕竟如此盛大的“气”普通老百姓是承受不起的，只有宫室、王府、官衙、寺院、祠堂等皇家和公共建筑，才能在正南居中开门。

不过，上自帝王宫室，下至普通民居，都避免在东北方位开设大门，因为东北是八卦中的“艮”位，也就是鬼门。这在《易纬·乾坤凿度》中也有论述：“艮为鬼

浙江东阳某宅槅扇门

冥门。上圣曰，一阳二阴，物之生于冥味，气之起于幽蔽。地形经曰，山者艮也，地土之余，积阳成体，石亦通气，万灵所止，起于冥门。”

风水术虽然具有迷信的特点，但它是产生在这些实际的地理环境与文化传承基础上的，因而也便有一定的道理与可应用性，这也是它能长期存在的一个重要原因。后世的堪舆家也正是考虑到了住宅环境等实际因素，才能让人们对他们的说法深信不疑，这就要求真正的堪舆家要博学多才，尤其是对天文地理知识熟悉，而事实上，很多堪舆家也确实做到了这一点。

中国主要以南面为大门朝向的传统，是与中国的地理与气候等自然因素相适应的，也是人们经过长期的实践经验确定的。但在实际中，建筑朝向是受到多方面因素影响的，不可能全都采用“南”向，大门更不可能全都处在东南角。那么，这时应根据设计条件，因地制宜地确定合理的朝向与方位，以更利于生产、生活的需要。

不论是什么样的住宅，也不管是皇家的、豪门大户的，还是平民百姓的，大门都位于住宅的最前方，是外人见到住宅的第一个焦点，因而也是各家住宅装饰的重点。

中国建筑的风水，不但影响到大门的设置，也涉及大门上的装饰。也就是说，中国民居大门的装饰很多具有风水上的意义。

镜子就是民居大门上一种最具有风水意义的装饰，特别是在一些笃信风水的人家，大门上必定有它的身影。当别人家的屋脊或外观凶险之物冲向自家门口时，被认为是犯“煞”不吉，住家常常要在外门上悬挂“照妖镜”，用来挡“煞”。

照妖镜又称白虎镜或倒镜，中国古代有一种观念，认为“镜”是一种天意的象征，《尚书考灵曜》中就有“秦失金镜，鱼目入珠”的说法，认为镜是一种宝物，失去镜就会失去天下。此外，镜子具有光可鉴物的功能，被人们认为是“金水之精，内明外暗”，可以让一切害人的魑魅魍魉无所遁形。葛洪《抱朴子·登涉》中就有关于这方面的记载，说是妖怪鬼魅能假托人形，让人看不出它的本来面目，但是在镜子前面的时候它却没法改变原来的形状，所以，古代时人要进入荒山野岭，常常在背后挂一块大镜子，意在防止鬼魅接近。

猛兽被认为具有辟邪作用，像狮子、老虎、狻猊，等等。在古代的宫殿、坛庙、寺院、衙署、陵墓等前面多有它们的形象，石刻、砖雕、铜铸等均有，用以避邪增威。“狮子叼剑”就是一种有避邪功能的兽牌，不过，它主要是用来驱逐由门前入侵的邪煞的，因此多置于院门的门楣上或门边的墙上。据记载，其外框呈梯形，宽、高、边等分别象征八卦、时辰、节气，梯形框内有狮子的正面头像，嘴里叼着一或两把七星宝剑，样子凶猛无比。

桃符也是民居大门上的一种避邪之物，桃符就是桃木板。《典术》中说桃木乃是五木之精，有制百鬼的神功，将它悬挂在门上自然可以压邪。

关于桃木的避邪作用，还与中国古代传说中最早的门神有关，这就是“神荼”和“郁垒”。蔡邕的《独断》中说：“海中有度朔之山，上有桃木蟠屈三千里，卑枝，东北有鬼门，万鬼所出入也。神荼与郁垒二神居其门，主阅领诸鬼，其恶害之鬼，执以苇索食虎。故十二月岁竟，常以先腊之夜逐除之也，乃画荼、垒并悬苇索于门户，以御凶也。”此外，在《山海经》、《风俗通义》、《论衡》等书中也都有内容相似的记载。

人们起先是直接悬挂桃木表示驱鬼，后来又在桃木上雕刻神荼、郁垒的像，但因为在桃木上刻像较为复杂，逐渐改为在门上绘两神的像，清代陈彝在《握兰轩随笔》中说：“岁旦绘二神贴于门之左右，俗说门神，通名也。盖在左曰神荼，右曰郁垒。”有的人则干脆在桃木上写上他们的名字悬于门上。

神荼、郁垒之后，另有两位流传较广的门神形象，他们是唐初的大将秦琼和尉迟恭。他们充当门神的故事出于《西游记》，说唐太宗夜里总是梦见鬼，觉得门外有鬼呼号声和搬砖弄瓦声，终夜不安宁。他将此事告知群臣，秦琼和尉迟恭便在夜间为太宗守门，是夜果然无事，连守三天后，太宗不忍他们再受累，便命人将他们的形象描绘下来贴在门上，夜里也安危无事。后来，两将军像就成了门神了。将军门神影响较大的还有赵云、马超，孙膑、庞涓，裴元庆、李元霸等。

除驱鬼门神外，还有祈福的门神，多为文人形象。

对联也是大门上的重要装饰，现代民间的很多民居大门上都贴有对联。据说，对联与门神同出一源，也是由桃符演化而来的。

据黄休复《茅亭客话》考证，五代后蜀孟昶曾在桃符板上题“新年纳余庆，嘉节号长春”十字，被认为是中国最早的门联。桃符变成了对联，内容不再限定在驱鬼避邪的范围，而逐渐以吉祥喜庆内容为主了。

门联能够用简洁的语言，言简而意赅地表达出房主人的理想、愿望和追求，同时也能表现出房主人的思想、格调与品位。比如，一些读书人家的住宅门上，就常用“天然深秀檐前松柏，自在流行槛外云山”、“青山不墨千秋画，绿水无弦万古琴”之类的对联，以表现文人清雅不俗的思想、品性。

除了这些显而易见的装饰外，大门上还有一些与实用功能相结合的装饰。

院落内外空间的连通与隔断靠的是门扇的开合，而门扇的开关是借助拉手实现的，同时，拉手还具有叩门的作用，这是它的实用功能。但人们为了使它更为美观，在拉手与门板的连接处又加上了底座，称之为“门钹”。门钹在实用性之外，更带有强烈的装饰意味。

大门上的门钹，既有叩门作用，也是门上的装饰

门钹因其形状类似民间乐器中的“钹”而得名。门钹是用金属制成，平面为圆形或六边形，中部凸起一个如倒扣着的碗状的圆钮，钮上挂着圆环或金属片，圆钮周围部分被称为“圈子”，上面雕有镂空花纹，也有做成吉祥符号或如意纹的，这是为了增加门钹的装饰效果。

门钹中最特别的、最有特色的形式当是铺首，有人将之称为门钹中的极品，它是一种带有驱邪含义的、传统的门上装饰。铺首为铜质兽面，怒目圆睁，牙齿暴露，口内衔着大环。据出土的汉代画像砖可知，汉代时已有这种门上装饰。而汉代的文学作品中也有对铺首的描绘，如，司马相如在他的《长门赋》中所写：“挤玉户以撼金铺兮，声噌吰而似钟音。”

铺首的兽面似龙非龙、似狮非狮，传说是龙生九子之一的椒图，性好闭。明代杨慎在《艺林伐山》中说：“椒图，其形似螺蛳，性好闭，故立于门上。”还有一种说法，说铺首的原型就是螺蛳，《风俗通义》里就记载着这样一段有趣的故事：“昔公输班之水，见蠡，曰：现汝形形，蠡适出头，班即以足图画之，蠡即引闭其户，终不得开，遂施之于门户，云：闭藏如是，固周密矣！”一次，鲁班在水边看到一只蠡，对它的形象非常感兴趣，当它的头从壳中伸出来时，便悄悄地用脚在地画它的形象，哪知道被蠡发现了，一下子将脑袋缩回壳内再也不出来了。于是，将它的形象画在大门上，作为坚固和安全的象征。这就是传说中鲁班遇蠡的故事，蠡在这里

浙江东阳某宅隔扇门

指的是一种螺蛳，很有灵性。

此外，大门门楣上带有木雕图案的门簪，大门前雕刻精美的抱鼓石等，也都属于大门装饰的一部分。

民居大门上的装饰，随着时代的发展与进步，与其他部分的装饰一样，去除了其中的避邪、镇恶的含义而更注重美化目的，具有了纯装饰意味。如，北京四合院大门墀头上部的砖雕，多以雀鸟、花卉、草木为题材，自然、美妙，丝毫没有什么避邪、挡煞的意思。

门是民居的脸面，有财势的人家将大门修建得华丽突出，即使一般人家，也很讲究大门的装饰。因此，中国民居的大门内容丰富，变化多端。

门是建筑艺术的表现手段，是内外、乾坤之间的界隔，是社会地位的表征，是告示传媒的载体，也是德行旌表的对象。后汉李尤在《门铭》中说："门之设张，为宅表会，纳善闭邪，击柝防害。"可见，门不但具有它最初的功能性，还汇聚、体现了丰富而深邃的文化意蕴。一道道一重重的各色的大门，构成了一幅幅极具中国特色的门的画卷。形式美妙，内涵丰富，让人不由得心驰神往。

第七讲

民居的窗户

除了纪念碑等一些特殊的类型之外，无论是古代建筑还是现代建筑，也不论是公共建筑还是普通民居，都会设有窗子，或多或少，或大或小，各式各样。

窗子是依附于建筑而存在的，因而，窗子的发展也是与建筑基本一致的。最初的窗子称为囱，它是人类穴居时期为了采光和通风的需要，在洞穴顶端凿的小洞。后来，人类脱离穴居筑起了房屋，便在房子的墙上开窗洞，称为牖。我们常在古建筑书中看到的“户牖”，也就是指门窗。“牖”之后又发展产生了更为丰富的窗子类型。同时，窗子也在采光透气功能的基础上，进一步发展而兼有了装饰作用。

建筑是由古至今不断继承与发展的，而中国传统建筑发展的最后一个高峰，且实物留存较多的时期，是明清两朝。窗子的方方面面，也是在这个时期最为丰富与成熟。

窗子的形式本就很多，而南北各地的称呼又不尽相同，也就是一种窗子有几种名称，有些窗子又会有几种细分类型，而且各地的细部处理又多有差别，所以非常丰富多彩，主要形式有槛窗、支摘窗、直棂窗和一些空窗、漏窗等。

围拢屋正立面图

嵌玻璃槛窗

槛窗是一种形制较高级的窗子，是一种槅扇窗，即，在两根立柱之间的下半段砌筑墙体，墙体之上安装槅扇，窗扇上下有转轴，可以向里、向外开、关。说得更明白一点，槛窗也就是省略了槅扇门的裙板部分，而保留了其上段的格心与绦环板部分。槛窗与槅扇门连用，位于槅扇门的两侧。因为它是通透的花式棂格，所以即使不开窗也有透光通气作用，不过，多数时候窗棂内会贴上窗纸，后来也有装玻璃的。

槛窗与槅扇门保持了同一形式，包括色彩、棂格花形等，使得建筑外立面更为谐调、统一、规整。皇家建筑上的窗子大多为槛窗形式，而在民居建筑中，一些较大型的住宅和寺庙、祠堂等也多有运用。南方的民居建筑中，比北方地区更多地采用槛窗形式。

如果房间过高或面阔过宽时，为了使建筑整体构图看起来更为和谐，则要调整开启门窗等的面积，这时可以在槛窗的上下或两侧加设横披窗或余塞窗。横披窗位于中槛之上、上槛之下的扁长空当处，形式可与槛窗相同，也可另做独立的雕饰或花纹等。

这里有必要解释一下“槛”的概念。安装门窗槅扇的框架叫做框槛，分为槛和抱框两部分。抱框是门、窗扇左右紧贴柱子而立的竖向木条，也叫抱柱。而槛则是框槛中的横向部分，是两柱之间的横木，位于最上面紧贴檐枋的叫上槛；横披之下门、窗扇之上的叫中槛，中槛也叫挂空槛，南方则叫照面枋；而最下部贴近地面的为下槛，南方也叫脚枋。一般建筑多在上、中槛之间安横披，而在中、下槛之间安门、窗扇。较矮小的房子只有中、下两槛，所以也就没有横披。

支摘窗是一种可以支起、摘下的窗子，明清以来在普通住宅中常用，在一些次要的宫殿建筑中也有所使用。支摘窗一般分上下两段，上段可以推出支起，下段则可以摘下，这就是支摘窗名称的由来，也是它和槛窗的最大区别。此外，支摘窗在形象上也与槛窗不同，槛窗是直立的长方形，而支摘窗是横置的。

支摘窗没有风槛，两抱框直接与榻板相连。风槛是安窗子的槛框中的下槛，较小；而榻板则是平放在槛墙之上、风槛之下的木板。

嵌工字装饰的灯笼框图案窗扇

支摘窗在南北民居中又有不同的具体样式。北方常在一间当中立柱，隔成两半，分别安窗，上下两扇一样大。南方则常在一间当中立柱两根，分为三等分安窗，并且上段支窗长于下段摘窗，一般比例为三比一。而苏杭一带的园林与民居中，支摘窗多做成上、中、下三段，富于装饰性。这种上、中、下三段的支摘窗，又称为和合窗，其上下窗扇固定，中间窗扇可以向外支起。

直棂窗是用直棂条在窗框内竖向排列有如栅栏的窗子，它有破子棂窗和一马三箭窗等变体形式。

破子棂窗的特点就在“破”字上，它的窗棂是将方形断面的木料沿对角线斜破而成，即，一根方形棂条破分成两根三角形棂条。安置时，将三角形断面的尖端朝外，将平的面朝内，以便于在窗内糊纸以挡风沙、冷气等。

一马三箭窗的窗棂为方形断面，这是它与破子棂窗的不同点。但它的特点还不在此，而在于直棂上、下部位各置的三根横木条。

这些窗子，不论是哪种类型，都有可能是单层窗，也有可能是内外双层窗，有的内层窗固定，有的内层窗也可以开启，灵活多样。这多根据不同地区的气候、建筑环境等具体条件，加以选择与运用。

此外，还有一类形式较为自由的窗子，也就是空窗和漏窗，这类窗子都不能开启。空窗与漏窗的区别是，空窗只有窗洞没有窗棂，在建筑中，如果空窗属于“虚”的要素的话，那么漏窗则是“半虚半实”的要素。

空窗的设置可以使几个空间互相穿插渗透，将内外景致融为一体，又能增加景深，扩大空间，获得深邃而优雅的意境。同时，空窗的窗框还有框景的作用，在一面透过空窗望向另一面，或是一株芭蕉，或是一丛修竹，或是一峰山石，正在窗框中，两者结合就仿佛是一帧美妙的小品图画。

漏窗当然也有沟通内外景致的作用，因为我们透过漏窗能看到另一边的景色，但是漏窗的沟通是似通还隔，通过漏窗所看到的景物也是若隐若现的，所以它在空间上与景物间既有连通的作用，也有分隔的作用。此外，漏窗相对空窗来说，本身就是优美的景点，因为漏窗窗框内置有多彩多姿的各式图案，在阳光照耀下更有丰富的光影变化，愈发显得活泼动人、优美不凡。

漏窗有单个设置的，也有成组设置的。透过单个漏窗，往往只能见到一枝半叶，是自然的点缀小品，给你遍寻不着之后一个突然的惊喜。连续成排的漏窗，则会随着人的行走，不断透露窗子另一面不同位置的景致，当你走过最后一个漏窗时，你也就如同欣赏完了一幅绝妙的长卷。

空窗与漏窗多用在江南民居与园林中，其形式与花样之丰富不胜枚举。

以上所介绍的窗子，不论是槛窗、支摘窗、直棂窗，还是空窗、漏窗，都属于墙面窗，也就是开设在墙体上的窗子。除此之外，还有极少部分地区的民居使用天窗，也就是开设于屋顶的窗子，多用于采光。较为讲究的天窗多用亭式或屋式结构，在亭或屋的四面开窗，与大屋顶形成统一的格调，并且，使建筑的造型更为丰富优美。

窗子是整个建筑中引人注目的视觉中心之一，因此，它也是建筑中重要的装饰部位，民居的窗子也不例外，并且，民居的窗子装饰比皇家宫殿的窗子装饰更为丰富多样。

龙与狮子是皇家建筑装饰的主要题材。虽然统治者有明文规定，普通民居不能使用龙纹装饰，但龙作为华夏民族的象征，深受老百姓喜爱，所以很多地方建筑上都有龙的形象。威武勇猛的狮子更是很多民居喜用的装饰。此外，喜鹊、蝙蝠、鱼、鹿、

以变异几何形为装饰图案的窗扇

安徽黟县西递村某宅透雕梅竹花窗

虎等动物，及松、竹、梅、兰、菊、荷、牡丹等植物，也都经常出现在民居窗子装饰中。

普通民居窗子的装饰，除了拥有皇家常用的题材外，还有很多皇家建筑所没有的内容，比如说，民居窗子就常采用普通的瓜果蔬菜形象作为装饰，甚至用一些不知名的繁花绿叶，天然、纯朴、可爱。还有一些人物与历史故事题材，也是宫殿建筑极少采用的，在民居中却较为常见。

民居窗子在装饰手法上，以雕刻为主，兼有少部分绘画；又因为民居的窗子大多采用木材料制作，因此，除了少部分砖雕外，大多为木雕刻。而木雕手法自由多样，有透雕、深浮雕、浅浮雕、线雕等，或是几者的组合使用。（图 7-6）

民居窗子的装饰，也许没有皇家的大气雄浑和庄严肃穆，但其装饰形象更为活泼多姿，组合也更为自由随意，也就更为生动传神。

为了更清楚、更直观地了解窗子，我们来看一些具体地区和具体民居中的运用。

北京四合院是中国北方较有代表性的民居形式。北京四合院的窗子主要有支摘窗、牖窗、什锦窗等。

支摘窗是北方传统民居中用的最多的一种窗式，如北京阜成门内宫门口西三条的鲁迅故居、后海北沿四十六号的宋庆龄故居、无量大人胡同的梅兰芳故居，等等，不能一一列举，建筑中的窗子多为支摘窗。

北京四合院支摘窗的安装位置与槛窗相同，即建筑的明间安装槅扇，次间安装支摘窗，支摘窗设在槛墙上，但支摘窗的功能与形式不变。其构成形式是，沿次间两侧安装抱框，在圈定的范围内居中安间框，将窗子分为左右两部分，每一部分又分为上下两段。窗扇设内外两层，上面的窗扇能支起，下面外侧的护窗能摘下。这样的窗子可兼顾冬季采光、防风、防寒与夏季通风、换气，与北方的气候相适应。

过去，支摘窗在夏季常糊一层透亮的绿色冷布，和白色纸卷窗相互映照，并且，这些窗纸会随着季节的变迁而加设或除去。各色的窗纸在窗扇的开启与闭合间，为四

正方格与斜方格装饰的窗扇

合院的人们增添了几多生活情趣，也是很多远离故乡的老北京人，心中常思念的情节。

支摘窗的窗心部分，也是支摘窗最重要的组成部分，与格扇的格心一样，由棂条花格组成。

四合院常用的棂条花格纹样有步步锦、灯笼锦、龟背锦、冰裂纹、盘长等，及由这些基本图形组合或演变出来的其他图案。

步步锦是由长短不同的横、竖棂条按照一定规律，组合排列而成的一种窗格图案，棂条之间有工字、卧蚕或短的棂条连接、支撑。步步锦在四合院民居中运用较为广泛，很受人们的喜爱，一来是因为它的图形优美，二来又有“步步高升，前程似锦”的美好寓意。

灯笼锦是人们根据古代夜间的照明用具——灯笼的形状，加以提炼而形成的棂条图案。其棂条排列疏密相间，棂条间巧妙地用透雕的团花、卡子花连接，既是构件也是极美的装饰。灯笼锦图案中间的空白如果较大，则称为灯笼框，这更利于采光，而且还可在中间装上纸、布等，用来作画题诗，更为装饰增添一份诗情画意。灯笼的寓意是“前途光明”。

龟背锦是以正八角形为基本图案组成的窗格形式，看起来就像是乌龟的背壳图案，所以称为龟背锦。龟是长寿而吉祥之物，古人以龟甲纹作为窗格棂条图案，不仅美观生

嵌卧蚕与如意头的灯笼框图案窗扇

动，而且还有“延年益寿”的吉祥寓意。

冰裂纹也就是指自然界中的冰块炸裂所产生的纹，运用到窗格中的图案是经过提炼的，因而自有一种规律性，但它是自由随意中的规律，是无法准确把握的规律。它向人们传达出一种“自然”的讯息，使人产生如身在大自然中的愉悦感受。

盘长图案来自于古印度，是佛家八宝之一，由封闭的线条回环往复缠绕而成，寓意“回环贯彻，一切通明”。

四合院外檐装修所采用的窗格棂条，内容丰富、形式多样、寓意深刻，是美丽而高雅的艺术精品。这些排列规则有序的棂条图案，不仅给人以美的视觉感受，还以它

北京四合院某宅窗户

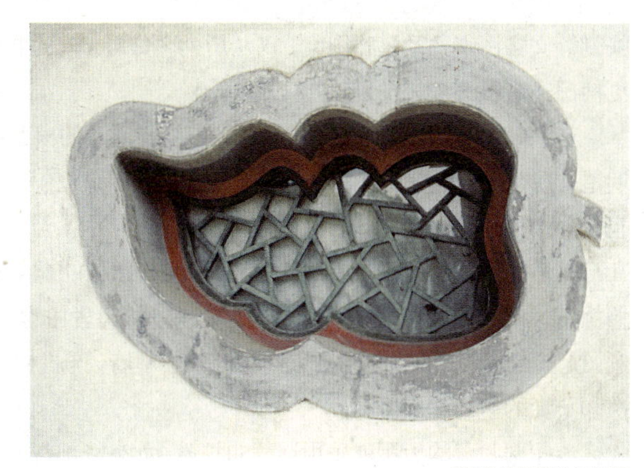

叶形嵌冰裂纹什锦窗

蕴涵的丰富寓意给人以美的心灵享受。

北京四合院建筑中还有一种牖窗，它包括一般的牖窗和什锦窗。一般的牖窗多用于建筑的山墙或后檐墙上，体量、形状上看功能需要等情况而定，体量上略大于什锦窗，形状上以圆形、六角、八角等规则几何形为主。这样的牖窗是居住建筑上较为正规的窗户，所以不能像什锦窗一样活泼随意，变幻多端。

什锦窗是一种漏窗，常常是一组一组的安排，而且窗形变化多样，所以得名“什锦”，它是北方四合院中最为活泼可爱的一种窗形。什锦窗具有极强的装饰性，不但可以美化墙面，还可以沟通窗内外的空间，借调外部景致，以及作为取景框等。

什锦窗的形状有很多种，多是一些具体可感的物体形象，包括各种线条优美的器皿、几何图形、花卉、蔬果，甚至动物等，如书卷、扇面、锦瓶、玉壶、寿桃、树叶、花朵、五方、八角、蝙蝠，等等。

民居中的什锦窗，主要有什锦漏窗和什锦灯窗两种形式。什锦漏窗又称单层什锦窗，窗框内或空着，或安置做成不同花样的棂条，或装玻璃贴绘图案。什锦灯窗则有两层窗框，分别安装玻璃，两层玻璃之间置灯，每当节日的夜晚灯火通明，映着各色窗子，有着美妙不凡的装饰效果。

什锦窗的魅力不仅来自于其艺术性的造型，还来自于窗套的色彩与装饰。窗套位于什锦窗窗口的周围，是雕饰的重点部位。

与北方相比，江南地区夏季较长，天气闷热而潮湿，所以窗子的设置主要考虑的是通风、遮阳、隔热。长窗、半窗、地坪窗、和合窗、横风窗等，都是民居或园林建筑中常用的窗子形式。

长窗也就是槅扇门，用在江南园林建筑或民居中时称为长窗。它开启时是供人出入的门，关闭时则又是窗子。关闭时，通过通透的内心仔采光、通风，内心仔也就是槅扇上面的格心。长窗也以内心仔处为装饰重点，花纹有直棂、平棂、方格、井口、书条、十字、冰纹、锦纹、回纹、藤纹、六角、八角、灯景、万字等，其他还有瓦当、篆刻等文字图案及动植物图案，仅从所列名目看，就比北方民居窗子装饰丰富得多，更何况还有很多细分类别。

有些长窗省略了下面的裙板部分，而满布通透的棂条花纹，这样的做法称为落地明造。带有裙板部分的长窗，裙板处大多会做雕饰，有浅雕，有镂空透雕，题材内容也较为多样，且繁简不一。

长窗的格心花纹所产生的韵律感、格心与裙板的虚实对比，及它们在阳光或月光照耀下，产生的或清晰或迷离的光影效果，都为居住建筑增添了无限魅力与不尽情意。尤其是成片的长窗，形成大面积的花格幕墙，与檐柱间的挂落、栏杆组成富有层次和节奏的立面构图。

苏州网师园的大厅就采用连续的长窗，如果全部打开，就像一处敞厅，外部的美妙景色尽收眼底，内外连成一片，让我们充分领略了江南园林的美；即使全部关闭，通透的内心仔也会为室内带来光明。

长窗除了单独设置外，在大型建筑中，往往还和半窗、花窗等组合安装，更有美感。

留园的五峰仙馆是苏州园林中规模较大的一座建筑，设有外廊，在前檐的明间和次间共安装了二十扇长窗，梢间为白粉墙，墙上开砖框花窗；馆后檐明间设长窗，次间装半窗，梢间也开花窗。前后窗格纹样相同，既统一又有变化。而窗、墙等的虚实对比，材料质感与色彩的变化，使原本沉重的厅堂顿时轻盈、活泼起来，体现了江南建筑特有的俏丽风韵。

半窗也就是槛窗，上部分是窗子，下部分是墙体。半窗的构造与长窗相似，而内心仔图案与长窗相同。地坪窗也是槛窗的一种，又称勾栏槛窗，与半窗形制相同，只是窗下的墙体被栏杆取代。地坪窗多用在临水建筑上，打开窗户之后即可坐在靠背栏杆上，临窗欣赏外部的风光景致。

浙江东阳窗格装饰占着一绝，从务本堂的半窗上就能看出来。务本堂半窗上的装饰，自然也是以窗扇格心为主。首先是大面积使用冰裂纹，纹样线条自然、错落；在冰裂纹格心的最中间框出一个圆形，圆形雕着衬有卷草的花瓶，且瓶子的样式还不完全相同；冰裂纹的外围则为一圈较窄的折线纹。构思巧妙，雕工精细。其构图虽然繁复却不凌乱，让人觉得丰富多彩，百看不厌。

安徽黟县关麓村住宅的槛窗，装饰更是不输于其他地方。关麓村住宅的槛窗除了几何形棂条外，其间还巧妙地嵌着花草、动物等形象，特别是格心正中和下方绦环板处，往往还圈出海棠形、矩形等外框，于框内深浮雕人物、神兽、房屋等内容。整个装饰，色调古朴淡雅，形象逼真，精美绝伦。

地坪窗的实例在浙江南浔顾宅中就有。其窗扇格心图案以长八角形几何纹和海棠纹为主，下面的栏杆处图案则为圆形内外套折线式，棂格上下皆通透。苏州东山镇雕刻大楼，其建筑也多采用地坪窗，格心图案也以长八角形为主，八角形四周雕小卧蚕纹，下面的栏杆处为折线组成的图案，简洁而大方。

长窗、半窗、地坪窗之外，和合窗也较多地被江南民居使用。和合窗多安装在建筑次间，一间三排，每排三扇，也有多于三扇的。上下两排窗扇固定，中排则可以打开用摘钩向外支起。窗扉呈扁方形，窗下设栏杆或砌筑墙体。和合窗的内心仔纹样也随长窗而定。

杭州胡宅内的和合窗，窗扇装饰以冰裂纹为主，棂条之间不时嵌有雕刻精致的一丛花、叶，非常抢眼。冰裂纹中部空出一个矩形框，它使内外空间的连通更紧密。

横风窗也就是横披窗，用在较为高大的房屋墙体上，装在上槛和中槛之间。一般是做成三扇不能开启的窗子，每个窗扇都呈扁长方形。

江南民居和园林中还较多地采用了空窗、漏窗，或者说是花窗形式，并且种类、式样繁多。尤其是漏窗，仅苏州地区就有数百种之多，而沧浪亭内便有一百零八式，还无一雷同，为苏州园林漏窗之冠。

漏窗根据窗框外形来分，有方形、长方形、圆形、椭圆形、扇形、六角形、八角

安徽歙县民居长窗

形、树叶形、苹果形、寿桃形、石榴形、葫芦形、海棠形、荷花形、梅花形，等等。而窗框中的图案内容就更多了，有万字、双喜、寿字、六角景、菱花、冰裂、竹节、席锦、绦环、橄榄、套钱、鱼鳞、破月、波纹、葵花、海棠、如意等单独纹样，还有万字海棠、十字海棠、海棠菱花、六角穿梅花、夔式穿梅花、灯景、五花灯景等混合形式。

根据漏窗使用材料的不同，又可分为木、石、砖、灰塑、琉璃等类，其上的纹样、图案也便依着不同的材料而产生，或是用小构件拼合，或是在材料上雕刻，形成不同的风格与韵味。其中的石雕漏窗，在浙江民居中运用较多，并且大多是在整块石板上雕凿，民间风味十足，题材也丰富。特别是绍兴、天台等地，更以石材薄、雕工细而著称，其做法是在整块石板上以透雕方式进行雕刻，设计也很精巧。

中国的一些沿海、高原、边疆地区，如福建、山西、陕西、新疆等，民居的窗子与中原和江南两处相比，总体来说，差异较大。

福建民居的窗子，因其建筑的差异性而分为不同的形式，主要有一般民居窗子和土楼民居的窗洞两种，不过，土楼内部房间的窗子是和当地一般民居相仿的。

福建一般民居的窗子，主要有平开窗和支摘窗两种，分割比例美观自然，窗棂也多做成网格花纹。花纹有菱花、折线、菱花与直棂条的组合、不同几何形的组合，及精美的人物、花、鸟图案等，几乎与江南民居窗饰不相上下。

在一些带庭园的住宅中，面对庭园的窗子多做成什锦窗，不过与北京四合院的什锦窗有很大差别。窗子的框形较少，窗框内也不装玻璃、不置灯，更没有什么贴绘图案，而多是直接镶嵌木、石等雕刻。为了连通两边的景致都采用透雕，立体生动，人物、花卉、建筑等题材均有。

苹果形透雕花窗

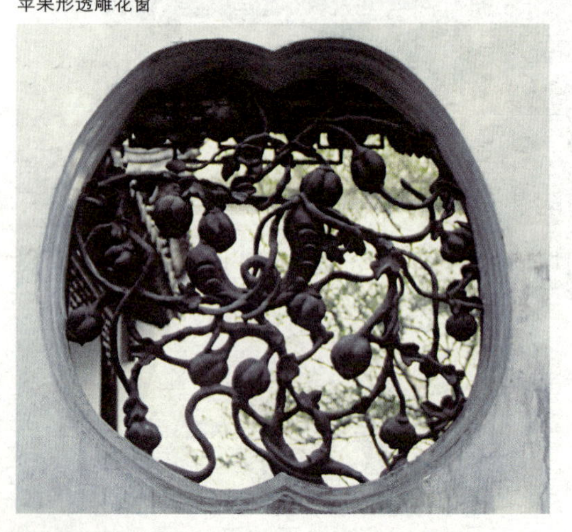

福建土楼外墙的窗洞是极具防御性的设置，土楼从外围看，除了大门就是这些窗洞，洞口内大外小，也是为防御。如永定县高陂镇的遗经楼，其窗洞不但洞口里大外小，而且从楼外看由上至下洞口也逐渐变小，洞口四周为条石窗框，窗口中立条

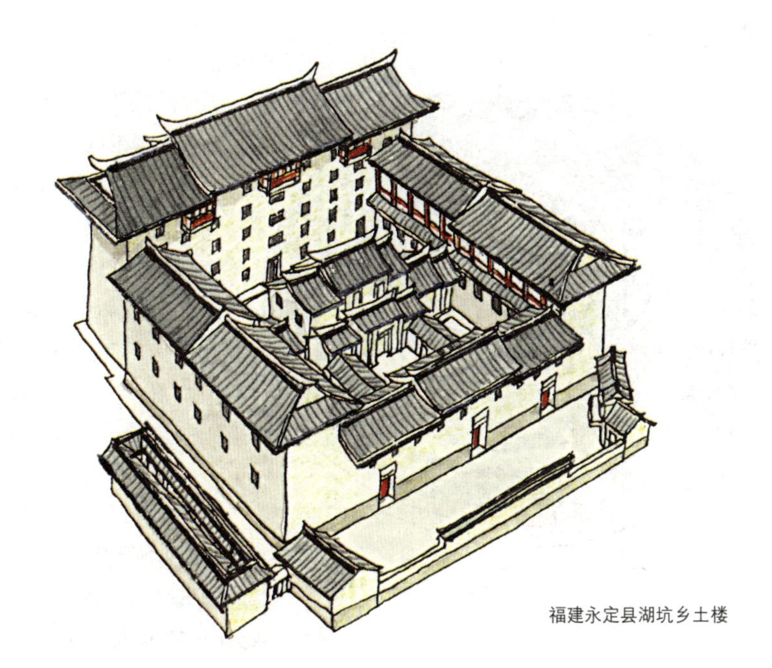

福建永定县湖坑乡土楼

石竖棂。其实，很多福建土楼只在外墙上部开设窗洞，更具防御性。

从窗洞内的窗扇看，福建土楼外墙基本都是直棂窗，或者更准确地说，也就是几根木或石制的棂条，几乎谈不上装饰性，这也算是防御建筑的一个特色吧。

陕西、山西的黄土高原上，民居多为窑洞形式，或是地上的独立式，或是地下的下沉式，或是崖上的靠崖式，不论是哪一种形式，都和其他地方民居一样，要有门有窗。窑洞民居窗子的特别之处，主要不是在窗扇部位的装饰，而在窗子的开设位置。

如果我们从窑洞民居的正面看，会非常清楚地看到一个拱券形的门洞，其实这并不全部是门，而是门和窗子共存的位置，这也就是窑洞民居窗子的特别之处。

窗子的具体设置又大致分为两种形式。有些是门窗分设式，有些是满堂门窗式。门窗分设就是指在拱券洞口中，门与窗不挨着开设，门窗之间为墙体，多是一门一窗或一门两窗；满堂式门窗就字面来解，也就是整个拱券洞口内，几乎除了一个门就是窗子，窗子与门紧密相连。满堂式自然也就比分设式更利于室内采光。此外，满堂式窗子的设置还有一个特点，就是位于拱券顶边的窗子，为上带弧线边的三角形。

从窗扇棂条的组合来看，窑洞民居的窗子有普通直棂窗、一马三箭窗，也有富有装饰性的菱花格、灯笼罩、万字等图案，或几者的组合式。其中，棂条、方格形式运

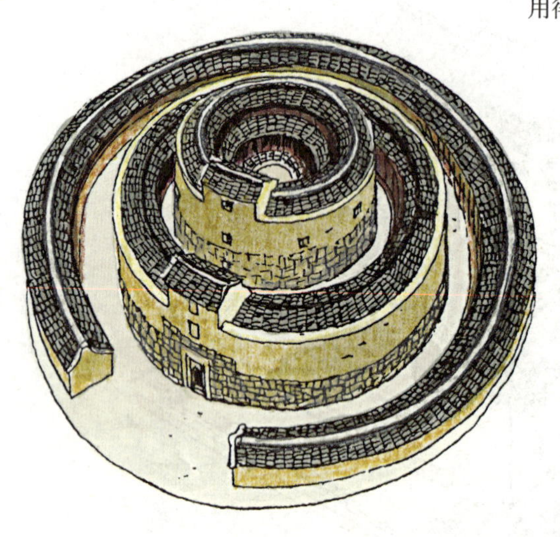
福建漳浦县深土乡土楼

用得稍微多一些。

陕西省米脂县的刘家峁姜耀祖庄园，其窑洞的窗子设置多是满堂式的，并且窗扇棂条组合多是方格图案。

新疆民居以维吾尔族的和田民居最具代表性，和田民居的窗子形式也最能代表新疆民居窗子的特点。和田民居窗子的开设分屋顶小天窗、屋顶竖向天窗、墙面高位窗、侧面窗，及兼具门、窗、槅断三种功能的大面积落地扇等。

天窗以其开设的特殊位置，成为新疆民居窗子中最富特色的形式。屋顶小天窗是开在屋顶的简单小窗子，较容易让人理解，而屋顶的竖向天窗才是新疆民居窗子中最特别的，它位于和田民居中的阿以旺上部。

阿以旺是维吾尔族民居中享有盛誉的建筑形式，意为“明亮的处所”，它具有十分鲜明的民族与地方特点。它的结构形式看起来就是在原有屋顶上升高一部分，或者说是阿以旺所在室内空间的屋顶上升，突出于周围屋顶之上，而这个升高部分的四周设为通透的窗子，也就是竖向天窗。

和田民居窗子的窗扇有固定式和开启式两种，做法有木栅、花板、拼板、花棂木格等，近年也有用玻璃的，式样也极为丰富。

木栅窗也就是直棂窗，是以预先制作的各种木栅零件固定在窗框中的，花板窗则是用花板零件做成，木栅和花板常混合运用，多是不能开启的形式。

花板窗除了多片花板的组合形式外，还有在整片木板上镂刻而成的整体式镂空花板窗，也是较古老的窗格形式，因为图案中有些部分不镂通，所以透光效果较差。

花棂木格窗扇是和田民居的特色之一。其花式众多、图案严谨、制作精细、木格密致，被广泛用于天窗、普通窗、隔断、花门扇等处，尤其是在大面积隔断上，各种图式交叉使用，统一中有变化。

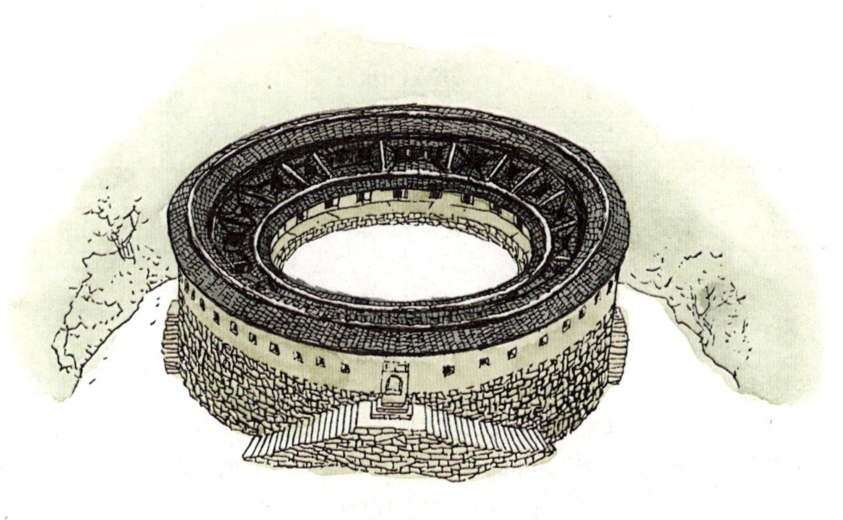

福建华安县河建土楼

新疆民居的窗子，从形式到装饰都极富地方特色，但也有部分汉族装饰影响的痕迹。

第八讲

民居中的家具与陈设

中国有着悠久的历史，在其漫长的发展进程中，产生了灿烂、丰富的民族文化，而家具艺术就是这座文化宝库中的一个重要组成部分。历代的家具，不论是材料还是样式等方面，都是与当时的建筑分不开的，民居中的家具也一样离不开民居建筑。

以前当人们提到民居的时候，几乎不谈家具，或者说它没有得到应有的重视，现在它渐渐受到了越来越多的关注。中国传统家具是中国劳动人民的智慧与汗水的结晶，每一件精美、优雅的家具，都是中华民族高尚的审美情趣与审美理想的反映，同时，也是当时、当地的生产状况与生活习俗的反映。

山西太谷曹家大院厅堂之一陈设

室内的家具与陈设对于现代人来说，并不是陌生的事物，但在人类的最初，却几乎没有这样的概念，至多是用茅草、树叶或兽皮等铺在地上作为坐具。因此，由整个民居的发展史来看，中国民居中的家具与陈设，有一个不断发展演变的过程，同时也是一个继承与创新的过程。

原始社会生产力低下，即使出现了像陕西西安半坡遗址中的大房子和小房子，但室内几乎没有家具与装饰，只发现有土台，这应当是卧床。而据遗址等资料考证，大房子中地面上有圆或方的小坑，应是火塘的遗迹。

从原始社会到秦朝，中间历经夏、商、周三代，虽然在这么长的时期内，人们都是席地而坐，没有椅子，但是物质生活与原始社会相比，已进步了很多，特别是一些贵族阶层，生活奢华，讲究排场，不但拥有器物用具，而且还有一定的使用规矩。《周礼》中就有关于席、几等的使用规矩："凡大朝觐，大飨射，凡封国命诸侯：王位设黼依，依前南乡，设莞筵纷纯，加缫席画纯，加次席黼纯，左右玉几。""诸侯祭祀席：蒲筵缋纯，加莞席纷纯，右雕几。"

从甲骨文和青铜器的相关资料看，商代时已出现了床、案、俎、禁等家具的基本形象，上面多雕饰着饕餮、夔、云等纹样。床、案比较好理解一些，而俎、禁相对来说难理解一些，特别是"禁"与我们今天所用的意义已相差很远了。"俎"是当时奴隶主和贵族们在祭祀时用以放置牛羊等祭品的器具，"禁"则是用来置放酒杯等用具的。这些家具可以说就是后代几、案、桌、橱等的雏形。

春秋战国时期，社会分工更为细致，手工业更加发达，家具的种类也不断增多，如几、凭几、凭扆、衣架、箱，及四周装有栏杆的矮床等，并且当时的髹漆工艺已渐趋成熟，人们开始用漆来保护与装饰家具，这使得一些木制家具得以保存下来。我们现在能见到的战国时期的家具实物，多发掘于各大墓葬，如河南信阳长台关楚墓出土的战国卧榻式床、金银彩绘漆案，湖南长沙出土的战国凭椅等。

汉代时，国家统一，经济发达，国力强盛，家具的品种更为丰富，产生了榻、屏风等新式家具，床、案等则都向宽、大发展。有的案不但大而且做成双层，用以陈列物品。而大的床不但可以睡觉休息，还常和几、案、屏风等家具结合，用来待客。东汉末年，可以折叠的胡床传入了中原，不过，多在宫廷内和贵族中使用，但由《后汉书》中所记"灵帝好胡服、胡帐、胡床……京都贵戚皆竞为之"来看，他们已有了垂足而坐的好尚，而不是完全像以前一样席地而坐了。

汉代家具不但品类丰富，而且装饰也更为多样，除了髹漆、彩绘、雕刻外，还有金、银、铜扣，镶嵌，金、银箔贴花等手法。其中的髹漆工艺还进一步发展，有黑、红、黄、褐等基本色调，漆木家具做工精细，纹饰也更为生动。

魏晋南北朝时期，社会动荡不安，但却促进了各民族之间的文化交流，家具也同样受到这种交流的影响，在形制与功能上有了相互渗透与吸收，虽然人们还是习惯席地而坐，但胡床已渐在民间普及，并出现了扶手、方凳等较高的坐具。佛教的盛行，使这一时期的装饰有了新的特点，即，家具上出现了大量的、带有佛教色彩的莲花、忍冬纹。

隋唐时期的家具，在继承南北朝家具形制的基础上，因为经济的发达与技术的进步，而有了更进一步的发展。高、低型家具并用，席地而坐与垂足而坐并存，长桌、长凳、圆凳、圈形扶手椅、靠背椅等新型家具已趋于合理实用。这些家具的形象，在敦煌壁画及当时留下的一些名画中都有所见。

宋代是中国家具史上的重要转折时期，因为家具形式的继承与发展变化，使得人们终于彻底改变了近千年的跪坐习惯。家具的品类、样式已近乎完备，制作工艺上也更为精湛。那么，宋代家具与前朝各代相比，具体的特点在哪里呢？

首先，就是矮型家具被淘汰，高型家具从此定型并广泛流行开来，尤其是桌、椅等家具，在尺度上与人体非常协调，坐、用时自然更舒适、自在，并且，在民间也被广泛使用，同时，还衍生出很多种类型，如圆形、方形的高几，床上的小炕桌，琴桌，等等。

其次，家具在结构上也有了突出的变化，最显著的是宋代采用了梁柱式的框架结构，它较之隋唐时沿用的箱形壶门结构，更轻便、实用，易于挪动，又节省空间。此外，桌案的腿、面交接处，开始运用曲线形牙头装饰，其在桌椅构架之间的位置与形式，都类似于枋、柱之间较简洁的雀替，如河北巨鹿出土的长方桌和靠背椅上，就有这种牙头装饰。有的桌面四周还带有镶边，并做成束腰形式。实用与装饰性都有所加强。

家具的摆放、布置也有了一定的格局，也就是说，家具开始讲究具体的摆放、陈设，带有了一种室内设计性质。宋时家具陈设，主要有对称与不对称两种形式，一般在较开阔而对外的室内采用对称布局，如会客的厅堂，就在屏风前面正中置椅，两侧又相对地摆放四椅；或者仅在屏风前放置两只圆凳，供宾主对坐。而在卧室、书房这些比较私密的地方，则采用不对称格局，看起来更闲适、随意。

宋代家具较注重实用性，因而在风格上多表现为挺秀、简约、洗练，这无疑影响了其后明式家具的发展与艺术表现。

关于宋代家具的形象，除了陵墓中所出土的之外，我们还可以从很多宋时的绘画中看到，如著名的《清明上河图》，还有《五学士图》、《村童闹学图》等，都较清楚地表现了当时的众多家具样式。这些作画者都是生活在当时当世的人，所绘家具形象

山西太谷曹家大院厅堂之二陈设

自然真实可信，而且，相对于陵墓出土家具来说，图画中的家具都是和当时的住宅融合共存的，所以更有一种无形的生动性。

明清两代的家具与当时的民居建筑等一样，是其传统形式的成熟与收尾期，也是现存实物最多的时期。虽然前朝各代也有不少制作精良的家具，但纵观中国传统家具的发展，最完美成熟，最具代表性的还是明清家具。明清家具，不论在选材加工上，还是装饰造型上，都已达到了登峰造极的境界。

当然，明式家具与清式家具相比，又有不同的特点。我们首先来看一下明代家具。

根据现存实物与当时的绘画、刻本，均可以看出明代家具的丰富多样与细致精美。明代家具大致可以分为几案、杌椅、床榻、座屏、台架、橱柜等六大类，其材料大多选用质地坚硬、强度高、色泽纹理优美的木材，并采用极其精密科学的榫卯结构制作。

明代家具的装饰也很丰富，题材多样，山石流水、村居茅舍、亭台楼阁等风景，祥麟瑞狮、喜鹊画眉、腾龙飞凤等动物，松、竹、梅、兰、菊等植物，还有历史故事、人物传说等，不胜枚举。母题多是方胜、如意、万字、云头、盘长等带有吉祥寓意而又典雅大方的纹样，颇有阳春白雪的高雅意趣。同时，还非常注意题材与家具本身的契合。

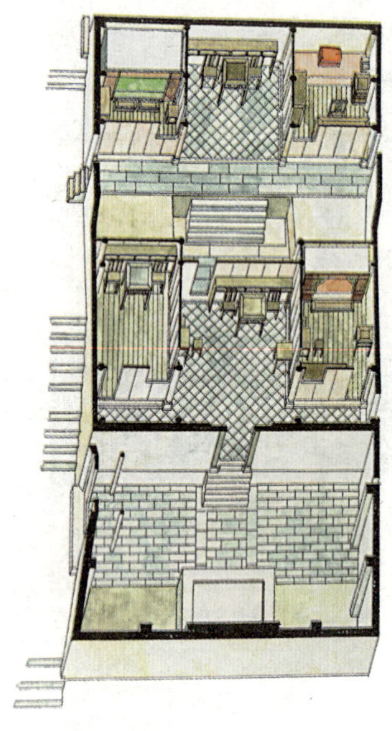

皖南民居空间使用分配图

明代家具的总体特点是选料考究，做工精巧，结构合理，装饰纯美，儒雅大方，明快洗练，充分显露出木材料的质感与纹理，追求自然、朴素的美。

明代家具十分注意与环境的关系，工匠们可以分别制作出适合厅堂、卧室或书斋等不同房间的成套家具，这表明明代工匠已突出较狭隘的家具观念，而具体了室内总体的设计意识，家具开始成为室内装饰与环境设计的重要组成部分。

中国传统家具在明代的成熟，除了经济发达的因素外，还有很多更直接的因素的促成。一是园林建筑的大量兴起，二是随海上运输的发展而带来的优质硬木，三是工具质量的提高与工具种类的增多。当然，审美经验的积累，审美趣味及审美要求的提高等，更是不可忽略的主观因素。

明代家具在江南地区留存较多的有梅花凳、方凳、灯挂椅、鼓墩、扶手椅、条几、琴几、香几、条案、平头案、卷头案、书柜、四件柜、榻、架子床、烛台、镜、屏，等等。

清代早期的家具是直接承袭明代的传统，形制、风格等方面都没有多大区别，直到乾隆年间才有了明显的转变，继而形成了与明式家具不同的另一中国传统家具主流——清式家具。

清式家具是对明代家具的承继与发展，所以它在材料选用、制作工艺，乃至装饰纹样等方面，都毫不逊于明代。清式家具用材厚重，用料宽绰，体型宽大，体态凝重，装饰繁复，特别重于细部的雕刻和表现纹样的吉祥内容。

清式家具的装饰工艺发展到了极致，尤其是镶嵌工艺，如嵌竹木、嵌珠玉、嵌螺钿、嵌玛瑙、嵌象牙，等等。过度追求奇形而丰富的雕饰，为了雕琢而雕琢，刻意讲求繁复细腻、华美精致，反而失去了材料原有的美感，失去了明式家具那种朴实清雅、高隽超逸的艺术魅力。虽然材料上佳，雕制技艺精绝，但艺术品位却沦于低下。

所以说，清式家具（主要是指清代后期）在总体风格上，没有了明式家具的高雅洁净，而多了一丝矫饰媚俗。当然，其作为高度成熟期的作品的固有价值，却是不能

苏州狮子林燕誉堂正厅家具与陈设

否定的，不然也不可能成为中国传统家具的主流之一。

明清两代的家具材料，主要有紫檀木、红木、花梨木、楠木、黄杨木、杞梓木、樟木等。这些木材质地坚硬，纹理细腻优美，木面富有光泽，适合制作截面纤巧、线脚柔和、线条流畅，带有重点雕饰的高档家具。其中，尤以紫檀、黄花梨为上品，最为典雅，又各具特色。当时以这些材料制作的家具，也就是我们今天所说的倍受现代人喜爱的明清古典家具。

陈设是摆放或悬挂在室内，供人玩赏的艺术品的总称。主要包括瓷器、玉器、青铜器、漆器、雕刻、刺绣、字画等，具体如灯具、烛台、香炉、梳妆镜、插屏、钟表、花瓶、匾额、对联、竹雕笔筒、玉石镇纸、石雕小摆设等。

室内陈设以典雅、新奇、有趣为上乘，布局多采用平衡、对称格局，并利用形体、色彩、质感等形成一定的对比，以显示出各自不同而又相互协调的美感，起到极好的装饰作用。

高雅考究的室内家具与陈设，不但能满足人们的生活起居等实际需要，同时，还能陶冶人们的情操，愉悦人们的性情。

以上所述是中国传统家具发展的一个总体脉络，具体在民居中的应用，根据所处

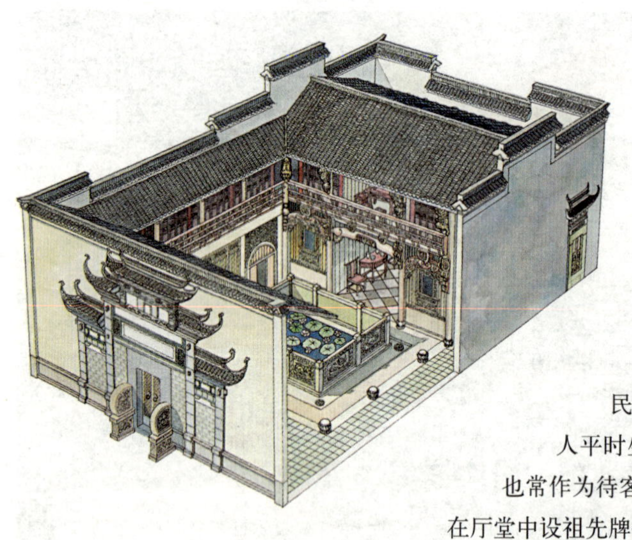

皖南民居室内外装饰与陈设

地区与民族的不同，而又有不同的特点与变化。

不论是城镇民居还是乡村民居，其住宅中最重要的房间都是厅堂，普通住宅中也称之为堂屋。厅堂是传统民居的中心，它不但是家人平时生活起居的主要场所，也常作为待客的客厅，有些地方还在厅堂中设祖先牌位，即厅堂同时具有家用、待客、祭祀等多种功能。如此重要的场所，当然也就会成为家具与陈设最重要、最精致的空间，并且家具也会得到较为讲究的安排。

一般来说，厅堂家具设置主要有神龙案桌，也就是一种尺度较大的长条形桌子，主要是用来供奉祖先牌位的。神龙桌案的前方是长几，它是一种尺度中等的长条形桌子，主要用来摆放供品和一些陈列品。长几的前方还设有八仙桌，八仙桌的两侧放置着靠背椅。根据摆放位置及主人的喜好，椅子还有多种不同的形式。八仙桌与椅子的组合，主要用来招待客人，或是家人用餐。

除桌、椅外，凳、茶几、花几等也是厅堂内常用的家具。在客人较多，而搬动椅子又不太方便时，厅堂还经常使用到凳子。凳子移动方便，灵活轻巧，可以根据需要随时增减、移置。在凳子和椅子前，有时还摆放与之等高的茶几，以方便客人端杯饮茶。而花几则是用来摆放花瓶或花盆的，对厅堂起着装饰性作用，可以提升厅堂的美感。

厅堂是住宅中主要的对外空间，所以家具的使用、布置比较规整、厚重、典雅，在不超越自己身份地位的情况下，人们都会根据各自的经济能力，尽量地显示出隆重的气派。摆放上也多按对称设置，以突出中轴线，流露庄重的气氛。

当然，这是一个总体的情况，具体到不同地方，甚至是同一地方的不同人家，摆放与设置是不可能也没必要完全一样的。

在厅堂之外，另一个较为重要的房间，当属卧室。卧室因为是私密性的空间，所以家具、陈设都会比较自由、随意一些。而作为休息睡觉之处，最主要的家具当然是床，床是卧室必不可少的，这也是卧室与厅堂家具设置的最大区别。

除了厅堂和卧室外，一些读书人家或有钱人家，还另建有书房，乃至花园建筑。

北京四合院民居的传统家具，主要有桌案、椅凳、床榻、柜架等几大类。

桌案类家具主要包括方桌、半桌、条几、酒桌、炕桌、书桌、琴桌、香几等。方桌是其中应用最广的一种家具，有八仙、六仙、四仙之分，代表着大、小；半桌相当于半张八仙桌，当一张八仙桌不够用时可用半桌拼接，因此又名“接桌”；条几、条案、条桌都是窄而长的家具，大小不等，条案中又有平头案、翘头案之分；酒桌是一种较小的长方形桌案，因为常用于酒宴而得名；炕桌是放在炕上用的矮脚桌；书桌是读书、绘画时使用的桌子，形体较为宽大，呈长方形；琴桌是放置琴类乐器的桌子，懂音律、善弹奏的人，爱于清闲时弹琴鼓瑟以愉悦心情，陶冶情操；香几是放置香炉用的，以圆形三足为多，几腿弯曲柔美，造型秀丽。

椅凳类家具包括杌凳、长凳、椅、交杌等。杌凳是没有靠背的坐具的统称，有直腿、弯腿，直枨，曲枨、有束腰、无束腰等多种形式；长凳有案形和桌形两种，均可以多人同坐，其中的案形长凳也就是民间俗称的板凳；椅子也因造型不同而分为靠背椅、扶手椅、圈椅、交椅等几种；交杌也就是马札，是一种方便、轻巧、可折叠的简易坐具。

浙江东阳某宅室内半桌与靠背椅

山西太谷曹家大院卧室陈设

床榻类家具主要有榻、罗汉床、架子床。榻是只有床身而没有围子等其他装置的床形家具；罗汉床是有后背和左右围子的床；架子床是一种很讲究的卧具，它的特点是带有一个床顶，床顶由四根或六根立柱支撑。

柜架类家具有架格、亮格柜、角柜几种。架格多是用来放置书籍的，因此又称书格或书架；亮格柜即上部是开敞的亮格，下部是柜子；角柜有圆角柜和方角柜之别：方角柜是上下等大、转角方正的柜子，圆角柜比方角柜多了一个帽子，并且柜帽转角为圆形，又因多置于炕上而称炕柜。

除了这四大类以外，北京四合院民居家具还有很多其他品类，如，屏风、橱、箱、衣架、面盆架、镜台，等等。

如此多的家具类别，它们的具体安排、配置是怎样的呢？总体来说，它们是按不同功能的房间和各个房间的不同特点来相应布置的。

在简单的住宅中，堂屋与厅堂是没有区别的，或者说是合而为一的，但在多进院落的住宅中，堂屋与厅堂却是两个不同的概念。堂屋是指正房的明间，而厅堂一般指设在第一进院落和第二进院落之间的过厅。

堂屋是兼有起居、会客、礼仪等功能的房间。对内而言，可以家庭聚会，闲坐

北京四合院某宅室内家具陈设

谈心，行祭神、祭祖之礼，也可以举行拜堂仪式，执行家规等；对外主要是接待宾客。因此，室内既要规矩有秩序，又要有一定的文化与生活气息，这也体现在家具的布置上。

堂屋家具以翘头案为主，贴近正对屋门的墙面，案前摆放八仙桌，八仙桌两侧配座椅，角落设高几。翘头案上，两侧多陈设青花、哥釉等色调素雅深沉而形体较大的瓷器，如方瓶、天球瓶等，既平衡稳定又有着古色古香的味道；案子中央一般置放青铜鼎、香炉之类较重而形体不太大的器皿，也可以是较粗犷的石雕、玉雕。如果堂屋兼有祭祀功能，翘头案中央则多置放牌位或佛龛等。墙面悬挂字画条幅。

厅堂是较大型住宅内空间较大的公共活动场所，家具设置与堂屋相似，主要轴线上摆设翘头案、八仙桌、扶手椅，角落设高几放瓶花等装饰，但因为规模较大，所以室内设有更多的椅凳和榻类坐具，供多人聚集时使用。有的厅堂内还放置橱柜之类的家具，用以存放小型用品。厅堂家具的色调以深色居多。厅堂字画以横幅为主，风格粗犷适应远观，凝炼浑厚、刚正淳和，具有大家气派。

厅堂又分有祭祀的祠堂和议事的议事厅，功能不同，气氛不同，陈设自然也有所区别。祠堂肃穆神圣，多摆设供桌牌位、香蜡用品；议事厅则较整洁庄严，家具以桌

山西太谷曹家大院房间陈设

椅为主，自然不需要摆设供品牌位。

居室主要是休息之所，一般设在正房的次间或套间，也可设在厢房或耳房。榻、架子床或炕桌等是居室的主要家具。因为北方气候较为寒冷，所以床铺多为炕，炕上设炕桌。陈设主要是连二橱、连三橱、闷户橱等，这类橱都较长，上面摆放着梳妆镜，镜子的两侧有茶叶罐、帽筒、花瓶等物。橱旁则设有茶几，上面放着茶具、果盘。当然，一般的单身男性居室是不设梳妆镜的，因而镜台多改为陈放文玩、书籍的宝橱。居室的墙壁根据居者的性别、爱好等，选择悬挂不同的挂屏或字画。

书房顾名思义就是读书的房间，兼有琴、棋、书、画等活动功能，也是会见密友之所。书房是具有文化气息之所，安适、沉静、幽雅，但却不呆板。家具陈设多是平衡但不对称式，较为灵活，但也主次分明而不杂乱。

书房内无论是视觉中心还是功能中心都是书桌，因此，主要的用具与装饰都在书桌和临近处。书桌多置于窗前，桌上摆放文房四宝，桌前配着圈椅或扶手椅。除了书桌外，书架也是书房必不可少的家具，或者设多宝格兼放书籍与古玩文物。另外，还设有琴桌、琴凳；棋桌、棋椅等。书画更是书房墙面不可少的装饰，大多以山水为主，更添一种自然、沉静、悠远之意与文化气息。

当然，并不会每个住宅内都是堂屋、厅堂、居室、书房完全分明的，有些人家可能只是简单地或综合地集这些房间的功能于一处，而像一些贫民之家，可能根本不会设置书房。这种情况不但在四合院中有，其他民居中也会有。

江南民居中的家具与陈设，因自然地理及人文环境的不同，而与北方家具有着较大差别。江南民居家具与陈设可以苏州为代表，苏州家具在种类、形式、装饰等方面，都比北京四合院家具更丰富一些，也更富有艺术性和灵活性，特别是用在私家园林中的家具。

苏州家具主要种类有桌、椅、凳、几、床、榻、屏等。

桌子主要用来读书写字、展鉴玩赏、供物陈设等，包括方桌、圆桌、长方桌、条桌、半圆桌、梯形桌、多边形桌等。这是由形状上区分，而从功能上区分，则有书桌、写字桌、琴桌、棋盘桌、供桌、炕桌、壁桌、饭桌、梳妆桌等。饭桌中又有可坐八人、四人的八仙桌、四仙桌，方桌中又有普通方桌、嵌屏方桌等。

椅子因为有靠背，所以坐靠时非常舒适，是一种极为常见的家具类型。在苏州民居家具中，椅子的数量最多，种类也全。主要形式有文椅、圈椅、挂椅、双椅、高背椅、低背椅、花背椅、屏背椅、玫瑰椅、官帽椅、扶手椅、太师椅等，每种椅子又可有不同的制作材料。这些椅子当中尤以太师椅最为突出，其形式丰富，装饰精致，特点鲜明，个性独特，古时应用较广，影响也较大。

凳也称墩，和椅子一样是垂足而坐的家具，或者说，它就是没有靠背的椅子，当

苏州东园桐轩家具陈设

然，凳并不是简单的在椅子的基础上去掉靠背而已，而是有了更多活泼灵巧的样式。凳的形式有方凳、圆凳、梅花凳、条凳、束腰墩、春墩、搁脚墩等，其取材极为广泛，有木凳、石墩、草墩、竹墩、藤墩、陶瓷墩等。

几，因为形式活泼、多样，体态较为轻盈，富于装饰性，所以在苏州民居中运用也较多，不论是庄重的厅堂，还是富有生活气息的居室，都可以设置几。几可单独使用，也可以和桌、椅等配套使用，或是不同的几结合使用，既实用又带有一种装饰性。几的具体形式有天然几、茶几、花几、长几、台几、凭玉几等。其中的茶几主要是放置茶具的，又有单层、双层、嵌屏面等形式；花几则是摆放花瓶、盆景的，又有高脚、低脚、圆形、高低合一等形式。

床是民居中非常重要的家具，苏州民居中没有炕，那么，床就更是必不可少的了。苏州民居中床的材料有木板的、竹子的，形式有平板的，也有带围栏、飘檐或拔步的。其中最有特色的当属“拔步床”，也就是俗称的“出一步”大床，集多种功能于一身：床的大部分面积仍是睡觉休息的空间，床的前半部分则有梳妆台、镜、小坐凳，乃至便器等，适应了人在睡觉前后的多种需求。床的四周用栅板、幔帐等与外界隔开，安静、隐秘，冬天还有保暖作用。

榻是以坐用为主，兼可短时间睡卧的家具。古时的苏州文人名士、豪门富商，家中迎宾待客活动较为频繁，那么，榻的使用就可以使人们在活动间隙得到片刻的休息。苏州民居家具中的榻有湘妃榻、螺钿榻、屏背榻等形式。

屏风是较常见的室内陈设件，用来分隔空间及美化环境，同时也被用作生活中不可缺少的家具。苏州民居中的屏风种类有雕漆屏风、书画屏风、台屏、镜屏、炕屏、挂屏，及装饰屏风、导向屏风等。

苏州民居中除了桌、椅、凳、几、床、榻、屏风之外，还有箱、柜、橱、架、座等家具，如书橱、书架、书柜、衣橱、衣柜、衣架、书箱，等等。

苏州民居家具的陈设布置也以厅、室为主，厅又分正厅和内厅，室主要指卧室、书房。

正厅也称主厅，是苏州民居中最重要的部分，是待客、议事的主要场所。正厅体形高大、结构规整，装修浩繁，充分体现家宅的社会经济地位，厅内的家具陈设也是围绕这样的主题设置的。厅内正对门的墙前首先设置长大的天然几，其结构舒展、几面平直、两端起翘，气势高昂。天然几前置供桌或方桌，桌旁左右各设太师椅一把，除此外，在正厅的中间和两边，还按照一定的方位朝向，对称地布置大量的太师椅，并有配套的茶几、方桌或半桌等，在室内匾、联、灯、画的衬托下，显得沉稳庄重、井然有序。

苏州曲园春在堂陈设

内厅位于正厅之后，多是二层的楼房的底层，上层是卧房。内厅一般作为接待亲友和日常处理家务之处，家具陈设也多反映日常生活的情趣和真情实感。内厅后墙处多设精巧华贵的榻，榻前放脚墩、桌子，榻两侧置花几、盆栽；厅的正中央摆一圆桌及几只圆凳，左右对称设椅子和茶几；内厅的两侧近墙处，又对称设置桌椅、茶几，有些还在旁边设琴桌、花架。墙面则悬有字画、挂屏，作为装饰。漂亮的花灯照耀出一份温馨而又活泼的气息。

苏州民居卧室家具布置较为自由，一般是在卧室中间偏后位置设围有锦绣幔子的床，其他家具则以方便使用来布置。如，贴着床的两侧靠墙设壁桌、梳妆桌、方几、箱子，床的对面近墙角处设衣柜、衣架，近门处的墙边设置茶几、椅子。较富有人家的卧床上，多有雕刻、绘画及其他一些装饰品，精致而富丽。

苏州人杰地灵、人才辈出、文人荟萃，他们通晓文史、吟诗作文、能书善画，因此，很多民居不但建有书房，还对房内布置要求特别高。苏州民居书斋布置讲求的是文化气氛，及文人的高雅品质，古书古画、书架、书桌、笔墨纸砚，等等，都是必不可少的，但具体的安排位置却不遵循某一种定式，而以实际情况和主人的爱好为要。

苏州民居书房内家具的特别之处在于，不论桌、椅、凳，多选择柔美的曲线形或椭圆形，哪怕只是作为家具结构的一部分，这样的线条与形状，也许更能勾起文人雅士的灵感，并为他们增添更多生活情趣。烛影摇红中，美轮美奂的家具散发着阵阵木香，而盈架的书籍则带来满室的书香。如果再有“红袖添香”，即使“夜读书”，也不会觉得“寒窗苦”了吧！

苏州民居室内家具陈设，不论是和苏州民居建筑，还是和建筑及室内的文化气氛，都是那样的协调、相融。

北京四合院与苏州民居的家具陈设，基本代表了中国南北两大派系，甚至是中国大部分地区的情况。但部分少数民族，虽然也受到汉族的影响，其差异还是比较大的，不但家具数量上少得多，质量上相比来说也是极朴素甚至是简陋的。

以四川藏族民居家具陈设为例，不但普通百姓居室，就连寺庙喇嘛住宅室内布置都是非常朴素的。藏族民居大多房间的室内布置都很简单，只有主室、经堂等重要的房间还稍微华丽一些。

主室是藏族住宅中最为重要的一个房间，兼有起居、睡眠、饮食等多种功能。室内按一定的格局安放炉灶，以及床、桌、壁橱、壁架等家具，基本上都是沿、靠着墙边，所以即使室内空间不大，也不会显得太拥挤、混乱。

藏族人民信奉喇嘛教，即使住宅中没有经堂，也会有供佛的设施。经堂的布置相

狮子林贝氏祠堂正厅家具设置

对来说，较为庄严华丽，但这里的“华丽”主要是指地主阶级在经堂天花、门窗等处的彩绘、雕刻、沥粉贴金，而不是指家具陈设。单从家具陈设方面来说，经堂布置也是很简单、朴素的，一般是在后墙安装木制佛龛，龛台下部为壁柜，有些经堂在侧面墙上也满装壁橱或壁柜，橱柜内放置香烛、供品、经卷、法器等物。侧墙如果不装橱柜，则装板壁。

壁橱、壁柜、壁龛是藏族室内最常见的家具，它们多是利用木板墙做成。如，甘孜州的藏族住宅，室内的分间墙都是木板，人们便利用木板墙的支柱作框架，安置搁板，称为壁架；如果再于壁架上加橱门、抽屉，便成为壁橱。壁架、壁橱、壁柜、壁龛都是不可整体移动的家具形式，里面装着衣、食、器物。这些家具的大、小、精、粗的不同，显示着各家的贫与富。

藏族人民习惯席地而坐，虽然后来生活有所改变，添置了床、桌、条凳，但都极为简单，与汉族仍相去甚远。

床多是木制单人床，上铺毛织毡毯，夜里作为睡床，白天则作为坐具。它大致有三种形式，即条桌式床、炕式床、箱式床。

条桌式床，形如汉族所用的条桌，长约2米，宽不足1米，高只有0.25米。

炕式床，多固定在室内墙边或角落，不常移动，床的四面有木板围护，形如汉族北方的炕床，尺寸与条桌式床相近。

箱式床，最有特色，又可分为两种形式，一为整箱式，一为拼合箱式。整箱式床就像一个没有盖子的大木箱，冬天冷时睡在箱子里面，夏天则翻转过来睡背面。拼合箱式床是由四个没有盖子的小木箱拼合而成，白天可以拆开，或分成四个凳子，或两两合并成小矮桌，或两个对合成木箱，或四个重叠竖起成壁架，任意组合，灵活方便，一物多用。

藏族的桌子也不是汉族常见的形式，多是由两或三个带抽屉的小方桌相连，高度与床相差无几。一般来说，若三个小方桌相连的话，中间一个多做成火盆架，上面可放置火盆，下面不再用抽屉。它常摆放在床边，以便摆放食物、碗盘及用火。

条凳在藏族室内更是少见，人们还是习惯席地而坐，或坐床上。

第九讲

厅堂与祖堂

《说文解字》中解释：“堂，殿也。”《释名 · 释宫室》中则说：“古者为堂……谓正当向阳之屋。”这种向阳性的选择，大概就是古人为了追求居室的舒适度而产生的，是后来的众多向阳居室模式的源头。如南方的民间住宅，虽然采用几座房屋围成院子的组合方式，但其中最重要的房间——正厅，依然设置在天井的北侧，即呈坐北朝南方向。

在这样重要的房屋中，往往会设置祖堂，以祭祀祖先或其他信仰的神，这种厅与

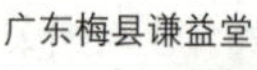

广东梅县谦益堂

堂合一的建筑空间就称为厅堂。

民居建筑中厅堂的形成，除了社会、文化、习俗等原因外，还与中国四合院这种居住建筑形式的发展有着十分密切的关系，正是四合院民居中不同位置房间的不同功能区分，才逐渐演化、形成了厅堂。说起来简单，其实是一个极为复杂、漫长的发展过程。

中国四合院居住形式，早在西周时期就已形成，是目前建筑史界普遍认同的一种说法，而四合院的实质是“前堂后室”的平面布局与合院式的空间体系。柳诒征在《中国文化史》一书中，对《尔雅》、《周官指掌》、《仪礼讲习录》中有关西周时期四合院的史料进行了综述：“凡民居，必有内室五所，室方一丈，所谓环堵之室也。东西室为库藏之室，中三室为夫妇所居之室。中一室有门向南，中三室前为庭院，院之东西各一室，东室西向，西室东向，谓之侧室，为妾妇所居室。又前二步为外室，则正寝也，亦并列五室，中三室为男子所居之室，中谓大室，东为东夹室，西为西夹室，皆房也。东夹之东，为藏祖考衣冠、神主之室；西夹之西，为五祀神主之室。中室之北为捆，自捆而东，下阶而北，即内室前之庭院也，谓之曰背。中室之东为牖，西为户。户牖之间，内为中溜，外为堂。堂方二步，东西有墉。堂下两阶，各高一级，阶下有门，谓之中门。中门之外之门谓之外门，自中门至外门，其上有屋，其东西各为一室。东为厨灶之室，西为子弟肆业之所，或为宾馆，即塾之类也。凡室有穴，如圭形，以达气，或谓之曰窦，或谓之向。室之重层者曰台，其狭而修曲者为楼，由大夫以上则有阁。阁者，置板于寝，以庋食为者也。由士以上，寝门之内均有碑，树石为之，所以蔽外内也。”

这种“前堂后室”的平面布局形式，最早可见于新石器时代的晚期，这在20世纪中期发现的西安半坡遗址中有所证实。遗址内有一座较大的大房子，从功能上分析，当是居住与公共活动共用的建筑，其中进行公共活动的大空间，就相当于后来中国传统建筑中的厅堂，当然，这与中国封建社会时期已成熟的“前堂后室”布局相比，只能说是极简单的一个雏形。

由原始社会的“大房子”，到西周的“四合院”，其间不知进步了多少倍，“堂”这个名称也随着建筑整体的发展，更多地被记载与描述下来。《诗经·国风·唐风》中有“蟋蟀在堂，岁聿其莫”等三段诗，均以“蟋蟀在堂”为首句，可知“堂”已是当时住宅中较为常见的建筑了。《论语·先进》：“由（仲由，即子路）也升堂矣，未入于室也。”前堂后室相比，室当然更为深奥，所以此处以“升堂”比喻刚刚入门，“入室”则比喻更高境界。

汉代的著述《汉书·晁错传》中，有“先为筑室，家有一堂二内”的说法，一间

山西太谷曹家大院厅堂

堂屋、两间内室成为“徙远方以实广虚”的标准住房，这比《诗经》、《论语》中的记载更为清晰了。堂上为父母所居的正房，如，以“高堂”代称父母就是一证。正房的前面为“堂前”，《宋书·符瑞志》中就有“泰始七年四月戊申夜，京邑崇虚馆堂前有黄气，状如宝盖”的记载，唐代诗人刘禹锡《乌衣巷》中也有“旧时王谢堂前燕，飞入寻常百姓家”的诗句。

正屋称为“堂屋”，最早见于晋代，人们常说的“入门先升堂，升堂而后入室”中的堂，就是指正房，古代宫室，前为堂，后为室。不过，后来人们称堂屋时，往往仅仅是指正房居中的一间。堂象征着房主人，廉则是指堂的侧边，所以人们用“堂高廉远”来比喻尊卑有序，《汉书·贾谊传》中就有“人主之尊譬如堂，群臣如陛，众庶如地。故陛九级上，廉远地，则堂高；陛亡级，廉近地，则堂卑。高者难攀，卑者易陵，理执然也。”这里都是用堂来作比喻，其实，堂的位置的重要性，主要在于“夫堂高级远，主尊相贵。”

堂屋多是民间的俗称，也就是厅或厅堂。据说，厅在古代原作“听”，私宅的堂屋则叫“听事”，魏晋以后在“听”上加“广”，是个繁体的“厅”字。因此也有将“听事”称为“厅事”的，如《魏书·夏侯道迁传》中记载：“忽梦见征虏将军房世宝来至其家，直上厅事，与其父坐，屏人密语。”后来，厅事又简称为厅，唐代刘禹锡《郑

浙江永嘉蓬溪村存著堂

州刺史东厅壁记》:“古诸侯之居，公私皆曰寝，其他室曰便坐。今凡视事之所皆曰厅，其他室以辨方为称。”其后，随着社会的进程，又演绎出会客、宴会、行礼所用房间等含义。

两宋时期的住宅建筑，现今极少有实例留存，其建筑类的文献资料也不是很多，其中较有代表性的，较为规范的要数皇家令人编撰的《营造法式》。不过，笔者在浙江省永嘉县的楠溪江一带调查民居时，发现当地的住宅就如同宋代的大式大木建筑，如屋面的曲折，两端的生起，柱子的侧脚等。这种民居的厅堂“柱高不逾间之广”，因而，其造型显得稳重、端庄。

明、清时代的建筑类文献主要有《明史·舆服志》、《工程做法则例》、计成《园冶》、姚承祖《营造法原》等，虽然也不是很多，但因为明、清两代距离现在较近，所以有较多的建筑实物留存。

无论是宋代文献还是明、清文献，作为建筑主要部分的厅堂，自然都有所记载与描述。

宋《营造法式》曰:“凡构屋之制，皆以材为祖。”“凡屋宇之高深，名物之短长、曲直，举折之势，规矩、绳墨之宜，皆以材之分为制度焉。”厅堂也以材的大小为度量。材分八等，一等材、二等材一般厅堂不用；三等材也只有少数七间大堂才用；四等材、五等材分别用于较大的五间厅堂、三间厅堂；六等材及以下的，则仅用于小厅堂或亭榭了。《营造法式》还载有厅堂自四架椽至十架椽的分类与种数，四架椽四种，六架椽三种，八架椽六种，十架椽五种，共四类十八种。

计成的《园冶》一书中有关厅堂的论述，可以让我们了解明代时江南一带工程的做法，如“厅堂立基，古以五间三间为率”；“凡屋以七架为率”；“凡厅堂中一间宜大，傍间宜小，不可匀造。”中国传统建筑营造中，将横向两柱之间称为“间”，而将纵向檩梁之数称为“架”。这就是说，古代厅堂是以三间或五间为标准开间，七架檩梁即六椽屋为标准进深的；而厅堂的布置，则以中央一间宽于两侧次间为适宜。

姚承祖的《营造法原》一书中，则有关于厅堂结构的描述，并且是以“厅堂总论”、“厅堂升楼木架配料之例”两个章节予以直接描述。如其在第五章“厅堂总论”的开头处，即写道：“厅堂可就其内四界构造用料之不同，称用扁方料者曰厅，圆料者曰堂，俗称圆堂。”《营造法原》还根据厅堂的贴式构架的不同，将厅堂分为多种形式：扁作厅、圆堂、贡式厅、船厅回顶、卷棚、鸳鸯厅、花篮厅、满轩，等等。从这一描述中可以看出，厅堂发展到清代时，其形式已极为丰富了，这些厅堂既有共性，又有各自的个性与特色。

湖南湘西凤凰县四乐堂

厅堂这个民居中最中心、最重要的空间的形成，是与中国人的民族习性紧密相联的，即使是现在，砖混结构的建筑已在中国大部分地区流行，但仍有相当多的民居保持厅堂这一空间。从中国的文学与哲学中就可以看出，情感的因素非常重要，中国人重诗的情境、情趣及整体的感觉，不必也无法逐字逐句地全部述说，而是只可意会不可言传，表达含蓄、隐晦。

这种以情感为主的倾向，使中国文化精神走向重全体的普通性。由文化、人至住宅，形成一种整体的民族性倾向。住宅中必然也要有一个这样公共的、代表全体居住者的空间，以表现这种整体性。厅堂的各项功能，就是为适应人与人之间关系的礼节与团体生活形式发展而设定的，是约束个人而成就团体秩序的。

厅堂在其发展过程中，往往还与祖堂相结合，既然是与祖堂的结合，当然具有了与祠堂相同的祭祀功能，并且，祭祀还是传统民居厅堂的主要功能之一。

祭祀是对至上的超自然力量的信仰，这种“至上的超自然力量”是宗教中主宰宇宙的人格神，如基督徒心目中的“上帝”、伊斯兰教徒信仰的“真主”、佛教徒供奉的“释迦牟尼”等。不过，中国传统民间居住建筑厅堂中所供奉的至上的人格神，并没有一个固定、单一的形象，在较早的夏、商、周时代，人们以“天帝”和祖神为崇拜

安徽黟县某宅厅堂内景

广东梅县某宅祖堂陈设

对象。牟钟鉴先生认为，战国中期以后，阴阳五行思潮流行，天帝也因而分裂为五，出现了五帝说。黄帝居中，具土德；太皋居东方，具木德，主春，亦称青帝；炎帝居南方，具火德，主夏，亦称赤帝；少皋居西方，具金德，主秋，亦称白帝；颛顼居北方，具水德，主冬，亦称黑帝。不论这种一分为五的说法是否准确，五帝都确是华夏子孙极信奉的传说中的神。

对天帝、五帝的祭祀，后来逐渐为皇家所垄断，在祭祀的普遍性上，民间占首位的是祖先崇拜。祖先崇拜与广大民众发生着本质的联系，族有宗祠，家有祖龛，民间居住建筑厅堂中的祭祀，只是如董仲舒所说，将天称作众人的曾祖父。因此，厅堂中的天神崇拜体现的仍是祖先崇拜的精神内涵。而祖先崇拜又与人文英雄崇拜相融，祖先崇拜的内涵被进一步扩大，突破了仅仅是伦理上的需求。

"祖有功，宗有德"，道德继承代替了血统继承，以功德为根据主本族先祖，厅堂中的家祭之祖往往都是有功德于世的，而并不一定是最初的祖先。有名望的祖先往往能提高本族的社会地位，这进一步强化了以功德取舍祖先的趋向。这种倾向的发展，还产生了强拉名人或杰出人物作为本族先祖的现象，实际上那根本不是其祖先。《清溪谢氏族谱》就自称："吾谢之著姓也，为周宣五时所称无舅申伯，有大功封谢，子孙周以为氏，世居河南光州之固始县，及汉晋时家世人材辈出，又称江左风流焉。"清代名臣李光地家族则将道家创始人李耳称为先祖。更有甚者，泉州有一郭氏家族，原本是地道的阿位伯回教徒的后裔，至今仍奉行回教徒的习俗，但却将唐代时平定安禄山之乱的名将郭子仪奉为先祖。由此可见，是否蕴含了“至上的超自然”道统是决定何人能被供奉为祖神的关键。

在祖先崇拜之外，圣贤亦被拔高为神而陆续进入了寻常百姓家的厅堂，因而又有了圣贤崇拜。凡是有功德于国家、社会，或在宗法伦理实践中有突出事迹的人，都可能被列于神榜之上，并且随着时间的推移，这支神祇队伍越来越庞大，不同地区，不同姓氏，各有不同的祭祀对象，十分繁多、杂乱。

后来，这种祭祀更出现了倾向于功利性目的的现象，人们想要求得到哪种功利就拜祭哪路神祇。至此，中国民间厅堂中究竟有多少神祇被祭祀，已经完全无法说得清楚了。在如此繁杂的神祇中，既没有至上神的统帅，也没有统一的神系，仅仅存在于一个统一的至上的支撑面上，这就是宗法伦理。基于这个支撑面，虽然没有显现的至上神，但在功能上却蕴含了至上的超自然力量。

不论是崇拜、祭祀何种神祇，人们在供奉他们时，都是为了通过供奉、拜祭来实现自己的某种愿望，所以祭祀都是极为虔诚的，并且也都有一套或简单，或复杂的，讲究的礼仪。如陈支平在《近五百年来福建的家族社会与文化》一书中写到：“家祭，

安徽黟县西递村某宅厅堂与院景

即以家庭为单位在居室之内举行的祭祖活动……家祭的次数很多，一般在春秋大祭日以及年节朔望日都要举行，而其中尤为隆重的当推忌祭。每逢祢、祖、曾、高列位祖先的忌日，每个家庭不仅要在居室内设祭祝祷，而且往往还要邀集高、曾、祖、祢源下的直属子孙，共同到分祠中设祭供奉。”厅堂的祭祖活动也十分庄严，《礼祀·礼运》载：“玄酒在室，醴盏在户，粢醍在堂，澄酒在下；陈其牺牲，备其鼎俎；列其琴瑟，管磬钟鼓，修其祝嘏，以降上神。”

厅堂可以用来祭祀祖先，祭祀时它是祖堂，平时又有很多其他功用，所以，祖堂实际上只表现了厅堂众多功能的一种。因此，厅堂与祖堂既有相通之处，又是有较大区别的。

厅堂除祭祀外，还可以作为待客、宴饮之处，与之作为祭祀的祖堂一样，待客、宴饮时则称为客厅、宴会厅，此外，民居的很多岁时活动也在厅堂里举行。

湖南湘西凤凰县某宅厅堂

第十讲

祠堂与祭祀空间

祠堂是旧时人们宗法生活的一个重要组成部分。

一个村落，往往都有两个以上的姓氏家族，极少有单一姓氏的村落存在，在这种情况下，姓氏之间的凝聚力就显得十分重要，这是本姓氏家族和其他姓氏家族之间竞争的首要条件。为了使家族的凝聚力增强，人们就要修建一些公共性的建筑，使同一姓氏家族有一个公共活动的场所。祠堂就是这种村落公共建筑中最有代表性的形式之一。

安徽绩溪胡氏宗祠大门

安徽歙县棠樾村敦本堂，即男祠

祠堂的历史非常久远，早在先秦的时候，普通人家就在民居中建有专门供祀祖先的房舍，这种建筑被称为庙。不过，秦汉以后，庙这一名称被皇家专用，只有皇帝家里祭祀祖宗的祖堂才能称为庙，如位于北京故宫东南的太庙，就是明清时皇家的祠堂。

当“庙”这个名称成为皇家祠堂专有名称后，普通人家的祭祖之地就只能称作“祠堂”了，并且，自秦以后，普通人家多是在村外的祖坟处修建一些纪念性的建筑，用来作为祭祀自己祖宗的地方。后来，祠堂又由村外移建到了村内，祠堂的规模也越建越大。我们现在所能见到的祠堂，从建筑的造型到装饰的细部都比它周围的民居要好得多，这种如此突出祠堂的做法，显然与最初纯粹的纪念意义相距甚远，而带有极强的等级性与宗法观念。

虽然祠堂比一般的民居在装饰、造型上要好，但是其平面布局却与传统的民居没有太大区别，多是几进院落的形式——各地祠堂都大体如此，很少有较奇特的实例出现。这是祠堂与普通民居的比较。如果将不同姓氏所建的祠堂之间相比较，则会因为各宗族人口的多寡及经济实力强弱的不同，而出现建筑规模大小不一的情况。

当然，作为祠堂有着相同的礼制约束与基本的使用功能，即使总体规模不能一致，但其设置、特别是主体建筑的设置还是大体相同的。一般都是最前面为入口，并常常建成一个开敞的过厅形式，厅的前后正中设门。中部设一个享堂，多数只有柱子和两面山墙而不设前后墙，这样的敞厅便于家族聚会。最后面是一个安放祖先牌位的神寝，牌位及供桌靠后墙摆放，前面留出大部分空间作为族人跪拜之用。

浙江永嘉蓬溪村某宅祖宗牌位

关于祠堂的具体形制，在众多家族家谱的“祠制”或“祠宇图”中，都有所描绘，有些还描述得相当细致。江西万载的《辛氏族谱 · 祠制》中就有其祠堂规制的记载：中为享堂，深三丈二尺五寸，宽二丈八尺六寸。堂左右为序房。堂之下为庭，有亭焉，以庇雨祭时免沾服。庭之左右为廊庑，深一丈六尺，宽二丈五尺，其前有祠门，门外有宇，深一丈八尺，宽二丈九尺……堂后为神寝，深三丈六尺，宽三丈五尺四寸。寝之后有小厅。厅左右藏祭器房也。其左右为庖舍。寝之左侧有门，其内为仓舍，有小厅。神寝正中为龛一，高一丈二尺，宽九尺六寸，深四尺四寸。正中安奉远祖考妣、始祖考妣神位，左安奉左昭配享牌位，右安奉右穆配享牌位，寝左右壁外各为房以分奉左右享牌位。这里所记的祠堂的整体设置，还是非常丰富的，有堂，有庭，还有廊和亭子。廊、亭既有避雨遮阳等实用的价值，也增加了祠堂序列空间的长度，并烘托了祠堂的气氛。

在一个村庄中，一个姓氏至少要建一座祠堂，较大的家族还要再建分支祠堂。而其中最大的一座总祠堂就称为宗祖祠堂，简称宗祠，是全宗族的核心。这种祠堂形式是宋元时期产生的。到了明清时期，祠堂在中国宗族社会中，更具有了特殊的文化功能。江西《东隅袁氏族谱 · 家规》中就有“祠堂乃祖先凭依之所，又为至公执法之处”之语。

村落家族作为一个群体，必须要有一定的秩序，只有保持这种良好的内部秩序，家族才能很好地得以生存和发展，如果村落家族的内部秩序被破坏了，家族就有解体的危险。过去，家族内部的秩序占主导地位，因而家族的维持功能可以格外强大，家族族长的权力也很大，对族人有较强的约束力。

俗话说："国有国法，家有家规。"那么，一个家族自然也有一个家族的族规，有的是约定俗成，有的是祖训家规，有的则勒石竖碑以示。这些在宗法制较有代表性的体现者——祖堂中，自然最多地被显示出来。如江西省龙南县武当乡的田心围，就在祖堂的侧墙上嵌有一块禁碑，内容有："祖堂乃先公英灵栖所，永禁堆放竹木等项；天井丹墀永禁区浴身污秽；围内三层街坪巷道乃朝夕出入公共之路，永禁接截竖及砌结浴所、猪栏、鸡栖等项；围外门坪斗场，永禁架木笠厕，蔽塞外界；围屋墙壁，永禁区私开门户损坏围垣。"田心围是座有四重围屋的围拢屋式大围，建于清代乾隆年间，至今围内仍住有近千人，而秩序井然，巷道通畅，这与严格的禁令法规的警示是离不开的。

因而，祠堂不仅仅是祖先的象征，也是宗族组织的象征。正因为如此，旧时一个家族准备建筑房屋时，总是首先想到要建立祠堂，表明了祠堂在民居中的重要性。

明代郑太和在他撰写的《郑氏规范》中就多次谈到祠堂的重要性和拜祀礼仪，如："立祠堂一所，以奉先世神主。出入必告正，至朔望必参，俗节必荐时物。四时祭祀，其仪式并遵文公家礼。然各用仲月望日行事，事毕，再行会拜之礼。"意思是说，建立一座祠堂，用以供奉祖先的牌位。家人外出和返回后都要到祠堂来请示和汇报。每

安徽歙县棠樾村鲍氏宗祠

逢月初和月半时，家人应到祠堂拜谒。在世俗节日时，必须在供桌上摆放一些时令的果品。四时祭祀时，其仪式要遵从文公家礼。而且在每个季节的第二个月月中的那一天祭祀时，行事完毕，还要再行相聚拜祭之礼。

《许云村贻谋》是明代家训中比较有名的一篇，文中所述居家之道，为后世推崇。在这篇文章中，也谈到了家族中的宗祖祠堂拜祭的事宜："大宗祠堂，子孙水木本源之地，谒必恭肃。[朔望俗节，同门内外长幼]祭必诚敬，[分至忌辰，合小宗亲未尽男子长幼]如或苟且怠玩，自非先人孝子，礼成会飨，[子孙过三十人，小宗各助一牲]敦亲睦，义赡恤，讲治生程，教子劝善规过，绝毋齿及一切人过恶隐私。""大宗子有君道，合众亲疏长幼，皆宜依向推崇，匡导卫翊，吉凶必咨，宴会必先，百世永敦强干弱枝之义。宗子尤当为世祀家声自重，强学厉行。动必由礼，抗颜守则，以倡宗人。"

意思是说，大宗祠堂是一个家族子孙的发祥地，必须恭敬严肃地拜谒，在祭拜时怠慢玩闹的人是不肖子孙。祭祀完成以后，大家在一起聚餐，其目的是为了使家族成员之间更为和睦亲密，并且，利用这种相聚的机会进行交流，大家在一起谈论生活大计，赡养事宜，及教育子女等问题。不过，议事过程中千万不要随便谈论别人的过失

安徽歙县某祠堂祭祀活动

安徽歙县某祠堂神龛

隐私。宗族之长子应该率先参加宴会，这样，他才能有君王一般的风范，才能得到不论关系远近、年长年幼的各位族人的推崇。宗族长子尤其应该世代祭祀祖先，给宗族成员树立一个榜样。

由许云村这两段话中可以看出，祠堂已不仅仅是祭祀之处，也是一个家族成员会聚活动的文化中心。

除了基本的祭祀礼仪外，祭祀时还有很多禁忌，这在《郑氏规范》中也有所描述："时祭之外，不得妄祀邀福。凡遇忌辰，孝子当用素衣致祭，不作佛事。象钱寓马，亦并绝之。是日不得饮酒、食肉、听乐，夜则出宿于外。祠堂所以报本，宗子当严洒扫扃钥之事。所有祭器服，不许他用。祭祀务在孝敬，以尽报本之诚。其或行礼不恭、离席自便、与夫跛倚、欠伸、哕噫、嚏咳，一切失容之事，督过议罚，督过不言，众则罚之。"表明了祠堂祭祀的严肃性与规范性。

宗祠祭祀的严肃性与约束力，不仅适用于成人，甚至对天真、幼稚、无忧无虑的儿童也同样适用。旧时，儿童从小就受到族规的严格制约，尤其是家塾，往往设在祠堂的一隅，甚至设在宗祠之内，如在一些较大的宗祠内，就专门辟出一个小院供家族子弟读书。《郑氏规范》中说："子孙入祠堂者，当正衣冠，即如祖考在上。不得嬉笑、对语、疾步，晨昏皆当致恭而退。宗子上奉祖考，下壹宗族，家长当极力教养，若其不肖，当尊横渠张子之说，择次贤者易子。"小孩子进入祠堂一样要衣冠整齐端正，不可以随意嬉闹，特别是将来要统领全族的长子，更要从小用心教育，如果实在无法教好他，则可以考虑选择其他儿子中较贤能的来取代他。

祠堂不但对祭祀时的各成员有约束、管教之权，而且对族人平时的举止行为也有约束权，或惩罚或表彰，都在祠堂中执行。如子孙中有人租购田产，积藏钱财的，因为这种事情对家族的不良影响很大，所以无论是谁知道了，都应该告诉家长，家长要召集族人到祠堂，并对大家宣布此事，击鼓声明罪行，并将其书写在祠堂的墙壁上，还要把其私得的财产没收充公。同时，邀请与犯错误的人关系较好的亲戚朋友，告诉他们事实的真相。如果有不服此惩戒的，则以不孝罪报告官府论处。假如子孙有赌博、无赖或其他一些违犯礼制法规的行为，已到了家长不能宽容的地步，则要令其给家族成员当众跪拜，以示惩罚，所拜者不论辈份，只要比犯错误的人年长一岁，都要跪拜三十下，如不悔改，则要当众责打。如此惩治后仍不改正的，则要报告官府将其放逐，

安徽歙县某祠堂祖先牌位

安徽歙县某村落宗祠祖先像

并将其在族谱上的名字除去。在旧时，除名是最为严重的惩罚之一。

旧时，各家族里都有族谱，较为常见的一种形式是用丝绸做成，像床单一样大小，上面画有格子，格子里面填写着族人的名字。具体的填法是，按照男左女右的顺序排列，从右向左依次填入同代人的名字，从上向下表示辈份的高低。左边丈夫的位置与右边妻子的位置相对应，妾不入族谱，女儿因为长大要嫁出去，也不入族谱。现已辟为民俗博物馆的山西省祁县的乔家大院，就展出有一个这样的族谱，在这个族谱左边的上面画了一排男人的头像，在这些头像中，最右边一个头像下面的名字被涂成了黑色，据说是因为这个人违反了家规，被从族谱中除了名，这种除名也称为"削谱"。"削谱"惩罚的规定，在很多前人留下的家训中都有所记载。

宗祠是祭祀祖先之处，是宗族组织的象征，对一个家族来说，它是一个神圣的地方，是一个宗族政治、经济、文化、法律、教育的中心，是神权与族权交织的产物。

第十一讲 堪舆与风水

堪舆也称为风水，主要是指古代人们在选择住宅及陵墓等建筑的地点时，对气候、地质、地貌、生态、景观等各种建筑环境因素的综合评判，以及对建筑营造中的某些技术和各种禁忌的概括。

堪舆与风水说起来玄而神秘，并且从古至今一直都有极信仰堪舆之人，认为住宅基地或坟地周围的山川、风向乃至水流的形态，能决定住者或葬者一家的祸福吉凶。

堪舆，具体来说是相地、占卜的意思。堪即勘，有勘察之意；舆原指车或车厢，有负载之意，引喻为疆土和地道。《淮南子·天文训》中说："北斗之神有雌雄，十一月始建于子，月从一辰，雄左行，雌右行，五月合午谋刑，十一月合子谋德，太阴所居，辰为厌日，厌日不可以兴百事，堪舆徐行雄以音知雌，故为奇辰。"此文中的堪舆指北斗星神，由此可知堪舆家是利用天文与地理的对应关系方面的学问来占卜吉凶的。《易经》云："仰观天文，俯察地理。"许慎在《淮南子》注中曰："堪，天道也；舆，地道也。"《汉书·扬雄传》中张晏也认为"堪舆，天地总名也。"这些著述、注释与记载均说明，古人认为堪舆是门涉及天地万物的学问，而古代的相地术中有相当一部分内容与堪舆有关，所以后来堪舆便逐渐成为相地的代名词了。通俗地说，即为风水。

相地术理论是建立在中国古代哲学中所谓"气"的概念之上的，古人认为宇宙万物都是由气生成的。《淮南子·天文训》中说："天地未形，冯冯翼翼，洞洞灟灟，故曰太始。太始生虚廓，虚廓生宇宙，宇宙生元气，元气有涯垠。清阳者薄靡而为天，重浊者凝滞而为地。"天地没有形成之前，是万物皆无的虚空与混沌状态，后来渐渐生出元气，而元气有别，其中轻的气上升为天，重的气下降为地。这里的"轻"、"重"之气也就是阴阳二气。而对于万物之灵的人来说，也是靠气而活。《管子·枢言》："道之在天者，日也；其在人者，心也。故曰：有气则生，无气则死，生者以其气。"也

江西婺源某村落依河流而建

就是说，人活气行，人死气绝。

由此，推及建筑风水的选择，如要使风水好、建筑活，则必要有“气”，气既有本身之气，更可以想方设法“聚气”，聚气成了风水学中最重要的组成部分。因而，很多关于堪舆术的书中，都有“气”的描述与讲解。郭璞《葬经》开篇即说：“葬者乘生气也。夫阴阳二气，噫而为风，升而为云，降而为雨，行乎地中而为生气，生气行乎地中，发而生乎万物。人受体于父母，本骸受气，遗体得阴，盖生者气之聚，凝结者成为骨，死而独留，故葬者反气内骨，以荫所生之道也。”郭璞认为，死人遗骨是生气的凝结物，选择一个聚气的地方下降，则人气与地气相通，遗骨就会得到很好的保护而不至于腐朽，而死者的灵魂便会得到安慰并能庇护生者。

堪舆起源于人类早期的择地定居。《诗经·大雅·公刘》：“笃公刘！既溥既长，既景迺冈，相其阴阳。观其流泉，其军三单，度其隰原。徹田力粮，度其夕阳，豳居充荒。”这首诗描绘了周人的先祖公刘迁居到豳时的情景。充满智慧的公刘相土尝水，观察山川阴阳向背，而后选择地位营建房屋居住，又带领军人、百姓等治理田地，种收粮食。

公刘等先祖在迁址后，对新地址的察看选择，可以说就是相地术的雏形，其后经

蓬溪村入口夹山带水，是具有天然屏障的风水宝地

过日积月累，并日臻成熟，便形成了一门选址的学问，也就是相地术。相地术起初只涉及宅邑的选址和定向方面，其理论和方法比较简单，而且科学成份也较多，主要是地理地貌、气候环境等因素与人们居住条件协调的经验总结和运用。如，原始社会后期，就有对优越地理的选择了。当时人们由采集为主的逐草而居的游牧生活时期进入了以农耕为主的生活状态，要求有稳定的定居生活，因此也就产生了选择居住地址的问题。水是生命之源，所以原始人类所选居住地点多临水，并且多是在临水的台地上，这样既可以防止洪涝，又方便取水用水。除人本身饮用水外，开垦农田，种植作物，圈养牲畜也都离不开水，同时，人们还可以从水中捕获一些鱼虾。也因此，在现今所发掘的原始社会聚落遗址中，大部分位于长江和黄河流域。

有文字记载的相地术，可以追溯到商代。商代殷人凡是遇到大事均要用甲骨占卜问卦。方法就是先在龟甲或动物肩甲骨上钻凿出槽穴，而后以火烧灼钻凿出的槽穴，烧烤后出现的裂纹被称为兆文，以观察兆文的走向和形状来判断事情的吉凶。将这些占卜得来的结论刻在甲骨上，就称为卜辞，可以作为以后行事的参考。

据今人对甲骨文的研究，其记载中有大量关于建筑的卜辞，如筑城、建寨、修宫庙等。

"己卯卜，争贞：王作邑，帝若，我从，兹唐。(《乙》570)"；"庚午卜，丙贞：王勿作邑在兹，帝若？"；"庚午卜，丙贞：王作邑，帝若？八月"；"贞：王作邑，帝若？八月。(《丙》86)""作邑"就是筑城。文中的"争"、"丙"是占卜者的名字；"贞"为问；"若"为顺，表示允许。这些卜辞都是殷王要筑城时，令人占卜以定吉凶的。

从表面上看，殷商时的迁都和作邑等，是根据占卜而得的神的意志行事的，实际上他们的几次大的迁都和作邑都是由战争、气候、资源、灾害等因素决定的。这也说明，占卜和相地术在当时只是一种形式，还没有形成后朝浓重的堪舆风气。

周代时也曾多次迁都和营建新城，已知有记载的主要有三次，除了公刘迁豳外，还有古公迁岐山和成王营洛邑。周人的习俗与殷人近似，也多在迁都、建邑前反复占卜。如《书经·周书·召诰》记载："惟二月既望，越六日乙未。王朝步自周，则至丰。惟太保先周上相宅，越若来，三月。唯丙午朏(月出之日，即新月开始发光)，越三日（戊申日），太保朝至洛，卜宅，厥既得卜，则经营。"这段记载描述的就是周成王营建洛邑前占卜的情形。周成王于二月二十一日（乙未）早晨，从镐京来到丰地，太保召公已先行到洛地勘察了环境，并于下月的第六日清晨在洛地占卜筑城的位置，结果是吉，遂立即开始了建城的工作。

由这些记载可以看出，占卜虽是不可少的仪式，但之前的实地考察却是更为重要的，也就是说，周和商一样，建筑主要是根据实际的地理环境与资源情况的优劣而定的。

春秋战国时代，出现了百家争鸣的现象，无论是自然科学还是社会学，都有了长足的发展。哲学思想活跃，学术气氛浓郁，阴阳、八卦、五行、元气等等学说竞呈。加之战国时因七雄争霸，各据一方，各建城池，城市建筑也达到了一个高潮。同时，还出现了《考工记》、《周礼》等建筑营造法则著作，这些都为风水的发展奠定了理论和实践的基础。

秦代时已有了地脉观念。秦始皇统一中国以后，为了加强边防，特派名将蒙恬督修长城，开驰道。秦始皇死后，宦官赵高利用职权私下召书逼令蒙恬自杀。而民间传说将蒙恬之死归于他自"绝地脉"，这显然没有道理，不过却能看出风水术的发展已深入民间。

相地术发展到汉代的时候，在《易经》的玄学思想及董仲舒的"天人感应"等谶纬学说的影响下，原有的相地术与阴阳五行、八卦干支结合在一起，为其进一步发展奠定了一定的哲学基础和逻辑推理条件，渐渐由较单纯的相地术向堪舆转变。谶纬就是谶和纬，谶是秦汉间巫师、方士编造的预示吉凶的隐语，纬是汉代神学迷信附会儒家经义的一类书，所谓"谶纬之学"。东汉光武帝刘秀也极好其术，京内学者多随之

江西婺源某村落背靠高山，避风向阳

提倡，风气更盛。风水理论渐趋于成熟，并变得玄奥神秘起来。

不过，风水术的发展也受到一些具有唯物主义思想的文人学士的抨击，如东汉王充就在《论衡》一书中多次批驳风水之说，“俗有大讳四：一曰讳西益宅，西益宅谓之不祥，不祥必有死亡，相惧以此，故世莫敢西益宅……夫宅之四面皆地也，三面不谓之凶，益西面独谓不祥，何哉？西益宅，何伤于地体，何害于宅神？西益不祥，损之能善乎？西益不祥，东益能吉乎？”这里的“西益宅”即指向西扩建宅室。王充在此文中批判了“西益宅不吉利”的风水说法。

虽然王充等人多方批判，但风水之术在汉代并未有所削减，甚至还出现了一批有关堪舆术的专著，如《堪舆金匮》、《图宅术》、《周公卜宅经》、《宫宅地形》、《大衍元基》等。

经过汉代的形成及其后的发展，堪舆与风水理论在唐代时进入成熟期。唐宋以后，因程朱理学的影响，相地术理论构架日臻完善，不仅着眼于山川形势、藏风得水等方面的内容，并与占卜、宅主“命相”和“黄道吉日”等联系到一起，加入了方位理气方面的内容，渐多了一些荒诞不经的内容，并延续了先秦、两汉时风水术中的一些迷信色彩。

汉唐时代，不但堪舆术逐渐风行成熟，而且还产生了多种称呼，如青乌、青囊、相地、相宅、卜地、卜宅、图宅、图墓、地理、葬术，等等。

青乌的典故出自《轩辕本纪》："黄帝始划野分州，有青乌子善相地理，帝问之以制经。"《旧唐书·经籍志》也有关于青乌子的记载，说他是汉代的相地家，并传说其有《青乌子》三卷流行于世。因此，青乌子便成了堪舆的一个别名。

汉代以前没有纸张，字都是刻或写在竹简上的，竹简经编串而成书。外出时，这样的竹简显然不方便手拿，所以多用布袋装起来，而不同类的书籍会用不同的袋子来装。用来装术数之书的袋子为青色囊袋，堪舆著述在古代就属于术数书类，因而堪舆术又有"青囊"之称。

"相"有察看、审定的意思，转引为面相、手相、星相等相术称谓，所以选择地理方位就称为"相地"，而选择地理方位多是为了建宅，所以又称"相宅"。这种相看又是一种占卜，便又有"卜地"、"卜宅"等称呼。

"图"在古时有图谋、斟酌之意，建宅、修墓乃是大事，所以要深思熟虑，详细计划，请懂风水的人仔细查看，因而堪舆又有"图宅"、"图墓"之名。

"风水"则无疑是堪舆众多别称中最为常用的一种称呼，也是最为人们熟知的一种较通俗的称呼。堪舆术认为吉利的住宅与墓地要能聚"气"，而"气"在自然环境中，与风和水的关系最大。郭璞在《葬经》中说："气乘风则散，界水则止"，也就是说，生气忌风而喜水，风要藏，水要聚，藏风得水，生气才以旺盛。清代时人范宜宾则有更为清晰的解说："无水则风到气散，有水则气止而风无，故风水二字为地学之最重。而其中以得水之地为上等，以藏风之地为次等。"意思是说，临水靠山而又背风，生机盎然的地方是最好的居住之处。因为"风"、"水"二字的重要，所以堪舆家便以这两个字来概括其理论，称为"风水"或"风水术"。又因为这两个字相较堪舆的其他名称，更为通俗易懂，及接近普通民众，所以成为"堪舆"最闻名的一个代称。但也正因为其"俗"，所以在堪舆著作中，以"风水"命名的极为少见，目前所知，仅有元代朱震享的《风水问答》、清代袁培松的《风水本义》等寥寥数本。

唐代的风水术，除了因对汉、魏的继承而发展外，佛教、道教的广泛流传，及其思想的影响，也是风水术更为盛行，内容更为复杂、玄妙的原因之一。

唐代时佛教对于风水术的影响和促进，主要表现在佛教中的吉凶占验观念与风水学的结合。佛教中的轮回转世、因果报应等思想深入人心，悔恶除罪，作善作恶，定有果报，即使不报在今生，也会报在来世，不报在自身，也会报在子孙之身等，这些观念与风水术中的图谶庇荫思想渐渐融合在了一起。

道教，一方面因为本身的发展，一方面因为统治者的推崇，因此在唐代极受重视。就连在政治上多有建树而其统治时期被称为"贞观之治"的唐太宗，也极为崇信道教，

安徽黟县宏村位于山水之间，景色如画

相信道教所说的长生不死之道，还服用了道士所炼的仙丹。道家的思想与中国古代信奉的天人合一、天人感应、谶纬之学等多种带有浓厚宗教色彩的学说，其实是与殷商时期的鬼神崇拜、战国时期的神仙信仰、东汉时的黄老道精气学说等一脉相承的。道教极力推行其养生、长寿之术，几乎将中国古代所流行的养生之术都吸收为己所用，并且还用道教的思想与理论加以解释和发挥。这些观念也极有信众，因而也被风水术所广泛利用。

总的来说，由汉后的魏晋至唐末，风水学的特点是葬地的选择越来越受重视，风水著作也多以《葬经》命名。

宋至清各代，均以宋明理学、心学为哲学思想的主流。著有流传极广的名篇《爱莲说》，并以莲自况的周敦颐，也有《太极图说》这类著作问世，其太极和阴阳八卦的图式与阐释理论，还被风水学吸收发挥。而指南针的广泛应用，也使风水学的理气内容更为繁复与充实。相宅相墓已与地理学相联系了。因为风水术之兴盛，还产生了专为人看风水的"阴阳先生"等职业。明清时期，风水之术愈演愈烈，甚至官方编纂的《永乐大典》、《四库全书》等大型书中，都收录了若干风水内容，使风水理论趋向"合理化"。

"堪舆术"对于宅地等的选择，从最初来说是有它的道理的，这也是它能存在几

浙江永嘉芙蓉村的芙蓉岩，是村落的天然屏障，也是村落的一处胜景

千年，并愈演愈烈的基础。一般来说，人们所择的所谓“风水宝地”，肯定是一个物质条件和自然景观都极好的地方，它们大多能符合自然大气候，是古人长期生活经验的积累和智慧的结晶。

中国位处地球的北半球，欧亚大陆的东部，太平洋的西岸，这样的海陆位置有利于季风环流的形成，也使中国成为世界上季风气候最明显的区域之一，风向随季节呈周期性转换。冬季的时候，中国境内大部分地区吹偏北风。古人虽然不能完全明了这些形成的原因，但在长期的生活实践中却自然发现其规律性，如将房屋建在山坡的南面，河流的北边，那么住宅既可以接纳更多的阳光，又能躲避寒风，用水也极方便，并能避免洪水的侵袭。

不过，理想的地理环境与区域，并不是随处可得的。如在中国的北方地区，寒风凛冽，沙土飞扬，即使有山峦和树木等自然屏障，也不能达到较理想状态，所以在住宅等建筑的设计上自然以较为封闭的形式为好，这样也就形成了北方黄土地带，多挖窑洞而居，或者在住宅四周围筑高墙成合院等的住宅形式。

人们在以不同建筑形式去适应自然环境的同时，还企图借助某种超自然的神秘力量从意念心理上获得一种补偿。堪舆术的产生当是应这种心理而起，其发展也是顺应了这种心理。堪舆家在对自然的观察中，掌握了一些现象的规律，并将这些规

不同的下沉式窑洞入口

律应用于对地形的研究中，把它与其中神秘的迹象联系在一起，便渐渐产生了带有巫术色彩的风水学。

当然，正如最初朴素的相地术主要是依据自然环境，是顺应人们的生活需要而存在一样，带有巫术色彩的风水学也是以此为基础的，有一定道理的。完全的迷信与骗术也不可能存在如此长久。以看风水为职业的风水师，主要从事住宅地基的选择和朝向的确定，修正原住宅的朝向与布局，以及坟墓位置的选定等。他们既是风水术士，实际上也是环境规划师，他们有一定的文化修养，阅读相关书籍，观察自然现象，深谙天文地理诸学。所以真正的风水师是具有真才实学的聪明人。他们因聪明才智和职业修养，往往能受到人们的尊敬。而仅靠玩弄阴阳术数，冒充内行，为骗人钱财而花言巧语以迎合人们趋吉避凶心理的人，是不能长久的。

山西晋中民居的大门设置就带有一定的风水意义。它不是位于建筑前方的正中，而是在西南或东南角上，这样的建筑方位是遵照风水之说而设的。按八卦将东、东南、南、西南等八个方位分成两组，分别称为“东四宅”和“西四宅”，再结合房主人的生辰八字等因素，决定建成东四宅还是西四宅。我们现在能见到的晋中大门，多设在东南角，也就是东四宅的形式。人们认为把大门放在东南方向上，不犯风水的忌讳，是一种稳妥的住宅布局方式。

其实，晋中民居大门的东南向设置，从实际生活与居住情况来看，是为了避风、向阳，而又不会让外人对院内一目了然，使居室更为舒适、安静。也就是说，地理环境因素与私密性要求决定了朝向。像晋中民居这样将大门设在东南角的民居不多，另一处颇为典型的就是北京的四合院。

由于风水术的盛行，其中的迷信与巫术和科学的部分总是混合并存。因此，既不能完全否定堪舆术，也要持批判的态度。

中国几千年的历史中，随着堪舆术的不断演变发展，也产生了很多相关的故事，或是有趣的，或是揭露性的，或是玄妙的，从中也能看出堪舆中的科学性与巫术部分及一些虚假不实的东西。

唐代初年，开国元老徐勣请人卜葬，得到了“朱雀和鸣，子孙盛荣”的卜辞。可有个叫张景藏的相地师不以为然，认为“所占者过也。此所谓朱雀悲哀，棺中见灰”。后来，徐勣的孙子徐敬业造反，武则天大怒，派人打开了徐勣的坟墓，将其尸体焚烧成灰，应了张景藏的断言。其实，仔细想想，这两种占卜的结果都不可信，只不过是占卜者根据一些情况推断而已。徐勣尚在世时，他位列唐朝开国元勋之位，子孙当然会承袭富贵；徐勣既死，武则天又占了李唐的天下，作为开国元勋的徐勣之孙徐敬业，反武则天也是情理之中的事。

芙蓉村中心的芙蓉池与芙蓉亭

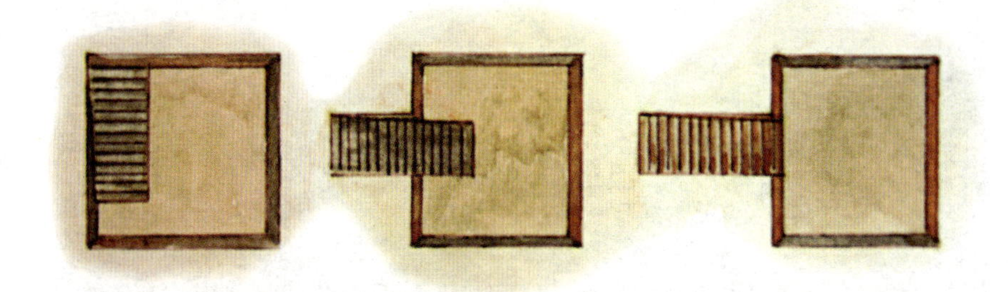

不同的下沉式窑洞入口

“龙脉”是风水大师所说的上佳之地，但若“葬压龙角”，即埋葬时棺材压在了龙脉的角上，则为风水大忌。据《摭遗》记载，一次，唐玄宗领人到郊野打猎，因为动物四散奔逃，玄宗驰马追赶，只有白云先生张约的快马能跟上玄宗的马。两人追到了一个山头，玄宗四望不见猎物，却看见张约在凝视着一座新坟。因问其故，张约说：“葬失其地，安龙头，枕龙角，不三年，自消铄。”此时，恰巧走来一位砍柴的樵夫，玄宗便寻问新坟葬的是什么人，樵夫说是山下崔巽。玄宗和张约来到崔家，告诉其家人新坟葬地不吉。可崔巽的儿子说：“父亲临终前说‘安龙头，枕龙耳，不三年，万乘至。’”“万乘”就是皇帝，这里指玄宗。玄宗和张约两人听了都很惊讶，张约自叹不如崔巽。这种巧合是生活中时有发生的事，但这些故事更激发了人们对于风水的迷信。

不论张约和崔巽两人相堪风水的能力高低，单从这两种不同的说法上，就可看出风水的吉利与否，根本是与子孙后代没什么关系的。但人们总是会据此产生联想、附会，风水在很大程度上为满足人们的心理需求创造了条件。

这里的“龙脉”，是堪舆术对“龙”崇拜的借用与发挥。

我国先民很早就有了对龙的崇拜，传说伏羲氏时出现龙瑞，以龙为官名，春

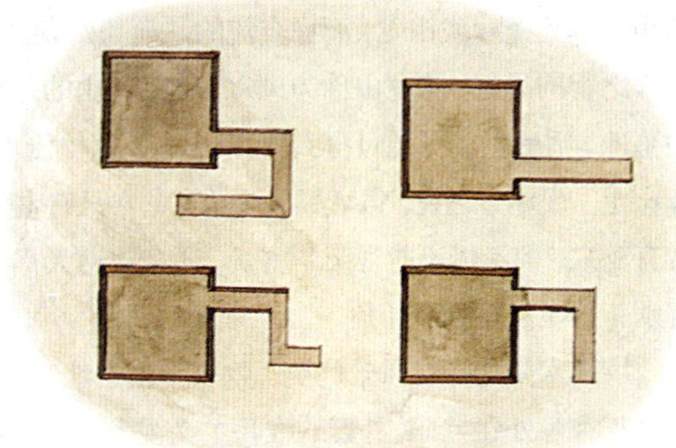

不同的下沉式窑洞入口

江西婺源某村落位于河流沉积岸一侧，形成前围玉带水形势

官为青龙，夏宫为赤龙，秋官为白龙，冬官为黑龙，中官为黄龙。《左传·昭公十九年》也有龙的记载，说是郑国发大水，有龙在城外的深渊中争斗。

龙能腾云驾雾，也能入海潜渊，是个吉祥的神物，同时，它在人们的心目中又是个庞然大物，形体如山，所以人们也把蜿蜒曲折而气势雄伟的山脉称作龙山。除龙山之外，民间还有龙门、龙泉、龙井、龙溪、龙丘等等与“龙”相关的称呼。

堪舆术借着民间人们崇尚“龙”的风气与观念，极力发挥，将形体走势逶迤曲折的山脉称为龙脉或山龙，而称奔流的江河为水龙。同时，堪舆师也顺着人们将龙看作吉祥之物的思想，将龙山称为风水吉地。龙山的气脉集结处被称为龙穴，如以龙穴作为墓地，则后世子孙便可得到吉祥与好运。《秘传水龙以》就有“横宫龙穴生荣显，借合穿龙主发财”之说。但堪舆术又称，龙穴只有富贵之人才能享受，而贫寒之人如果占有龙穴，则不但不能得荣华富贵，还会遭遇大祸。同一种地形会因人的贫富或贵贱有别，这显然是自相矛盾、自欺欺人之语。

堪舆术中选择在风景优美、物质丰富之地，如田地肥沃、树木葱郁、溪水环绕、鸟鸣花香等处建宅，是朴素的唯物主义观念，人在这样的地方生活自然比在繁乱肮脏之地更健康快乐，也更幸福久长，这是有科学性的。但堪舆术中认为选择在这些地方生活，或将家中死者在这样的地方埋葬，会给子孙后代带来幸福吉利、富贵荣耀，则是带有迷信色彩的不可信的说法。

抛开堪舆术中的迷信成分不说，在古往今来的堪舆术中，其地理和朝向方面的成分还是对民居的营造有所帮助的。通过一些有经验的人来帮助选择居民住宅基地与朝向等，还是极符合人们的生活需要，并极为舒适的，住宅都很讲究宁静的气氛与明亮宽敞的空间效果。像坐北朝南利于接受阳光照射，屋后栽树冬暖夏凉，前有流水既方便使用又能产生清幽的气氛，以院落围合独立、宁静等。

人们至少要在所建住宅中居住上比较长的一段时间，多的可达几十年。所以居室内不一定要多么富丽堂皇，但一定要使人感到舒适。因此，堪舆术在这些方面的主张是很容易让人们接受的，而堪舆术中的某些不实际、不真实的东西，也往往在这些较为科学的做法的掩盖下得以存在。

我国的传统住宅大多带有庭院。简单到农村中平房围合的小院，复杂至城镇富户、官宦等的深宅大院。四面围合、自成一体的建筑格局，自然带有一份宁静、幽深之感。所以，从实际情况看，与其说是受风水的影响产生了这种封闭式的住宅形式，不如说是这种因实际生活需要产生的住宅形式，影响了风水师与堪舆术，更为确切。

房屋周围绕以庭院，是我国住宅建筑的传统，不过，有的住宅正房与厢房分开，以回廊连接，像北京的四合院式民居；有的却是“一颗印”形式，正房与厢房连成一体，外墙方整如印，像云南的部分民居都采用这种形式。

庭院组合用地经济，有较大的适应性。其建筑规模可大可小，因而能在任何形状和大小的基地上兴建，并能从生活实际出发，因地制宜，用简洁的形式构成丰富多彩、简朴宜人的独特风格。

河南康百万庄园鸟瞰

庭院式住宅还较适应我国温带和亚热带的气候。我国南北两大区域气候特征有所不同，所建的院落形式也有所区别。北方，多是东西方向狭窄而南北方向长的条形院子，这是因为北方夏季凉爽而冬季寒冷多风。南方，则多是东西方向长，南北方向短的长方形天井，这是由南方炎热、潮湿的气候决定的。东西方向狭长有利于通风采光，加强穿堂风的作用。

中国传统建筑在长期的实践中，除了对自然环境的山、水、风、阳光等因素有着严格的界定之外，就连植物对于住宅的影响，也有许多耐人寻味的民谚和规律。在堪舆学中，植物被看作是一种“趋吉化煞”的媒介。

中国南方很多村子的附近，都保留有一小块青绿葱郁的林木，其中多是松、柏、楠等长青树，这些树木是不可侵犯的，是关系全村风水命脉的风水树，也叫水口树。

皖南徽州古村落棠樾村就有水口树。按当地普遍流行的风水说，棠樾的水口设在村落的东南角，也就是八卦中的巽位。但因为此处地势较为平坦，为了增加气势彻底把住关口，村民们在水口旁砌筑了七个高大的土墩，称七星墩，墩上就种植有大树以障风蓄水。

有些地方的人们喜欢在春节时于家中摆放盆栽的柑橘，因为“橘”与“吉”谐音，

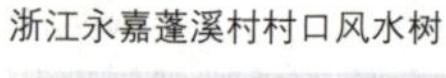
浙江永嘉蓬溪村村口风水树

节日里摆放就取其吉利、吉祥之意。

椿树易于生长而长寿，所以有些地方盛行“摸椿”风俗，每到除夕的晚上，便让小孩子摸着椿树绕几圈，寓意快快长高，健康长寿。

其他如灵芝草、梅花、槐树等，在民间也都是非常吉祥的植物。

其实，有些时候，人们对于堪舆术的信奉，甚至是对其中的迷信与巫术的信任，并不一定是人们的愚昧无知，而是人们对于美好生活的一种向往与追求。这也是堪舆与风水术得以广泛存在的重要原因之一。

第十二讲

天、地、人的三界空间

天地人的三界空间，是指神居住的天界、鬼居住的冥界、人居住的凡间，是由远古即形成而遗存在后人们的脑中的观念与信仰。

远古天与神的传说，也就是后世所说的上古神话，是人类童年时期对自然和社会的理解与想像，是在当时低下的生产力和贫乏的知识、经验基础上产生的，真实地记载了原始人类对世界的最初认识，虽然有些在今天看来荒诞可笑，但当时的人们却信若神明。人类对神的崇拜，对鬼怪的厌恶，既表现出了人类童年时的懵懂、无知，也

《宅经》引自《四库全书》

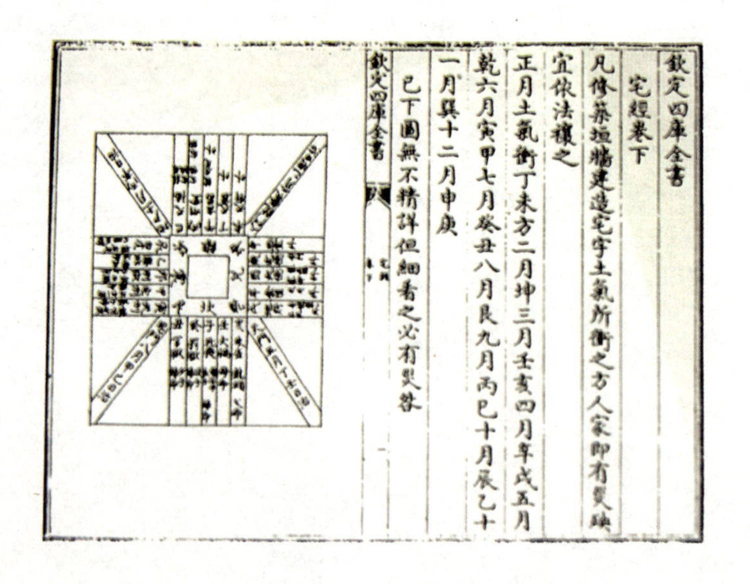
欽定四庫全書
宅經卷下
凡修築垣牆建造宅宇土氣所衝之方人家即有災殃
宜依法禳之
正月土氣衝丁未方二月坤三月壬亥四月辛戌五月
乾六月寅甲七月癸丑八月艮九月丙巳十月辰乙十
一月巽十二月申庚
已下圖無不精詳但細看之必有災咎
欽定四庫全書

金门民居中的金木水

表现出人们对美好生活的向往。

大自然是人类赖以生存的亲密伙伴，也是人类可怕的异己力量。人们相信万物有灵，万物都具有生命和意志，并且受到某种神秘力量的支配，所以一切都被神灵化、人格化了。人们将在现实中不能了解或征服的现象与对象，付诸于想像中的神的意志。宇宙的形成，人类的起源，祖先的创世，乃至文字、歌舞的产生，等等，都成为其涵盖的内容。

《艺文类聚》引《三五历纪》载有盘古开天地的故事："天地浑沌如鸡子，盘古生其中。万八千岁，天地开辟，阳清为天，阴浊为地。盘古在其中，一日九变，神于天，圣于地。天日高一丈，地日厚一丈，盘古日长一丈，如此万八千岁。天数极高，地数极深，盘古极长。后乃有三皇。数起于一，立于三，成于五，盛于七，处于九，故天去地九万里。"

金门村落中阻挡鬼煞的设置

《淮南子·览冥训》则载有女娲补天的故事："往古之时，四极废，九州裂，天不兼覆，地不周载，火监炎而不灭，水浩洋而不息，猛兽食颛民，鸷鸟攫老弱。于是女娲炼五色石以补苍天，断鳌足以立四极，杀黑龙以济冀州，积芦灰以止淫水。苍天补，四极正，淫水涸，冀州平。狡虫死，颛民生。"

除了这些较大的方面，还有一些具体的信仰现象，如与衣食住行等相关的事物，其中对火的崇拜当是最主要、也最

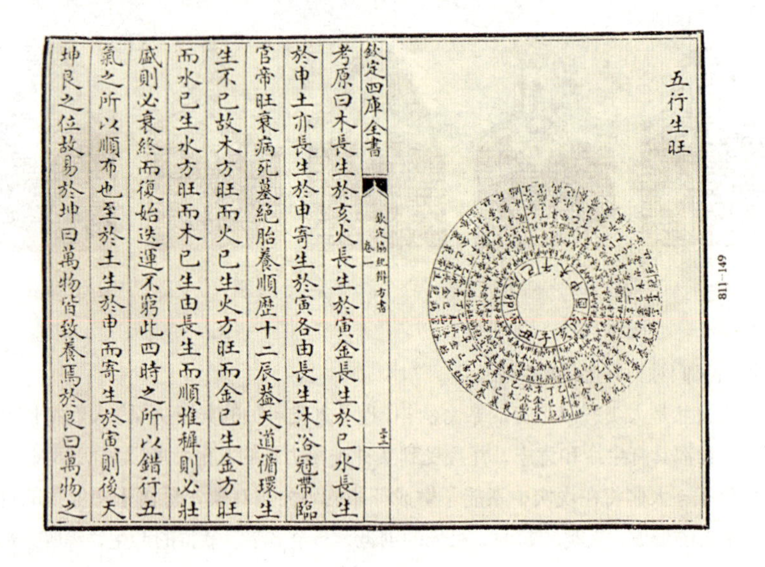
五行生旺

欽定四庫全書

欽定協紀辨方書 卷一

考原曰木長生於亥火長生於寅金長生於巳水長生於申土亦長生於申寄生於寅各由長生沐浴冠帶臨官帝旺衰病死墓絶胎養順歴十二辰蓋天道循環生生不已故木方旺而火已生火方旺而金已生金方旺而水已生水方旺而木已生由長生而順推稱則必壯盛則必衰終而復始迭運不窮此四時之所以錯行五氣之所以順布也至於土生於申而寄生於寅則後天坤艮之位故易於坤曰萬物皆致養焉於艮曰萬物之

811-149

五行生旺

实际的一件事情。在漫漫的人类历史长河中，火与人类文明产生了密不可分的关系。

远古之世，当人们还不会利用火，也没有火出现时，生活方式几与一般动物无异，茹毛饮血，如《礼记·礼运》中所说：“昔者，先王未有宫室，冬则居营窟，夏则增巢；未有火化，食草木之食，鸟兽之肉，饮其血，茹其毛；未有丝床，衣其羽衣。”《韩非子·五蠹》中也说：“上古之时，民食果蓏蚌蛤，腥臊恶臭，而伤害肠胃，民多疾病。”而最初的火的出现，在人类眼中是如此神秘，甚至有点恐惧，它能把大地上的林木、动物等烧成灰烬，其炽烈燃烧之状奇异非凡。如，闪耀轰鸣的雷电击中树木后而起的冲天大火。

后来，人类在不经意中发现，自然火焚烧后的野果与植物尤其是动物的肉，特别美味可口；同时，火在黑暗的夜里熊熊燃烧，可以让野兽不敢接近，保护人们的生命安全。人类对于火渐由恐惧而至喜爱与敬意，于是，开始在生活中有意识地利用自然火，并越发对火产生一种崇拜心理。

自然火并非随时想有就有，但人类吃饭、睡觉是相对固定的，如果没有自然火又只能吃生的食物，所以人类便开始想方设法保存火种，甚至希望能有一种方法可以人工取火。而传说中的燧人氏就发明了“钻燧取火”，因此被拥戴为首领，并得到了“燧人氏”这个称号。《太平御鉴》卷七十八引《王子年拾遗记》载：“燧明国有大树名燧，屈盘万顷。后世有圣人游日月之外，至于其国，息此树下，有鸟啄树，粲然火出。圣人感焉，因用小枝钻火，号燧人氏。”这是在中国汉族地区广泛流传的取火故事，而在其他民族和国家中，又有不同的传说。

羌族有“石块相击取火”的神话。传说火神蒙格西爱上了羌人女酋长勿巴吉，两人生下一个儿子叫热比娃，他遵父命到天庭取火，火神给了他两块白石，并教他击石取火，人间才有了火。羌人因此奉白石为神，每家的火塘也就成了火神留居之处。而高山族则说是神鸟带来了火种，他们的神话《神鸟传火》中说，古时候布农人住在阿里山的森林中，以穴为屋，以兽皮为衣，都吃生的食物，后来有一只叫“黑必士”的神鸟，给布农人衔来火种，火种落在草丛中燃烧起来，人们感受到了温暖。

哈尼族的火种来源传说，则具有一种悲壮色彩。传说火种是一个魔怪头上的一盏眉心灯，是一颗红色的亮珠，英雄阿扎历经千辛万苦，从魔怪那里夺得了火珠，吞进了肚子，但却没来得及拔下魔怪头顶作为“生命线”的金鸡毛。他忍住火在心里的热烈燃烧，回到了人们中间，然后一刀插进胸膛，火珠滚出，光明从此来到人间。

美妙动人的神话与传说，表达了人类对于火的崇敬，也反映出了人类学会用火的过程的艰难与漫长。火在人类生活中的运用，在人们的心灵中引起了久远而巨大的振荡。

火因为它的施惠于人而得到人们的礼赞崇拜，但同时，火又会引起火灾给人类带来灾难，于是，在人们的信仰中，火神就有了善恶两面性，或者干脆分出善的火神和恶的火神两个神祇来，将火给人类带来灾难的行为都归咎于恶火神。阿昌族神话中就说，凶火神生性骄横，专门与天公地母作对，孕育狂风闪电，又制造多余的太阳，让太阳不升不降，高高挂在天上，造成大旱，晒死生灵。

人们祭拜火神的善，感谢它给予人们的好处。人们也祭祀火神的恶，希望通过祭祀将灾难送走，因此，很多民族都有每年一次的送火神仪式。云南弥勒彝族支系阿细人，就在每年的正月二十三至二十四日举行隆重的送火神仪式，届时，由祭师“阿吉苏”领着几个戴面具象征鬼神的人，抬着纸马边走边舞，先绕各户房屋一周，然后进入各户家中，用木棍敲打中堂神龛以示逐出火神，再把盛在瓦罐里的清水洒在门口或街心。

火自从被人类利用之后，一直与人相伴随，它引领人类脱离野蛮而走向文明发展之路。但火在人类心灵中的影响太过深切而久远，所以，即使当人类摆脱了野蛮、进入了文明时代，依然有着很多对火的崇拜行为，以至成为一种风俗。

在火崇拜之外，与衣食住行等相关的其他方面文化传承，也多属于物质民俗的范畴，是日常生活的基本内容，是有形与可感的，它们最直观、具体地反映着一个民族的文化传统。但经济、政治、社会乃至宗教信仰等多方面的影响，使其在一般民俗特

浙江永嘉岩头村塔湖庙

征中，往往还隐现着神的印迹。

人们对神的崇拜随着人类的发展，愈演愈烈，出现了大小很多的神祇，不可尽数。

人的一生中，首先经历的是出生，诞生仪礼作为人生的开端之礼，在人生诸礼仪中占有重要位置，它包括了从孕育到诞生后的所有习俗。有些民族的观念中，就有专司生殖的神祇，人们通过祭祀这样的神灵来祈求生育。瑶族认为婴儿是“花婆神”送来的，如果婚后数年不育，就可以举行“架桥接花”仪式祈求子女。彝族妇女如果不育则祭山神，同时要请祭司念《祭山神经》。

婴儿未出生时有专门的胎神负责，胎神常常存在于孕妇周围。胎神又叫胎魂、胎煞，既能保佑胎儿也能损伤胎儿，所以信奉胎神的人对之又敬又畏。

中国的传统住宅大多是较封闭的，只有门是出入口，是住宅的关键所在，因此，人们信奉门神、贴门神，以求居室平安。门神有很多种说法，最早的是神荼和郁垒，他们在《山海经》、《风俗通义》、《论衡》，及蔡邕的《独断》、清人陈彝的《握兰轩随笔》中都有记载，且内容相近。

此外，钟馗和秦琼、尉迟恭也都是门神。钟馗作为门神是源于唐玄宗梦中见其捉鬼的故事，明代文震亨《长物志》云：“悬画月令，十二月悬钟馗迎福驱魅。”秦琼

岩头村塔湖庙大门内外

岩头村塔湖庙内景

和尉迟恭是唐太宗时的两员武将，传说是为唐太宗守卫宫门而成为门神的。关于武将门神还有很多，像孙膑、庞涓；赵云、马超；李元霸、裴元庆；岳飞、温琼；孟良、焦赞等。

武门神之后又有文门神，如天官赐福、福寿双全、和合二仙、金玉满堂，等等，色彩绚丽，喜气吉祥。

门神由神灵变成武将，又由武门神变为文门神，其形象表情也由凶狠变为威武，再变为“和合”之相，说明在这一风俗流变过程中，对神的敬畏心理逐渐淡化，代之而来的是人们更希望门神送来“福”气。

财神是中国人非常喜爱的神仙。平时，人们见面打招呼，就经常拱手说“恭喜发财！恭喜发财！”春节期间，更是家家户户都要请财神、贴财神、祭拜财神。如有走街串巷卖财神的，会挨着门喊：“送财神爷来了！”一般人家都会赶紧出来买，但不直说“买”而说“请”，就像卖者说“送”而不说“卖”一样。

在神所居住的天界与鬼所聚集的地界之间，是人类所生活居住的人界，也就是凡尘。凡间的人认为，真正能使他们与鬼、神隔断的是所居住的房屋，他们打开房门欢迎神的到来，而关闭门拒挡鬼的进入。

金门琼林村风狮爷

居住建筑的形成与发展，在人类文明发展过程中有着重要的地位。人类建筑住房的功利目的，是为了遮挡风霜雨雪，躲避毒虫猛兽，以安居乐业。但在作为神、鬼之间的人界，从空间上来说，建筑较之衣、食、行在各方面的表现更为突出，或者说，它在天（神）、地（鬼）、人之间起了更多的联系作用。

各族的传统民居，都是在自然条件和经济技术条件影响下，经过长期的发展而逐渐形成的。各民族的风俗习惯、宗教信仰、审美爱好等，在一定程度上影响和规定着居家生活和住宅形式、布局、分配，乃至禁忌等。布局、分配中往往融合着堪舆与风水观念，禁忌则关乎神鬼崇拜与祭祀，而某些时候，这几者又是相关的，也就是说，风水和鬼神祭祀有着千丝万缕的联系。

宗教也是与鬼神崇拜有着紧密联系的。巫术就是一种准宗教现象，它属于精神民俗的范畴，是人们企图利用和战胜超自然力的一种技术和愿望，它与一般宗教的最大共同点，就是相信超自然、超人间的力量的存在，并力图求助于这种超自然的力量来实现人类力不能及的各种希求，它体现的也是一种神人关系。

人类将天界看作是神的居处，将下界当作鬼的地府，都是与自己所居的人世不同的空间。鬼界既有人死后出现的鬼魂，也有地界原本就存在的恶鬼。

在远古人类还没有鬼魂观念的时候，对同类死者的遗体处理与对待野兽尸骨一样，随便抛弃在原野，有时甚至干脆吃掉，后一种处理不是什么方法问题，而是迫于当时的恶劣生活环境，产生的求生本能行为。当人们逐渐有了灵魂观念后，就认为人是由灵魂与肉体两部分组成，人死只是肉体的死亡，灵魂离开了肉体依然存在，给活着的人一丝念想。

既然有了灵魂存在，人们对死者的处理也就不再像最初那般随意，而变得慎重了。一些人认为人死后，应该让灵魂早点离去以获得自由，觉得尸体越快消失越好，所以他们采取将尸体焚烧，或将之喂给飞禽走兽，这就产生了火葬、天葬、水葬等丧葬风俗。而另一些人认为，人死后还要经常以尸体为归宿和依托，所以必须要把

浙江永嘉蓬溪村村口的关帝庙

金门村落殡葬仪式

尸体保存完好，那么埋藏在地下被看作是一个很好的方法，因此产生了墓葬习俗。

火葬在少数民族中流传的历史较悠久，特别是羌人，死后用火葬的记载比较多，《后汉书》里就有“羌人死则烧其尸”之语。虽然同是火葬，但各族葬礼仪式却不尽相同。

彝族历来盛行火葬，元代李京的《云南志略·诸夷风俗》中就有这类记载：“僰人既焚，盛骨而葬”；“未些蛮，人死则用竹箐舁至山下，无棺椁，贵贱皆焚一所”；“罗罗酋长死，以豹皮裹尸而焚，葬其骨于山”等等。虽然这里所记名目不一，但都是彝族的支系。

彝族火葬仪式是先将死者尸体焚化，之后挑出头骨和大块的骨骼入殓，入殓前要在骨头上用朱砂或金粉写梵文经咒，用于驱邪禳灾、超度亡灵，这样才能按顺序放入陶瓷罐中埋入地下。有意思的是，在罐子的底部或肩部，往往凿出一个小孔，据说是为了让死者灵魂出入的。

突厥族的火葬礼仪，对于死者亲属来说有点残忍。死者的尸体要先停在帐篷里，家人要宰羊杀马陈列在帐前祭祀，同时，每人要绕着帐包走七圈，边哭边用刀割自己的脸，血流满面以示自己的悲伤痛苦，如此七次后停止。然后由巫师选择吉日，将死者生前骑的马杀死，与死者尸体、衣服等一起焚烧、掩埋。

裕固族的不同部落，拥有火葬、天葬、土葬等不同丧葬形式。其中的火葬仪式是先在家中停尸三两天，供亲朋吊唁，并请喇嘛念经超度，然后，抬到自家固定的火葬场焚烧，再过三日，亲属去火葬场捡骨灰，但不同于彝族只捡头骨与大骨，而是必须要全部捡起，和着一些粮食等装入布袋，就地掩埋。

天葬只在少数民族中较多见，它是一种让禽兽食尸的葬法，也有很长的历史了，《隋书·契丹传》记载："父母死，以其尸置于小树上，经三年后，乃取其骨而焚之。"

在青藏高原上，人死后，覆以衣被，献以酥油，请喇嘛来念经。出殡时用马将尸体驮到喇嘛寺，放在专用的分尸台上，由喇嘛割尸投肉饲兀鹰。

裕固族一般都有自己的天葬场地，人死后在家停尸一天，同时请喇嘛在家念经超度。第二天即将尸体送到天葬场地，将死者衣服脱掉并放置在一块大石头上，再请喇嘛念经后即离去。三天后，亲属至天葬场地探视，若尸体已被禽兽吃掉，则在地上垒起石堆象征坟墓；若未吃净，则以为不吉利，要再请喇嘛念经超度。

天葬在各种葬仪中，想来是最让人震撼心魄的一种方式。

除此外，还有一些极少见的丧葬形式，如水葬、悬棺葬、岩洞葬等。

土葬则是所有葬仪中最为常见的一种，中国大部分地区都采用这种形式，不光是汉族，还有古代的匈奴、回纥、苗族等少数民族地区。

最初的时候，土葬墓穴只是一个坑，死者亲属也只用苇席或树枝作葬具。夏朝时出现了棺木，战国时有了墓丘。东汉以后因为科学技术的发展，墓室可以采用砖石砌筑了，而拱券等的使用，不但使墓室可以建得高大，而且还能建多墓室，坟墓渐渐可以建成像死者生前所居宅邸一样了，实现了其死后也能享受人间繁华的愿望。

土葬也因地区与民族的不同而有不同的具体仪式。青衣江的羌族人采用的是石棺葬，并有"石棺文化"之说，陪葬品为双耳陶罐；云南独龙族，在坟墓上会建有1米高的小草房，里面插木桩，悬草篮，篮内装着死者生前所用的衣服、锄头、酒瓶等物，男的必有弓，女子必有梳；回族葬仪的特点是迅速而不用棺木，死者遗体要在清真寺停放、洗礼，然后只裹一卷白布而葬；汉族葬仪最为繁琐，并且越是富贵人家越是如此，人死后家中要设灵堂，祭拜七七四十九天，以示后辈生者之孝。

简单的土坑演变为墓葬，而此习俗又随着阶级的出现有了高低等级。《论语·为政篇》中有："道之以德，齐之以礼。"孔子说的礼是指统治阶级制定的一切制度与秩序，作为对人的约束，使人各守本分。陵墓的等级制度的制定，就是以儒家学说的"礼"作为理论根据的。它在其后的两千多年里一直得到人们的遵守。

陵墓等级制度森严，丝毫不准逾矩。《潜夫论·浮侈》里记载："桑民摐阳侯坐冢过制髡削。"这里就说到了一个贵族因坟墓超过制度而受刑罚的事，"髡"是古代一种剃去男子头发的刑罚。表面上看，剃去头发并不是什么重大惩罚，但就像清朝男子都必须梳辫子一样，汉代男子都是束发的。一个贵族被剃了发也就失去了尊严与应有的特权了，何况还要同时受钳刑呢（汉代髡钳之刑并提，钳刑是用铁圈套在受刑者颈部）。

《史记·季布栾布列传》更载："乃髡钳季布，衣褐衣，置广柳车中，并与其家僮数十人之鲁朱家所卖之。"一夕之间贵族便将沦为奴仆。

古代墓葬除了具有等级的特点外，在前期还出现了殉葬。殷商、周代时都有人殉的情况，这从墓穴遗址发掘和一些书籍记载中可知。如《墨子·节葬篇》中就有对周代殉葬的记载："天子杀殉，众者数百，寡者数十。将军大夫杀殉，众者数十，寡者数人。"这里还明白地显示出，殉葬人数也是根据墓主的地位等级来定的。这类"杀殉"是带有强制性的，殉葬者由于身份地位居于死者之下，不得不从死。

除此之外，还有一种自愿性的殉葬。徐悲鸿先生描绘的一幅名画《田横五百士》中五百士，就是自愿为死去的田横殉葬的，这可以说是"士为知己者死"的传统道德观所致。在中国古代的各大家中，墨家是赞成殉死的，《墨子·非命上篇》中说："君有难则死，出亡则送，此上之所赏而百姓之所誉也。"墨家认为，如果人殉是出于自己的道义感，那么不仅不应反对，还应该嘉奖。《吕氏春秋·上德篇》中记载的一则故事最能说明墨家的这种思想倾向。墨家是一个组织严密，带有宗教性质的派系，领导者被称为"巨子"，代代相传。到了第三代巨子孟胜时，阳城君卒，孟胜要为其殉死，死前他把巨子的位子传给了田襄子，并命两个人去通知田襄子。孟胜死后，有弟子一百多人从死，那两个传达命令的人也要殉死，田襄子就劝阻他们，说自己已是巨子，以巨子的身份让他们俩不要死，但两人不听，还是为孟胜殉死了。

春秋战国时，虽然仍有殉葬存在，但也开始有人提出反对意见了。《礼记》中就有这样的记载，说陈乾昔要死的时候，让他的兄弟和儿子为他造一口大棺材，好让他的两个宠婢殉葬，但他的儿子表示反对，说："殉葬非礼，安能为之？"战国末期，大量人殉的现象渐渐不见，不过并未完全废止。直到中国最后一个封建皇朝——清朝仍有殉葬现象：一是努尔哈赤死后，皇后、妃子殉死；一是顺治帝宠妃董鄂氏死后，顺治也曾令人殉死陪葬。

其实，殉死陪葬从很大程度上来说，是出于对"死"的重视，重视到"事死如事生"，期盼死后还能像生前一样，吃喝用度不愁，行走坐卧有人侍候。因此，即使在没有人殉的几个封建朝代，陵墓依然会有很多其他随葬品，如珍贵器皿、银钱等。因为财富的诱惑，或是由于生活所迫，墓地总会被人挖掘偷盗，葬品便不知所踪了。虽然历代均有严格禁令，并对捕获者处以极刑，但仍禁而不绝。死后无法像生前一样安享荣华富贵，恐怕是那些家财万贯的墓主们倍觉遗憾的事了。

对于中国古代广大的穷苦人民来说，不要说殉葬、陪葬，可能连一般墓穴也建造不起，所以那些如宫殿般的陵墓，对人们来说带有浓郁的神秘色彩，因而，围绕着陵墓也就产生了许多离奇的幻想故事与传说。

北京的海子水库，水面曲折，山形奇特，空气清新，风光自然、优美。传说，金代的章宗皇帝经常带着心爱的女儿金花公主来游玩，公主非常喜欢这里，她病逝后章宗就在此建墓埋葬她。墓里陪葬有很多值钱的宝贝，有些人就打起了它们的主意，可是，先辈人说，这墓是请能人念了咒语的，动它的人不但什么也得不到，还会陪上性命。但又传说有一个破解之法，就是一家要有十个儿子，即可安然进出墓地。当时，有这么一家，家中有九个儿子和一个女儿，女儿是老大已经嫁人了，而女婿向来被称为半子，那么凑在一起倒是十个。于是，这十个人拿着挖掘的工具进了公主墓，正大袋小袋往外拿的时候，小儿子不知为何突然叫了一声姐夫，这下可不得了，几道石门全都迅速地关上了，一个人也没出得来。从此以后，就没人再敢去了。

丧葬为的是死去的人，人死后就进入了地府。地府除了人死后的鬼魂外，还有

浙江永嘉苍坡村仁济庙、寨墙及古柏

金门某村落的镇村小庙

牛头马面等小鬼，及主宰阴间的阎罗王，他们组成了人类臆想中的地界。

天界、人界、地界既是截然不同的空间，同时又有着无法割裂的联系。

第十三讲

村落选址与规划

中国地大物博、幅员辽阔，地形也复杂多变，既有纵横交错的山脉，也有壮阔的高原、极目千里的平原、巨大的盆地、阶梯式的丘陵，而总体上来说，这种变化是由低到高逐渐上升的，并与由东向西这个走向是对应的。

中国又是一个多山的国家，山地的面积占全国土地总面积的三分之二，山地地形起伏多变，按山地地区的范围可分为大片地形和小片地形。大片地形的选择及特征主要与城镇村寨的选址有关，大片地形按其地形地貌特征可分为浅丘地区、浅丘兼深丘地区、深丘地区等；小片地形的地形地貌特征对民居布局和民居形态有较大影响，它可分为山丘形、山梁形、坪台形、山嘴形、山坳形、盆地形、夹谷形、山垭形等形式。

中国的传统村镇是在自给自足的农业经济的基础上建立起来的，所以它们的选址多考虑要靠近农田或山林，以方便生产并能留有发展余地，同时还要能与周围的山水形势相协调。随着不断的发展与经验总结，人们建村落时不但讲究实际的功用，还重视起了"吉利"因素，逐渐形成所谓建筑风水学。

风水也称地相，《风水辨》中有云："所谓风者，取其山势之藏纳……不冲冒四面之风；所谓水者，取其地势之高燥，无使用权水肤、亲肤而已，若水势屈曲又环向之，又其第二义也。""地相"其实是用直观的方法来体会、了解环境面貌，寻找具有美感的地理环境。对应在实际环境中，往往认为蕴藏山水之"气"的地方是最理想的。总体来说，满足"好风水"要求的聚落选址原则包括：坐北朝南，面迎阳光；背依山丘，前有对景，左右有适于防御的小的丘陵环护；近水，最好位于水流环抱的区域。

民居建筑是人们生活的物质载体，起居坐息、奉亲会友、读书写字等都在这里，是维护一家一户私密的封闭空间。因此，一般来说，它的形式是每个家庭各自主观要求的体现。但是事实上，每个家庭的生产生活都不是孤立于其他人之外的，至少要有

安徽歙县某村落正建在三面有山两侧有路的平地上

一个“群”的概念，也就是一定范围内的生活圈子，人们之间有着相互联系，民居建筑之间也相互影响与依存。那么，这种在一定范围内的群体的圈子即是起初的聚落，后来则发展成为传统的村镇。

我们这里所说的传统的村镇是与官建的城镇，如首都、县城、卫所等是不同的，它是指一些由所居处的村民自发建立的村落，是散布在全国各地的村镇，是按实际的或农耕、或渔业、或集贸等要求而发展起来的。它们多因地制宜，灵活机动，变化多端。

中国传统民居大多是与村镇相融的，即村镇是由众多的单个民居组构而成，特别是在中国的南方，这种关系尤其明显。如楠溪江中游的几个村镇就很有代表性。

楠溪江位于浙江省东南部，是瓯江下游北侧的最后一条支流。楠溪江大体呈南北走向，其东西两侧支流发达，俯视其整体就像是一棵长满枝丫的大树，流域面积达2400多平方公里。楠溪江流域是火山岩丘陵区，域内山峰林立，特别是上游地区千米以上的山峰不算罕见，而向下游则渐为冲击平原。

楠溪江流域整体来说是山川灵秀，江水荡漾，风景如画。其美妙多有文人雅士吟咏：“澄碧浓蓝夹路回，崎岖迢递入岩隈；人家隔树参差见，野径当山次第开。乱鸟

浙江永嘉楠溪江村落溪流水潭，环境清幽怡人

林间饶舌过，好峰天外掉头来；莫嫌此地成萧瑟，一緉茅鞋去复回。”

楠溪江流域的地形呈袋状封闭式，东、西、北三面环山，只有南端向瓯江敞开一口，这对当地的气候有一定影响。一般一月份平均9摄氏度，七月份平均29摄氏度，四季分布不均。夏秋之交台风频繁，暴雨如注，虽出现过雨水淹没田地的情况，但消除了伏旱与暑热。总体来说，气候温暖湿润，因此适宜生长亚热带常绿阔叶植物。而一年内长达280多天的无霜期，非常利于农作物生长：稻麦肥壮，一年可三熟；玉米、薏米等也都生长茂盛。

在这片风景秀丽而又适合农作物生长的地域中，以中游盆地最为繁荣富庶，因而，村落多聚集此处，如岩头村、港头村、芙蓉村、苍坡村等。同时，由于流域内县际和乡间的道路多沿江而走，江上又有舟楫之便，所以，大多数的村落都建在沿江两岸。当炊烟袅袅升起之时，于田间地头望去，隔着参差的林梢，鱼鳞似的瓦片笼罩在一片轻雾之中，是那样的古朴、亲切，而又飘渺、神秘。

据几处新石器时代的文化遗址看，楠溪江下游的文化史开始得很早，不过开始时发展缓慢而人口稀少，直到西晋末年中原动乱致使人口大迁移，南渡的中原士族带来的文化综合了本地文化，楠溪江也开始了新的历史。东晋明帝时设立永嘉郡，辖楠溪

楠溪江村落外部的流泉飞瀑，是楠溪江村落美景的一部分

江，楠溪江的文化发展除了受中原移民影响外，更有几位中国文化史上璀粲的星辰的促成。东晋大书法家王羲之，《三国志》注者、刘宋史学家裴松之，刘宋诗赋家孙绰，被喻为中国第一位山水诗人的谢灵运，及骈文体文学家丘迟等，在永嘉设郡后都先后来此任郡守。

楠溪江文化由起始至清末，最高峰是在南宋时期，因为宋朝皇室偏安江南一隅，又致使大规模衣冠南渡，再次把中原的先进文化带到了东南沿海。加上此时楠溪科甲盛，为官者众多，更促进了文化发展。而明清易代之时，楠溪江却遭到严重破坏，也算是有荣有衰。不过，自唐以后村落生活还是以安定时期居多，因此，楠溪江的乡土建筑也就在这种恬淡安然的气氛中存在与流传。

开发楠溪江的先人们全都把村落建在风景优美之处。据说谢灵运的后裔即是如此，他们原本定居在郡城，但有一次“诜五五公游楠溪，见鹤阳之胜，又自郡城迁居鹤阳”（《重修鹤阳谢氏宗谱序》）。塘湾村始迁祖也因“爱其山水之胜，遂家焉。”其他很多村子的宗谱里也都记载有类似的选址故事。

楠溪江中游的古村落建设大都经过完整的规划，像苍坡村、岩头村、塘湾村、芙蓉村等，不但建得比较早，而且还基本保持了规划之初的形态。由现状来看，村落的规划主要包括选址、水系、布局、防御等方面，这几者看来是各不相同，但实际又是相互联系或相互融合的。

选址是建设一个村落最先要进行的工作，楠溪江的村落在建立之初，都非常重视选址。并且因为当地经济以农耕为主，所以村落选址首先考虑对农业生产有影响的因素，如山、水、地及交通等。

《渠川叶氏宗谱》里说：“渠口，吾祖光宗公发祥之所也。阅世三十有三，历年千百有余。围绕者数百家，沿缘者七八里。凤山翥其西，雷峰峙其东，南有屿山，而其外有大溪环之。中穿一渠，可以灌田。而其北则层峦叠翠，不一其状。有径可通四处，田高下横遂，布列如画挂然。泉流涓涓，声与耳谋。地僻非僻，山贫不贫。有樵可采，有秫可种，有美可茹，有鲜可食。桑麻蔽野，禾稼连畦。巡笋地而挑衣，趋茶天而焙牛……”这一段对渠口村落环境的描写，就提到了山川形势、水利、交通，及农业、林业、渔业等方面的情况，并且可以看出它是一个条件很不错的地方，即所谓“形胜”之地。

对于以农耕为主的楠溪江人来说，村落选址时最重要的考量当然是土地，有了足够的可耕地，农业生产才能自给，所以楠溪江村落多位于中游的盆地中。一般宽敞的盆地里，村落大多占用平地，形态集中而方正，如岩头、苍坡；而较狭窄的河谷平川里，村落大多依傍山坡而建，以让出耕地来，这样的村落规模多不大，且顺等高线呈带状排列，如蓬溪村；还有些村落就只能建在河滩上了。

除耕地外要考虑的是水利，这既包括方便用水也包括避免水害，特别是水害处理，因为楠溪江流域每年的夏季都有台风暴雨，会引起江水骤涨，所以为了防洪，村落多建在沉积岸一侧而避开冲刷岸。这在风水上叫做村落前有“腰带水”，也称金城水、玉带水，并附会“门前若有玉带水，高官必定容易起；出人代代读书声，荣显富贵耀门阁。”其实，风水好坏只是影响住宅的实际居住情况，并不会因此影

后有靠山、前有良田的皖南村落

浙江永嘉楠溪江罗浮双塔之一，是村落的至高屏障

响到门庭繁盛等问题，而风水师说腰带水有情，也只是从它的环抱姿态引申而来。有一些建在冲刷岸也安然无恙的村落实例，就可以推翻这些带有迷信色彩的风水说。如珠岸村，因为楠溪江流域多火山流纹岩，质地坚硬，这些处于冲刷岸地段的村落也没有什么危险。

楠溪江的许多始迁祖都是因避难才来到这里的，因此安全也是重点考虑的问题。备受战乱之苦的人们，希望可以找到一块平静的土地安然过活，而楠溪江又不是真正的世外桃源，所以来到这里的人们，多选择较闭塞或易守难攻的环境建立家园。蓬溪村就是一个这种选址的好例子，它四面被高山环绕，只在北面有一个小小的开口，却又被溪水阻隔，要进入这个袋形谷地，只有一条路——架设在溪边悬崖峭壁上的栈道。不过，后来开山修路，栈道也就因没有存在的必要而被炸毁。

选择这种闭塞之地居住，大多是出于安全考虑，还有一些则是为了避世深隐，如花坛村始迁祖操隐公的墓志上就说他“见世荒乱，民多聚盗，弃官不仕，家于温。初居城东花柳塘。初欲隐，但目击理乱，关心竟不能释。再迁罗浮，而大乱……乃定居于清通乡之珍川。其地山明水秀，禽鸟和鸣，林深谷邃，景物幽清。乃置功名于度外，付理乱于不闻。”

楠溪江各地的小气候因为地形多变而有很大差别，因此村落选址也很重视小气候。

皖南背山临水村落

好的小气候让居住者舒服，同时也有利于草木的生长，而草木的生长往往又能改善小气候，这样的地方自然是居住的吉利之所。如鹤阳村就位于一个被腰带水紧紧从三面环抱住的向阳山坡上，前有鹤溪漾碧，后有锦屏叠翠，光照充足，气候温暖、舒适。

楠溪江文风鼎盛，人们在耕种之余读书吟咏，因而对自然之美有着敏锐的感受力，这当然也影响了他们对村落的选址。楠溪江本就风景如画，人们又选那画中更美处，例如优美挺拔的芙蓉峰，芙蓉村、岩头村、下园村等，都拿它作为建村的地标及乡里风光的借景。

围绕村落选址，还有一些美好的故事，《梁川叶氏宗谱》里就有这类记载，说其始迁祖叶恩在北宋末年方腊起义时，为寻找参与起义的弟弟叶惠而来到这里，夜里梦到一位白胡子老头，说此地有莲花一枝，可依此居住。第二天起来后，叶氏见到虎屿山与前山之间溪水潆洄，“其形若倒地莲花，遂挈家居焉。”叶氏大宗祠里还有一副楹联记载这个故事：“应梦赐莲花，看一枝倒地垂形，一姓雅宜君子爱；响卜详品字，象三口因文会意，三乡衍族丁口昌。”

村落地址选好以后，规划与建设的起点就是兴修水系。水是农业生产的命脉，因此在农业社会里，兴修水利自然也就成了头等大事。饮用、洗涤、农产品加工，及灭火救灾等都要用到水，水还可以改善小气候、美化环境。而实际上不会有如此多适合的自然水形，所以要实现这些功用，必然要有一个人工规划、疏通的过程。

根据适用性的不同，可将楠溪江居民水系分为农田与村落两种。村落水系，一是供水，将水引进村子尽可能方便每家每户日常使用；二是排水，把用过的污水、雨水等导出村外。村落水系根据所处的位置不同，又可分为平川地和山坡地两种，另有少数两种混合和特殊形式。

苍坡、岩头、芙蓉等村的水系都属于平川地水系，其规划设置与农田相似，街道网把村落大体分为若干均匀地块，水道则沿街流经全村，建房屋的地块就相当于种庄稼的地块。“水如棋局分街陌，山似屏帏绕画楼。”在水渠边上隔一段便会有一两步石级，或横跨水渠的石板，作为妇女们浣洗之处。众多的妇女齐齐汇聚河边，还有跟来玩耍的小孩子，洗衣声、欢笑声和着潺潺流水声，显出一派温暖、纯美的乡野风光。

楠溪江妇女们用的洗衣盆是当地独具特色的用具，它的样子就像一只大胖鹅，所以称为鹅兜，非常可爱而且使用方便。木制的长柄就是曲线优美的鹅颈，顶端雕着简单而生动的鹅头，鹅的身子就是可以盛衣服的木盆。这确是独特美观的造型与实用功能巧妙的结合。而“鹅”般的造型，不禁让人联想到了那位曾任永嘉太守的爱鹅的王羲之。

塘湾村、坦下村、水云村等，因为位于山坡上，水系也是与平川地不同的山坡水系。这些水系最重要的作用是宣泄山洪，主要的泄洪水道多是天然的冲沟，两岸再经人工砌筑加固，这样的水道不便日常使用。村民用水则是靠筑池塘蓄水，凿井升水，或用毛竹引山泉。而蓬溪村因为附近的山高耸而幽深，除了山洪之外，还有常年不断的溪水，因而其水系也是既有冲沟又有沿街水渠的复合式。

当村子无法引水成渠时，人们便采用开挖水井等取水之法，这就出现了不同于以上两种的较特殊的村落水系。

村落的布局结构是其规划的一个基本内容，处在自然经济条件下的楠溪江村落布局比较简单，大体来说，涉及边界范围、街巷网、公共空间、功能分区、水系等几个方面。

楠溪江中游村落大多有明确的边界，像自然的山、水，乃至人工的寨墙、防洪堤、拦水坝等。这些边界是村落范围的界定，也是对外的防御设施。寨墙的界定性与防御性最强，由蛮石和大块的卵石砌成，高2米左右，厚度近1米，并且在朝向大路的一面只开设一个大门。而为了方便农耕，则在对着农田的一面开设两三个门。

规划建设这样防御性很强的村落，自然需要村民之间有很强的内聚力，也恰因为此，楠溪江的村落只能是排他的单姓血缘村落。边界确定，寨外也不再建房屋，所以村落在规划时多会预留供发展用的空地，如果人口增加到村内无法承受时，就要有一些人迁出另建新村，而原村的范围不会改变。

楠溪村的村落大小相差很远，大的可达三四百亩，小的只有百亩。造成村落大小的因素很多，主要是位置和建筑时间。从位置上来说，一般是平地上的村子比山坡上的大，盆地上的村子比河谷里的大，大盆地的村子比小盆地的大。从时间上来看，则是建筑年代晚的比建筑年代早的村子大。

不论村子大小，为了通行方便与相互联系都设有街巷。

平川地带的村落街巷网，多与村落边界一样方正整齐，且成直角相交，而一些地形不十分平坦的村落，街巷网也力求方正。每村都有一条主要大街贯穿全村，与主街垂直的几条街是次街，次街之间则由小巷连接。主街的起点往往是村子最重要的礼制中心，通常包括村门与大宗祠；村内的重要建筑、标志物、休闲中心等，也多在主街上。

山坡地村落的街道同样因地形的限制，不若平地上村落的街道方整，一般是主街与较大的次街沿着等高线伸展，之间以带有台阶或斜坡的小街相连。

楠溪江人重视环境景观，街角、房舍的旁边，往往在空处种植树木、青竹等。不高的院墙，墙头绿树成荫，形成极富画意的景观。而街上又有一些小的空地，置着石桌石凳，夕阳下，晚风中，劳累了一天的人们在街边小坐，聊着天南海北的轶闻旧事，

楠溪江村落中的街巷设置

也谈论眼前的生产生活，或喜悦或忧虑，交流着心声，培养邻里之间的情谊。

除了街头自然形成的小场地外，村落中大多还会有一个经过规划、设计的休闲中心，宽阔、整齐，建筑艺术质量也比较高，如芙蓉村的芙蓉池、芙蓉亭等处。这类休闲中心地位很重要，一般设在村子的中央，有很强的观赏性，能丰富村落景观层次，有些还同时具有礼乐教化的意义。

街道的景象与人文景观，反映了楠溪江村落独特的文化背景与人文精神，既有农民的坦诚、朴实，又有仕人的儒雅、灵秀。

除了生活需要、安全防御和讲求环境优美外，楠溪江各村落在规划时，也常常附会有风水堪舆之说。人们以农耕为主，对自然条件依赖很深，为适应变幻莫测的自然，规划村落时往往要讲求风水与环境相配，借此满足生产、居住与心理需要。同时，由于自王、谢以来众多博学太守倡导的文风，以及科举制度的影响，乡人又把读书考取进士当成一个理想与较高的追求，那么，这也同时会在风水中反映出来。各村几乎都有相应的风水地形与规划，以求能文运昌盛，子弟登科。

堪舆风水无非是说自然的地形地物能决定人的命运。宋代王洙等所撰《地理新书》中说："地之有丘陵川泽，犹天之有日月星辰。地则有夷险，天则有变动，皆有自然吉凶之符应乎人者也。其吉凶安所生哉？在其象而已矣！"风水虽说有不可信的地方，但在某些方面却是有一定道理的，并且从它趋吉避凶的意义上来说，平凡的人们信任它，是希望能借此实现自己的美好愿望与追求。

村落与建筑讲究风水营造，自然离不开堪舆师。堪舆师本就要有一定的文化素养与地理知识，而在楠溪江这个重"文"之地，堪舆师更与"文"紧密相连，如岩头村的九峰先生即是，"凡经史以及诸子百家无不娴，且究心星学，陶情音律，至于制艺歌词，皆其余事耳。"堪舆师几乎都出自乡土文人阶层，使得风水堪舆成了楠溪江士绅乡贤影响村落规划与建设的又一个途径。

儒学是上层的雅文化，而术数则是下层的俗文化，原本是不同类、不相关的，但中国早在汉代独尊儒术的时候，其实已经把二者结合起来了，儒者把堪舆术当成一般文化知识来学，只在太过于怪力乱神时才加以驳斥。楠溪江兼有士绅与堪舆师双重身份的人，虽在风水问题上会有一些不正确的言行，但他们毕竟富有经验、阅历与一定的文化素养，因而更能对一些问题做出合乎实际的判断。

从一些流传的村落规划故事上，也可以看出人们对于有文化的堪舆师的尊崇。苍坡、岩头、芙蓉等村就传是国师李自实规划。苍坡村在南宋淳熙五年时，九世祖李嵩请李自实规划寨墙、街道、池水。李氏使主街直指西方远处的笔架山，并将街名命为笔街；因笔架山形似火焰，为防引火烧村而在笔街东端挖掘池塘；池塘边附

楠溪江苍坡村文房四宝俱全的村落规划

有两块4米多的长条石。这样一来，池成了砚池，条石成了墨锭，苍坡村为纸，则笔墨纸砚俱全了。而芙蓉村也说在元至正元年重建时，是请李自实看风水而规划的。

宋淳熙至元至正，在时间上还说得过去，但明代嘉靖年间桂林公请李自实规划岩头村可就是根本不可能的事了，因为一个李自实是怎么也不能由宋代活到明代的。不过，越是这种不可能的事，传说也就越生动、离奇、有趣。据说，当桂林公请来李自实后，李氏还问他是希望“紧发”，还是“慢发”，桂林公不解，李氏解释说，“紧发”也就是快速发迹，只将金姓围在寨墙内，但这样的规划会使发迹的前途有限；“慢发”也就是发达得比较慢，是把杂姓者也围在寨墙内，这种规划法会使村落前途更繁荣而长久。在桂林公选择了“紧发”之后，李氏又指出村东的屿山是一条大蟒蛇幻化而成，会对村中的人不利，便在村中规划四条东西向的窄巷象征利箭，以及两条东端分叉和一条东端曲折的小巷象征镗，来共同镇压蟒蛇。

这样的传说故事是荒诞虚妄的，但它至少说明当时确有人对村子的规划提出建议，不管合理与否。

楠溪江村落建设风水首先表现在选址上，以为最好在东南方（也就是巽位）有

浙江省东南部的楠溪村落

圆锥形的山峰作为文笔峰，如果山不够高则人工培土，还不理想则于其上造文峰塔。有了文笔峰就要有墨池，没有天然的池水则进行人工开挖。当然，最好是文房四宝俱全，即规划出象征性的笔墨纸砚，就像前面所提到的苍坡村，长300米的笔街、街旁砚池、池侧墨锭似的长条石、纸张形状的村子。

另有一种较复杂的风水营造是在规划里造“七星八斗”，以寓意村里将会不断出现文化上的杰出人才，芙蓉村就有这种构思。芙蓉村的“星”是丁字路口一方高出其他街面的卵石铺地，“斗”则是水池。

由文房四宝和七星八斗等的营造上，可以看出楠溪江人对科举功名的热烈向往。这种向往推动了义塾、书院、文昌阁等类建筑的建设，逐渐使楠溪江获得“小邹鲁”之称。乾隆《永嘉县志》转引《旧志》说：“晋立郡城，生齿日烦，王右军导之以文教，谢康乐继之，乃知向方。自是家务为学，至宋遂称小邹鲁。”王右军也就是王羲之，谢康乐即为谢灵运。

楠溪江很多村落建设都是经过统一规划的，但建设之后如何能长期坚持规划管理呢？这就必须要有一定的管理组织，在楠溪江，这种管理组织就是宗族。楠溪江几乎都是有血缘的单姓村落，因此虽然有政府的行政系统，但在传统的农业社会，宗族组织才是实际上的村落政权机构，这由村子里有大大小小的宗祠却没有地方行政机构的公廨就可以看出来。

由汉至唐近千年的门阀制度到了宋代彻底消失，代之而起的社会组织力量就是宗族。宋代时的一些文士名流如范仲淹、苏轼、欧阳询等，都曾顺应地方情况而加强宗族组织建设：范仲淹提倡宗族设义田，抚老恤贫，以保证族人基本衣食；苏轼和欧阳恂则是倡导宗谱学，并各设计谱式。

宋代理学发展繁荣，产生了很多理学大家：程颢、程颐、吕大钧、朱熹等，其影响也很大。吕大钧首先提倡《乡约》，作为宗族组织管理条例，并在他的家乡陕西蓝田推行，关中风俗为之一变。南渡之后，朱熹在南方推行吕氏乡约，楠溪江的主要宗族多在此时形成。明代时，先任永嘉县令，后任温州知府的文林，制定了一套与吕氏乡约一脉相承的族范在温州各县推行，楠溪江各族也都响应，纷纷将之写入族谱。

这套族范就成了楠溪江各宗族的基本法，主要内容包括族长、族正、族宾、族献、主籍、司学、司讼、司恤、司直、司纠、值月等组织成员的选择、任用及其职能，这些职能也同时就是约束族人的法规。

在这些管理者中，除了族长按“以齿不以爵，以齿不以尊”的惯例任用外，其余各职司都只能由有文化的人担任，因此，村落的各项基本权力总体来说是掌握在士绅乡贤手里的，那么他们的素质自然也就影响与决定了村落的命运与面貌。楠溪江的士绅乡贤主要是绝意进仕、举业不成及辞官还乡的读书人，他们受过良好的文化教育，并在吟咏论学之余热心乡里建设，因而，他们的文化修养也就或多或少地溶于村落风貌中。

村落的规划都在初期，早已没有可靠资料，但各族宗谱中对热心乡里规划与建设的人多有记述，如《两源陈氏宗谱》里就记载了芙蓉村陈氏有绪公的事迹：“有经济才，读书知大义……创神庙，建祖祠，增置祀田，造舟以济往来，筑防以利灌溉。公平生所为，有功于族党者未易枚举。”

士绅乡贤在乡里建设中的贡献主要是倡议、擘划、捐资，但具体的工程进行还得依靠宗族。《渠川叶氏宗谱》载有叶健等倡议发起的重修渠口叶氏大宗祠一事：“会同两房商议，仰体先人创建之心，各出己资，重建宗祠。择本年八月初六起工切木，来春二月初一日竖造。当日估算，材木几何，椽木几何，考工几何，约用银陆百两。”

士绅乡贤的文化素养与山水情怀转化在建筑中，使建筑展现出大方素雅的风格，追求与自然山水的融洽，而不事奢华。

在楠溪江各村落的规划中，以岩头村和塘湾村最为典型，前者是平地村落的代表，后者是山坡村落的代表。

岩头村位于楠溪江中游大盆地的中央，也是盆地内最大的村子，面积将近300亩。村东即为楠溪江，北面是一条溪水，西面不远是丘陵，向南不过2里就是芙蓉村。村东一直到楠溪江边都是广阔的农田。

关于岩头村的初建年代目前尚不确定，仅在《岩头金氏宗谱》中就有多种说法，也并没有确定其真伪，如果以始迁祖为刘进之的话，村落当建于南宋初年。其后，明

皖南歙县呈坎村靠山临水民居

代嘉靖年间有过一次大规模的重建。在这次重建中，有两位有突出贡献的人，一位是嘉靖乙丑进士金昭霞峰公，一位是屡试不第的桂林公，尤其是桂林公对岩头村建设的贡献最大。岩头村规划除了民居外，主要有街道、水系、园林等部分，进士牌楼、苏式店面、丽水街、塔湖庙等分别从属于各部分。

岩头村的正门是北门，叫做仁道门，为纪念始迁祖刘进之乐善好施而造。大门所对着的南北大街名进士街，旧名门前街，现在则被分作两段，北为金苍路，南称菊花街；与菊花街平行的还有浚水街、中央街、花前街；在这些街道和金苍路之间贯穿一条横街，直通村东门献义门。这几条街道是岩头村最主要的大街，宽度多在5米以上，只有浚水街宽4.5米，但东侧却有近3米宽的水渠。大街之间就是被称作“箭”的窄而直的小巷。

在这几条大街之间，从南到北各有三进两院的大宅七座，由桂林公主持建造，规模严整，气魄宏大，几乎占据了村落一半以上的面积，所以，每一幢都是由数家合住的。但清代道光年间，枫林村人因争柴山与岩头村人结仇，竟向朝廷密告岩头人勾结“长毛”，结果清朝派兵围剿并烧毁了村中大部分房屋，这批大宅无一幸免。

苏式店面位于村落的中央，即进士街与横街相交的丁字路口。苏式店面是整个楠溪江农村中最为华丽的店铺，共有三座，两座在北一座在南，均为两层楼建筑，装饰有精巧的木栏杆和漂亮的垂莲柱，华丽多姿，与楠溪江建筑的朴素风格完全不同，一望而知其来自外地。地方宗族一向鄙视商业，不但限制子孙从商，甚至在宗谱中明令不准在大街上建商店，但岩头村的苏式店面却堂而皇之地座落在村子中央，不能不说是一个异数。

岩头村的水系规划，为了方便村民使用，主要是沿大街开挖设置。它的起点在村北约2里处的双浚头。先将溪水引进地下水库穿过堤坝，经明渠流到村西北角的上花园，在上花园分为前浚与后浚。前浚顺北寨墙东流至仁道门，然后傍进士街南流，陆续分岔到比较宽的小街供居民使用。后浚则由上花园向南流至横街分岔，一支沿横街东流，一支沿浚水街继续南流。

沿横街东流的水，最终出献义门并形成石亭湖、状元湖，再东流则进入楠溪江，另有一小部分汇入丽水湖可灌溉农田。顺浚水街南下的水至汤山折而向东，在汤山东北角分为两支。一支进入宦湖并向东绕琴屿后，分别进入丽水湖与镇南湖；另一支先形成智水湖，再向南经塔湖庙底涵洞进入右军池，然后一部分出堤坝灌溉农田，一部分经森秀轩下涵洞流入镇南湖。

由北面的双浚头绕村后到楠溪江，水系设计巧妙，大小湖之间多相连相通，村边湖泊也多能向村外农田输水，水在村内则方便村民使用，内外兼顾而又各成绝妙的水流景观。

水流景观最佳处，当是村落东南部的公园区。公园区内湖水都由水系汇集而成，主要有智水湖、进宦湖、镇南湖、丽水湖，建筑则有森秀轩、塔湖庙、戏台、接官亭、乘风亭，另有一条沿湖商业街——丽水街。因为塔湖庙居中，所以这里也称塔湖庙景区。

塔湖庙和戏台都建在琴屿上，塔湖庙在西，戏台在东。琴屿也就是进宦湖与镇南湖之间的水中半岛，周围碧水环绕，岛上建筑参差，水边树木葱郁，景色怡人，如诗如画。

塔湖庙建于明代嘉靖年间，共有三进两院，大殿后的小院是个水池，池中满植荷花，夏季里是“接天莲叶无穷碧，映日荷花别样红”。塔湖庙内供有岩头村人信奉的守护神，庙外的戏台就是村民演戏酬神的地方。塔湖庙虽是一座祭祀性建筑，但实际上也是村落中具有休息、游赏功能的园林。

接官亭位于琴屿东南部，隔一道镇南湖水。接官亭也叫花亭，是过去族中长老处理村中纠纷的地方。小亭为双重檐，檐角微翘，脊上雕有神兽等形象，顶部中心立葫芦形宝顶。亭下柱间设有美人靠。整座小亭沉静典雅而活泼可爱，是楠溪江最出色的小品建筑之一。小亭名“接官”，不一定接迎过几个官员，倒是向往科举功名的意味更浓一些。

琴屿东部即整个村落的东南边缘，是一条长达300米的商业街，建立在村落东边的蓄水堤上，因依着丽水湖而名丽水街。前为一条3米宽的路，后为一列两层楼的商店，店前有出檐，利于行人遮阳避雨，檐缘处有廊柱，柱下设美人靠，行人可在此停坐休息，也可凭栏眺望堤外的丽水湖风光。

丽水街蓄水堤建于明代嘉靖年间，建成之初地方宗族规定堤上只许种植花草树木与建亭，不准筑屋经商，但到了清代商业大盛，商人由沿海赴内地，此长堤成了必经之路，清末时形成商业街，这是不可阻挡的经济发展规律。街前隔不远就会设一道通到水面的台阶，便于居民日常用水，也增添了一抹水乡风光，而长街尽处略呈弧形的变化，则消除了其单调性。

丽水街的北端有一座亭子，因常有老人闲坐聊天，所以村人称其为“老人亭”。丽水街的南端是寨墙的南门，边上也有一座亭子，名乘风亭，在接官亭东面不远处。街头街尾皆有小亭，成为岩头村建筑的一大特色。

岩头村这个公园区的景致与建筑设置，都是由桂林公主持规划，因而村人在宗谱中赞他贡献最大：“由始迁岩头以来，列祖非无建造，而兴利之多，功德之胜，应推府君为第一。”为了给自己一个安静的读书处，更为了使这片风景区更加完美，他又于嘉靖年间在塔湖庙南面的右军池旁建造了森秀轩书斋。建成后桂林公还作《森秀轩记》一篇：“今日之森秀，美矣丽矣，设不幸而不能发其秀、显其奇，则虽曲水也而乏流觞之咏，长堤也而无走马之欢。紫薇夹岸，自开自落，绿柳垂门，谁歌谁舞？菰

理想的民居风水环境

米怨黑云之沉，莲房悲粉影之坠，求其如轩之少长咸集，论列品评，或高卧羲皇之枕，或沉醉阮籍之怀，敲诗煮茗，消溽暑于青荫，酌酒谈棋，披熏风于曲槛，明于斯，晦于斯，风雨流连而不息者，安可得乎！”闲庭散步、赏花观鸟、载酒行歌、流觞赋诗，散淡而潇洒的生活，是高洁文人近乎完美的理想与追求。

桂林公因多次应试都没有结果，觉得求取功名无望，便“转而习青囊，相宅卜地。”因此，他的规划除了考虑到实际需要外还有风水因素。智水湖西南侧汤山上的文峰塔，就是一座非常讲究风水的建筑，因为汤山对于整个岩头村来说位处东南，也就是八卦中的巽位，在这个位置建文峰塔，在堪舆中来说，非常有利于科甲。后来，村人又在山坡上建了文昌阁，以增加这种风水气势。但目前这两座建筑都已不存，仅余遗址而已，撇开“风水”不谈，就景观上来说，这两座建筑的损毁也是一个遗憾。

与东南部轻松美妙的湖水景区相对的，是西北部严肃端正的礼制中心建筑区。

由北面的仁道门进入村子，首先看到的就是气势雄伟、巍然的进士牌楼，它便是乙丑进士金昭霞峰公所建造，并且是嘉靖皇帝御赐。牌楼通高约7米，面宽约8米，三间四柱式，柱上的月梁饱满而优雅，木构件层次多而分明。它是楠溪江同类建筑中气派、规模最大的一座。

金霞峰中进士后，曾先后任大理寺左寺右寺副和瑞州知府。除了进士牌楼外，他还在岩头村建造了金氏大宗祠、上花园、下花园。大宗祠位于进士牌楼的北面、进士街的西侧，坐北朝南。这几者中，目前只有牌楼完好，大宗祠仅存两进大厅和钟鼓楼，上花园还可辨部分遗址，下花园则完全湮没了。

仁道门内与大宗祠相对处，有一座清代嘉庆年间建造的石质谢氏贞节坊。它与仁道门、金氏大宗祠、进士牌楼等，形成了岩头村最重要的礼制中心，集中表现了宗族的骄傲与荣誉。

山坡村与平地村落最大的不同，应当是耕地面积小，塘湾村尤其如此。

塘湾村位于大小楠溪的会合处，村落三面环山，一面临江，清光绪时又于临江处砌了一道寨墙，使村子越发封闭。这样的地方，对于古时避乱、隐遁是非常有利的，但对于经济生产来说，条件就是极严酷的了。《棠川郑氏宗谱·览前舆图有感》中说：“棠川之地，后有崇山峻岭，维石岩岩，前有两源九嶂，山溪环绕，生其地者莫不以山水所阻，憾其田少而人多，欲谋衣食且不给，奚暇治礼义哉！”

塘湾村的街道主要有三条，分别称为前街、中街、后街。而郑氏宗谱中，有宋代绍兴年间宁祖公为中街路和前街路铺砌石路面的记载，对照记载和现状来看，这两条路当是今天的后街与中街。

塘湾村的三条主街道都是沿等高线发展的，且街道笔直而相互平行，均为西北、东南走向，只是后街有三分之一的长度折向南。三条街道之间有横路贯穿，北端两条、南端一条，因为由前街向后街地势渐高，所以北端两条贯穿它们的横路有台阶。

三条街道都只有2米多宽，不过中街一侧又有2米多宽的泄洪沟，沟对岸为4米宽的绿化带，后街则串连着几个小广场。街道两侧也不是鳞次栉比的临街房屋，而是高不过2米的院墙，墙头探出青青翠竹或几棵果树。因此，整体来说三条街的街景是很开敞的。

塘湾村根据地形而取东北朝向，比如后街和中街的房屋，但中街与前街之间的房屋因建造得较晚，大多选择面向东南以朝向阳光。

塘湾村的水系主要由两条冲沟和三口池塘组成。

村落位于山坳陡坡，没有流量稳定的水源来供水，但却有来去迅猛的山洪，因此顺山势引出两条冲沟。一条发源于村西南的天岩，经过岩峰屏，沿村子的南缘走向东北。另一条发源于西北的和合峰，经过碧泉涧后进入村子，折向东南，傍着中街直达东南端并在此与源自天岩的冲沟会合，再一起向东至村子的东南角，出寨墙下的水关外风桥后进入楠溪江。

前、后、中三条大街的南端都有桥跨越冲沟，中街上有三座桥，分别是下栏桥、上方桥、中道桥，前街跨沟桥名外关桥，这些桥并非为了方便交通，而主要是出于风水的考虑。它们被总称为“三关四锁”，用来关、锁住村落的“气”。因为风水上说，冲沟直出村中央，是“陡泄明堂”，很不吉利，破解之法就是改直通为曲折，并加上四把锁。

而将冲沟从西北通过村落引至东南，实际作用当然是利于村落的排水，同时“水流出巽，如天地之势也”，也合风水的要求。东南角是水口，因此造了一座山隍庙、一座路亭，与寨墙下的外风桥，来共同掩映水口，锁住内气不让外泄。

其实，就欣赏角度而言，这些桥在村落景观上，也都是不错的、很美的设计。

山洪水来去迅急，水质也不清净，无法在需要时用来防旱、救火，也不能作为日常用水，因此，必须要挖池蓄水。《棠川郑氏宗谱·池塘记》中就记叙了清代光绪戊申年春天挖掘水池的情况：“戊申之春，花朝三日，郑氏族众诸董事等议于村之西、南、北三隅各凿一池……不数月而池成，但见滔滔文浪，青贮半湖；浩浩晴汶，光涵两岸。接林淑之鲜娱，披云烟之绰态。加之美号，锡之芳名：一曰澄观池，以为空水澄鲜，湛然如涌，尽足以供观眺之娱；一曰明鉴塘，夫鉴之为言镜也，水天一色，明澈如镜，故以为名；于此左旋，循北则又有洗砚沼焉，是沼也，清波泛泛，碧浪悠悠，有时砚彩鲜明……”

除了池塘之外，另挖有三口水井供饮食用水。现在三口池塘和三口水井均尚存两口。

塘湾村有一处非常实用而不错的规划，这就是中街地面下涵洞的设置。冲沟由和合峰经碧泉涧至松房祠后，就用石拱覆盖成了涵洞，涵洞过了松房祠折向东南在中街路地面下走，直到上方桥南才又出而成明沟。这样的规划，既扩大了村落公共中心的面积，又避免村子被冲沟分成两部分，保持了村落的统一感。

塘湾村的公共中心是综合性质的，并以礼制意义为主，中央即是郑氏大宗祠。大宗祠的西北是松房祠，东南是五桂祠。大宗祠的西侧，即与松房祠之间，有一口池塘可能就是洗砚池，这一带景致非常优美，竹树掩映着碧泉涧，背后高大的和合峰耸入云端，不远处还有卧龙岗。虽然松房祠前有台地，景致清幽，但因较僻静而少有人来。大宗祠的东侧是一个有数间商店的小广场，并且在东南端设有石栏、石凳可供坐息，加之旁边的冲沟及绿化带，这里遂成了村中重要的商业与休闲中心，且因上方桥而得名上方桥头。此外，大宗祠与五桂祠之间也有一个小广场。

除了上方桥头外，在村落的中心也就是后街中段的一个丁字路口，原有一座太平石牌坊，虽然已毁，但残存有柱脚和两块大石，人们称之为上马石，丁字路口也便因此得了上马石之名。石块就是天然的坐凳，所以这里也是村中一个重要的休闲中心。

总体看来，作为山坡村落的塘湾，要比作为平地村落的岩头，规划简单一些。

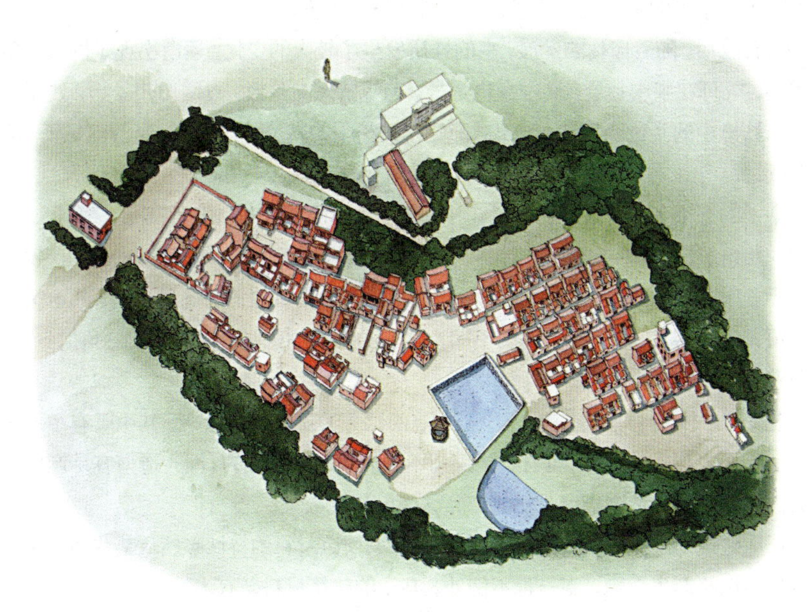

金门欧厝村鸟瞰图

第十四讲

村落的公共建筑

传统村落中的公共建筑有很多，而亭、牌坊、桥、寨门等是其中比较常见也比较特别的设置。比如说亭子，我们经常在园林中见到它，出现在村落中就感觉很特别。

亭是最能代表中国建筑特征的一种建筑形式。亭子的历史十分悠久，可以上溯到商周以前。汉代以前的亭子，根据其功能与位置分大致有四种，包括城市中的亭、驿站的驿亭、行政治所的亭、边防报警亭等。亭子的形象大致是一种四面凌空、又便于登高远眺的较高的建筑物，也就是说其形象非常显著，带有一种标志性作用。《说文解字》中给亭下的定义就是“亭有楼。从高省，丁声。”

魏晋以后，随着园林的发展，亭的性质发生了较大的变化，逐渐出现了供人游赏的小亭，既可在亭中赏景，其本身也是景。为观赏风光景致，点缀山川景物，建于自然山水环境中的亭最晚出现在晋代；而建于园林中的亭，目前所知最早的则见于《洛阳迦蓝记》与《水经注》。亭子的观赏性逐渐代替了它的实用功能。

亭子的平面大致有方形、圆形、六角形、八角形，及一些较为特殊的三角形、五角形、九角形、扇形、梅花形，等等。亭的顶式则有庑殿顶、歇山顶、悬山顶、硬山顶、十字顶、卷棚顶、攒尖顶等，几乎包括了所有中国古建筑的屋顶样式，其中又以攒尖顶式最为常见，根据其平面的不同，又有圆形攒尖顶、方形攒尖顶、三角攒尖顶、六角攒尖顶、八角攒尖顶等多种造型。

此外，从体量上说，还有二层、三层、四层等多层亭和重檐亭，其中既有多层采用同一平面或顶式造型的，也有各层采用不同的平面或顶式的，同一造型容易产生重复的韵律，不同的造型则产生更为丰富多姿的变化效果。

任何建筑都是凭借一定的材料建造而成的，所以材料的特性必然从某些角度对建筑造型与风格产生影响，亭子也不例外。亭子的建筑材料既有木材，也有石料和砖、草、竹，等等。

中国古典建筑大都为木制结构，亭子也以木材料建筑居多。木亭中以木构架黛瓦顶和木构架琉璃瓦顶最为常见。黛瓦顶木亭是中国古典亭建筑的主导与代表形式，遍及大江南北，或庄重质朴，或典雅俊逸，都同样令人欣赏与喜爱。琉璃瓦顶木亭，则多建筑在等级较高的皇家园苑，或一些坛庙宗教建筑中，色彩鲜艳，华丽辉煌。

石亭就是由石头建造的小亭，这种材料的小亭在中国亭建筑中也是较为常见的一种。相较于木亭，它的存在寿命更长一些，目前中国现存最早的亭子就是石亭。早期的石亭多是模仿木结构的造法，以石料雕琢成相应的木构架建成。明、清时，石材的特性才渐为突出，构造方法上相对简化，出檐较短，形成质朴、纯厚、粗犷的风格。

砖亭是采用拱券和叠涩技术建造的小亭，它既有木结构的细腻，也有石结构的粗犷、厚重，同时也不乏自己的特色。相较于前两种材料所建的亭，砖亭出现得较晚一些，因为叠砖砌筑是建筑技术发展到一定水平才能实现的。

竹子挺拔秀丽、高雅清润而四季常青，历来为人们所爱。白居易《养竹记》中就有“竹似贤，竹本固，竹性直，竹心空，竹节贞”等言，称赞竹的节操。苏轼更有“宁可食无肉，不可居无竹”之语。以竹建亭，亭也有了竹的高雅。竹亭在唐代时就有建造。

亭子的这种灵活多变的适应性是其他建筑无法比拟的，从某种意义上说，它甚至

安徽歙县棠樾村的骢步亭与牌坊群

已达到了中国古典单体建筑造型艺术创造的顶峰。

亭子的建置随意而广泛，城镇乡村、寺庙道观、官衙府邸、园林等处都有设置，虽然在乡村中较为少见，但与其他各处的亭相比，毫不逊色。

在乡村山清水秀的田园风光中，偶尔出现一座路亭，或一座凉亭，常常给旅行者带来惊喜，因为它是特别的景观，也可以让疲惫的旅人歇歇脚，这样的小亭也便为村落增添了一份深婉气氛与绵绵情意。路亭、凉亭从古代的长亭和短亭演变而来。《白孔六帖》中有“十里一长亭，五里一短亭”之说。长亭和短亭在古代时多设在路旁，有饯别的作用，李白的《菩萨蛮》诗中写道：“何处是归程，长亭更短亭。”

马胖凉亭是桂北侗族马胖寨的凉亭，位于马胖寨中几条道路的交汇处，又处在通风口上，是休息乘凉的理想场所。亭子平面近似长方形，单层檐悬山顶，顶面覆瓦，檐下是木构架，几乎没有装饰。如果不经意而过，你都感觉不到它是一个亭子，因为它的形象与我们头脑中存在的亭子形象相去太远了。

同样处于桂北地区，金江凉亭则属于壮族村寨，建在桥头，是过路人的歇脚场所。平面长方形，双重檐悬山顶。与马胖凉亭相比，较为封闭，而木构架之间交叉的木条明显有了装饰意味，但与江南地区丰富的建筑装饰仍然相差很远。

两座凉亭从材料与总体造型上看，都与当地的民居相类，而风格沉稳、朴实、安静，这也正是亭子的地方特色所在。

嘎洒井旁休息亭建在云南西双版纳嘎洒路旁。木构架，不设柱础，只以石块垫底防潮，简洁灵活；亭顶为重檐带披檐，上层做成悬山式，脊上排列陶制脊饰；亭内摆有竹床供人休息。特别是下面的木构架，具有典型的傣族建筑特色，让人很容易就能想到傣族的干阑式民居。

天平山更衣亭在苏州天平山脚下。这座亭子的特色是平面为扁六角形，且顶部做出一条短的正脊。六条戗脊并不汇于一点，而是三条汇于正脊一端，三条汇于正脊另一端。亭周围巨石堆垒，树木葱郁，环境十分清幽。据说，此亭原名四仙亭，后因清代的乾隆皇帝游览天平山时在此更衣，而改名为更衣亭。

安徽歙县的很多村落中都有小亭，或是镇水口，或是休憩处，或是村镇标志。

歙县唐模村的村东口有一座水口亭，平面正方形，两层，三重檐歇山顶。梁柱之间饰有挂落楣子和雀替，每个飞翘的脊端立有一只鳌鱼，装饰丰富而雕刻精美，富有南方建筑装饰特色。而此亭最特别的地方是上面的两重檐之间砌成墙体形式，墙壁上开有三个拱券门洞，看上去就像一幢精巧别致的小屋子。

歙县绿绕亭在歙县西溪南村，始建于明初，是极少见的明初过街亭。由梁上题铭“景泰七年岁次丙子十一月十八日甲申吉晨重建绿绕亭，以便休憩。吴斯和乐建”

安徽歙县唐模村口的沙堤亭与古槐

可知，此亭于景泰七年（1456年）重建。虽已历经500年风雨，木纹仍清晰可见，是难得的古建实物标本。亭子平面近正方形，悬山顶，前后带披檐，造型简洁，风格古朴。东南临水，韵味悠然，明才子祝枝山有诗赞曰："庞公宅畔甫田多，畎亩春深水气和。五两细风摇翠练，一犁甘雨展青罗。鱼鳞强伏轻围径，燕尾逶迤不作波。最喜经锄多肯获，丰年定愧伐檀歌！"

歙县许村有座高大壮观、气势不凡的大观亭，建于明代末年。亭分上下两层，每层均有八角，故又名八角亭。各角上共挂有铁钟12只，微风吹拂之下发出悦耳的撞击声。相传，许村过去在浙江、江苏一带经商的人很多，他们每到近年关的时候都要回家与家人团聚，当时都是从水路乘船回乡，而八角亭就建在溪流的汇聚点，是商人往来的歇脚处。

八角亭的西侧和北侧不远，还有高阳桥、双寿承恩牌坊和五马坊牌坊，都是典型的明代建筑，吸引了无数来许村游览的宾客驻足观赏。

牌坊是一种纪念性的建筑，它的形状整体看来就像是一段墙，主要由柱、依柱石、梁、枋、楼等几部分组成。

牌坊的形式有一间两柱的，也有三间四柱的，柱子之间架有横梁，将柱子连为一体。梁的上面承接着一到三层石板，也就是镌刻有建坊目的之类文字的枋，枋上面建有楼，有些楼还有特别明显的顶盖。横梁的跨度大，负重也大，容易断裂，为此在梁与柱相连的拐角处多安置有雀替。牌坊多高达十几米，而柱子又处在一条直线上，为了防止它倒塌，每根石柱前后都有依柱石夹抱。

牌坊是由棂星门演变而来，棂星原作灵星，也就是天田星，汉高祖刘邦始规定祭天要先祭灵星。宋元以后，尤其是明清，棂星门这种建筑不仅置于坛庙前，还置于陵墓、祠堂、衙署、园林前，甚至是街旁、里坊前、路口等处，在祭天之外，还用于褒扬功德、旌表节烈等，其中具有旌表节烈等意义的建置也就是牌坊。

牌坊既不像民居一样可以住人，也不若祠庙一样可以供神，而是一种较为独特的建筑。从它的作用，或者说是建造意图来说，可以将之分为三大类：标志坊、功德坊和节烈坊。标志坊是在某些具有纪念意义的地方所建的牌坊，作为一种标志，并起着昭示后人的作用。功德坊是用来显示某人的官位、政绩或某人的科举成就的。节烈坊则是用来表彰忠臣、孝子和贞节烈女的，尤其是表彰妇女贞节的牌坊最多。

牌坊是为了宣扬封建的忠、孝、节、义等伦理观念，借以维护封建秩序与统治的礼制性建筑。不过，它却是我们了解封建社会情态的一个重要物件，而且，就牌坊建筑本身来说，也有着不可忽视的价值，比如说它的艺术性与观赏性。

在中国众多的传统村落聚居地中，徽州地区的牌楼数量之多，在全国都是不多见的，据说原有牌坊1000多座，经过十年浩劫也还剩下100多座，所以被誉为“牌坊之乡”。这一地区的范围包括了现在安徽省的歙县、绩溪、黟县、祁门、休宁和已划归江西省的婺源等县。徽州村落的牌坊，基本包括了中国传统村落中牌坊的所有样式与意义。

牌坊一般由木、石、砖等材料建筑，但徽州的牌坊，不论从历史文献还是实物看，几乎都由石料建筑，即使有少数采用了木料和砖料，但其主要构件还是由石料筑成，这也算是徽州牌坊的一大特色了。更为特别的是，这些石牌坊上还都有精美的雕刻，可以说，徽州牌坊的雕刻是徽州石雕的重要组成部分。

古徽州与中原地区相比，经济、文化方面都较为落后，土地也相对贫瘠，为什么能成为闻名遐迩的“牌坊之乡”呢？这主要是历史的原因。

秦汉以后，中原地区先后发生了几次社会大动乱，如，汉代之后的三国两晋南北朝时期、唐末的五代十国割据时期，还有北宋到南宋的过渡时期，而这些时期的江南一带都比较安定，所以，很多的北方士族为了避战乱，纷纷举家南迁至徽州等地定居，同时带来了中原地区的技术与文化，这自然会影响到徽州本地士民的生活。

人口增多，使原本就土地贫乏的徽州耕地更少，因此，人们便借着当地的竹、木、茶叶、山果等丰富的自然商品资源，开始外出经商。而中原士族带来的儒家文化的影响，又使经商致富的徽州人回乡出资办学，并督促子弟入学读书。宋代时，更有理学家朱熹的思想引导，徽州人普遍讲究忠、孝、节、义。在学是文字，在建筑则是牌坊。徽州耕地少山地多，崇山峻岭中有大量丰富的石材料，青石、砂石、麻石等随处可取，那么，牌坊建筑自然以石料为主。

据《安徽历史述要》记载，宋、元、明时安徽绘画艺术几成绝响，而到了明末清初则又大放异彩，与江浙各派争奇斗艳，且画家之多居于首位。如，黟县的关麓村及邻近的黄村、碧山、古筑、南屏等小村落，都有地方性的画家。同时，书法、篆刻、版书等艺术，也都发展到了高峰，而此时也是徽州各地乡土建筑最盛的时期，这些都促成了雕刻，特别是石雕技术的长足进步。

石雕技术的进步，让以石材料砌筑的牌坊大放异彩。众多的石牌坊，成了石雕艺人尽显才华与技艺的好对象，牌坊上的雕刻大多精美绝伦，而又显示着或朴实，或华丽，或精巧细腻，或典雅大方等不同特色。总体而言，民建的古朴大方一些，官造的华丽精巧一些；明代建的有楼无柱，朴实清爽，清代建的外加通天柱，则华美威严。

徽州牌楼石雕的具体手法，既有浮雕、浅浮雕、线刻，也有透雕、圆雕，丰富

安徽歙县棠樾村牌坊群

雕刻复杂、精美的徽州牌坊

多彩。一般来说，坊柱、坊梁等处都用浮雕、浅浮雕、线刻等雕刻手法，雕刻痕迹较浅，这主要是因为柱、梁、坊等是承重构件，较浅的雕刻可以尽可能不削弱它们的承重能力。同时，这些部位离观者的视线较近，浅显一些也能看得见。而上面的楼则多采用透雕，这样做法的用意恰与梁、柱等处相反，一是因为楼离观者视点远，二是它可以减轻对柱、坊等的压力和对风的阻力。柱础两侧的狮子，柱顶部的鳌鱼等，则多用圆雕、透雕，以增强其质感。多种手法的结合，使牌坊更丰富精彩，更具有艺术性。

牌坊的建造，或为表功德，或为彰孝义，作用各有不同，而具体到每一座牌坊，更是各有各的纪念对象与含义。为了使这些抽象的意义变得形象具体，变得可感可触，雕刻艺人便通过形象的雕刻语言，使之能够实现。这种寓有象征性的雕刻语言，也就是雕刻的题材，如，松、鹤、梅、鹿、鱼、龙，等等。“松、鹤”表示“长寿”，“鹿”表示“高官厚禄”，“喜鹊登梅”表示“喜上眉梢”，“鲤鱼腾跃”表示“科场高中”等。

徽州石牌坊多为三间四柱式，其实这也是传统村落中牌坊的主要形式。

立于徽城东门外徽州师范附小南院墙处的江氏世科坊，就是一座三间四柱五楼的石牌坊，枋板上刻着江氏历届进士人名。江氏曾是徽城东门外的大族，此坊建于明代中叶，初建时就立在江氏祠堂门前，现祠堂已毁，而石坊因历代不断的修复得以保存下来。

安徽黟县西递村口的荆藩首相坊

江氏世科坊由白麻石筑造，高9米多，宽7米多。梁枋有龙凤呈祥、麟吐玉书、双狮抱球、鱼跃龙门等多种题材内容的雕刻，楼脊端更立有尾部翻卷朝天的鳌鱼，柱前则蹲伏有石狮子，大狮子还抱着小狮子，俏皮可爱。在雕刻手法上，运用了透雕、浅浮雕、深浮雕、圆雕等，高低错落，层次丰富，变化多端，精美不凡。

绩溪县城南大坑口村西头，胡氏祠堂西侧桥南，也立有一座三间四柱五楼石牌坊——奕世尚书坊。此坊建于明代嘉靖年间，枋板上，一面书有“奕世尚书”、“大司马”、“大司徒”和“成化戊戌科进士户部尚书胡富嘉靖戊戌科进士兵部尚书胡宗宪”等内容，一面书有“奕世宫保”、“青宫太保”、“青宫少保”及“太子少保胡富太子太保胡宗宪”等内容。

奕世尚书坊高达12米，宽11米，由茶园石建造。坊上的雕刻，构图精巧、刻画细致，题材有鲤鱼跳龙门和各种珍禽异兽图案，深浮雕与浅浮雕相得益彰，栩栩如生，美妙至极，堪称徽州石坊中的佼佼者。

歙县雄村西侧公路边的四世一品坊也是一座三间四柱石坊，上有三楼。此坊是为一门四代一品的曹氏而设，建于清代乾隆年间，中楼枋板上就刻有“四世一品”四个大字。曹文埴生于乾隆元年（1736年），25岁中进士，后任户部尚书多年，以办事干练、不徇私情而闻名朝野。乾隆三十八年时，编修《四库全书》，其为总裁之一。此外，他在诗文、书法上也均有成就，有《石鼓砚斋文钞》、《石鼓砚斋试帖》、《诗钞》、《直庐集》等传世。

曹文埴之子曹振镛，更是刚成年便中进士，深得乾隆皇帝宠信。嘉庆时官至工部尚书、体仁阁大学士，嘉庆帝外出巡视期间，振镛以宰相身份留守京城，处理政务，代君三个月，故歙县民间流传有“宰相代代有，代君世间无”的佳话。

除了这些较常见的三间四柱坊，徽州还有一座特殊的石坊——许国牌坊，俗称八脚牌楼。它位于歙县徽城解放街，建于明代万历十二年（1584年），是为许国而建。许国是嘉靖四十四年进士，为官历经嘉靖、隆庆、万历三朝。隆庆年间以一品官位出使朝鲜。万历时进右赞善，充日讲官，入侍太子并在皇帝身边讲经论政，渐受皇帝宠信。万历十一年，升任礼部尚书兼东阁大学士，不久又加封太子太保，改授文渊阁大学士。万历十二年，因云南平逆“决策有功”，而晋少保，封武英殿大学士。

云南边乱平息，万历龙心大悦，大赏群臣，许国不但加官晋爵，还被御赐回家乡造功德牌坊。传说，许国获准建坊后并没有立即回家，因为他在心里想，家乡牌坊已经很多，若自己也建四脚的，再用心也不会突出到哪里去，就想造个八脚的，但私自改建犯杀头之罪。聪明的他很快想出了办法，于是三天两头到皇上面前转悠，

安徽歙县许国牌坊，又称八脚牌坊

江南水乡临水民居与拱桥

皇上每次问他为什么还不回家营造牌坊，他都以话搪塞。三番五次之后，皇上有些不耐烦了，就说："老爱卿办事从未如此拖沓，如今为造座牌坊拖这么长时间，不用说四脚的，就是八脚的也造来了。"许国当即眉开眼笑，俯身拜谢道："谢主隆恩，臣这就回去造八脚牌坊。"皇上这下才知道上了当，但金口已开，不能反悔了。其实，据《许文穆公集》所记，当时的许国不但没有这么做，反而曾两次上书恳辞，但皇帝坚持要其造坊。

许国石坊为仿木构造，结构严谨，布局合理。其平面呈长方形，南北长11米，东西宽近7米，高11米，由前后两座三间三楼和左右两座单间三楼四面围合而成，其间立有八根通天柱，形制为国内所罕见。

牌坊用青色茶园石建造，四面顶层正中均嵌一方双龙盘边"恩荣"匾额，底层四面额枋均书"大学士"三个大字，并注"少保兼太子太保礼部尚书武英殿大学士许国"，二层前后枋上分别书"上台元老"、"先学后臣"。其余各处满饰雕刻图案，如巨龙腾飞、吉凤祥麟、瑞鹤翔云、鱼跃龙门、腾龙舞鹰、凤穿牡丹、喜鹊登梅等。

相对于牌坊来说，桥梁当是村落中实用性较强的公共设施。当然，桥不仅具有交通的功能，同时也具有一定的艺术性，在漫漫的历史长河中达到了实用性与艺术性的结合。

水是人的生命之源，所以古代村落等的选址，往往多近水，也就是说村落多与河流有密切的关系，人们沿河修建住宅，跨河搭桥使河流产生隔而不断的意蕴，桥也便与民居有了不可分割的联系。

中国幅员辽阔，山川众多，河流纵横，因而桥梁也数量众多。

在人类人为 建造桥梁之前，自然界由于地壳运动等自然现象的影响，产生了很多天然桥梁，如崇山峻岭中两座高山之间的一线天堑，崖壁藤萝纠结而成的悬索般的藤桥，小河边自然倒卧在河面上的树干，等等。人类从这些天然“桥”中得到启示，并在实践中不断仿效它们，由最初的一块简易木板或一个小石蹬，逐渐发展、产生了造型各异、大小不同的桥梁。

中国的桥梁从造型、结构上来说，大致有梁桥、浮桥、拱桥、索桥四种，而这四种形式约在汉代时就已全部产生了。

梁桥，也称平桥、跨空梁桥，它的特点是桥面平坦，并以桥墩立于水中来承托横架的桥梁。梁桥是中国桥梁史上出现最早的桥，也是应用最为普遍的一种桥。梁桥最初都是木材料的，包括桥面与桥墩，但木墩的弱点很快就显现出来，便出现了石制桥墩，这种石柱木梁桥，对梁桥本身来说是一个不小的发展，秦汉时期建成的灞桥、渭桥等就属于这一类。

后来，人们又发现石墩上的木梁也不耐长久的风吹雨打，但依当时的筑桥技术，尚不能建造较大跨度的非木梁桥，所以便在桥上加建了桥屋，以保护木制桥身，这就是廊桥。对于一般小跨度的桥来说，就可以用石板搭建，材料耐用，构造方便，维修也省力，因此这是民间最为喜用的一种桥梁。

梁桥下面若是没有桥墩的称单跨梁桥，有一个桥墩的称双跨梁桥，两个桥墩及以

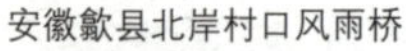
安徽歙县北岸村口风雨桥

上的则为多跨梁桥。

索桥，也称吊桥、悬索桥、绳桥，是用竹条、藤条、铁链等为骨干拼接悬吊起来的大桥，在中国的西南地区较为常见，多悬于水流湍急的陡岸险谷。

索桥的具体做法是，先在两岸建桥屋，屋内设系绳的立柱和绞绳的转柱，然后将若干根粗绳索平铺，两头分别系在两岸桥屋内的柱子上，再在横跨两岸的绳索上铺木板以便于行走，有的还在两侧加一到两根绳索作为扶栏，以提高安全度。明清时建的泸定铁索桥就是一座现存较为著名的索桥。

即使是悬有扶栏的索桥走上去也非常惊险，不要说那些没有扶栏的了。古时就有人形容过索桥时的感觉："人悬半空，度彼绝壑，顷刻不戒，陨无底谷。""窥不见底，影战魂慄。"明代的徐霞客在他的《徐霞客游记》中则记有："望之飘然，践之则屹然不动。"看来，索桥是看着吓人，实际走起来还是比较安全的。

拱桥，是中国古桥梁中出现较晚的一种桥型，但却是发展迅速而最富有生命力的桥型。拱桥的材料有木、石、砖等，其中以石拱桥最为常见，隋朝李春设计建造的赵州桥就是现存最早也最具代表性的石拱桥。

根据河的宽度的不同，拱桥的拱又有单拱、双拱、多拱之分，一般来说，在多拱桥中，处于最中间的拱洞最大，两边依次缩小。而根据拱洞的形状，则又有五边形、

浙江乌镇石拱桥

浙江乌镇石板桥

半圆形、尖拱、坦拱之分。拱桥的形象最早见于东汉画像砖。

在这三种桥型之外还有一种浮桥，也称浮航、浮桁、舟桥。这种浮桥其实并不是我们惯常理解的桥梁，或者说它并不是真正意义上的桥梁，而只是一种临时搭建的渡河设施。

浮桥常用于军事等紧急情况下，用数十艘甚至上百艘的木船或是木筏、竹筏并连于水面上，再在其上铺木板供车马往来，所以这种桥又称作“战桥”。浮桥两岸多设立系缆绳的柱桩或铁山、铁牛、石狮，河面过宽时，则再于河中加柱、锚固定。

浮桥大约出现在商周时期，《诗经 · 大雅》中就有“亲迎于渭，造舟为梁”之句，记载的是周文王架浮桥娶妻的事。浮桥施工快速而又移动方便，所以在“兵贵神速”的军事战役中，往往能使军队抢占先机，出奇制胜，但它的日常管理、维护却非常不易。同时，作为桥梁主体的船、筏等，在水面上随波动荡不定，因此，渐渐为梁桥、拱桥所代替。

除了这四种基本桥型外，还有一些形制特殊的桥，如，飞阁、栈道、渠道桥、纤道桥、飞梁等。

这些桥梁由多种材料筑成，或是一种桥型有不同的材料，或是不同的桥型用相同的材料。总起来说，有木桥、石桥、砖桥、竹桥、苇桥、藤桥、铁桥、冰桥、盐桥等很多种，以及由这些材料中的某几种混合组成的一些形式。

这些造型与材料结合，又衍生出其他多种形式的具体的桥，真是丰富多彩，应有尽有。

各式各样的桥，分布在中国不同的地域，又根据中国东、西、南、北、中各地的不同情况，如自然环境与人文风俗等的差异，而具有各地相对独立的风格与特色。如北方中原地区地势较为平坦，人们运输物资等靠的是车、马，桥梁多是宽阔平坦的梁桥，同时因水域较少，桥也相对少。

江南水乡地区则遍布河流、湖泊，民居又多沿河建筑，所以桥的数量很多。水乡的主要交通也是在水面上，人们出行即要乘船，因此水面的桥梁多为拱桥，这样利于船只通过。有些拱桥特别高挺，几乎是一个村落的最高点，这样的桥下面可以过较大型的船只，而站在桥上则能俯瞰全村之景。桥梁被民居簇拥着，联系紧密，有的民居更是倚桥而建。水面、池边、屋宇之间，有各式小桥搭连，造型各个不同，生动灵巧，优美异常，更显出了江南水乡的动人风韵。

陕西西安灞桥、广西三江程阳桥、浙江绍兴八字桥、河北赵县赵州桥、江苏苏州枫桥、安徽徽州太平桥等，都是较有代表性的传统桥梁，也都是闻名遐迩的桥梁。而其中最具有地方特色的村落桥梁当推程阳桥。

程阳桥是侗族特有的建筑形式——风雨桥中的一座，并且是桂北地区风雨桥中最大的一座，是桂北的一个象征。程阳桥的具体位置在三江县的林溪乡马安寨，离县城只有20多里，交通便利。

程阳桥又名程阳永济桥，始建于1912年，全长77米多，为石墩木面翅式桥型。整个桥由两台、三墩、四孔、五桥亭、十九间桥廊组成，极为壮观雄伟。两台就是桥两头亭下的石台，三墩就是中间三亭下的石墩，两台三墩中间有四个桥洞称四孔，而墩台上共建有五座亭子称五桥亭，

江南水乡倚桥

天光水色，卧虹凌架

连接五座桥亭的是十九间廊子。廊子是风雨桥得名的主要原因。廊子可以遮风避雨，既保护木质桥体，也让过往行人免受风吹雨打。

程阳桥上的五座桥亭呈左右对称分布，即中央桥亭是一个样式，两侧两个桥亭是一个样式，再外侧两个桥亭又是一个样式。形式独特、亭体最高的中央桥亭最为突出，它的下面是两层正方形亭檐，上为一层六角檐，攒尖顶，造型富于变化而又极有韵律。五座桥亭的顶部均以彩色宝葫芦装饰，在侗族这象征着风调雨顺、五谷丰登。桥亭的檐脊都粉饰洁白，稳重中不失轻灵之风。

整个程阳桥成功运用了对比、对称、起伏等构图手法，具有很高的艺术性，也丰富和发展了风雨桥的形式。

浙江绍兴八字桥也是一座非常特别的桥梁，位于浙江绍兴市内，是座石梁石墩桥。桥柱上刻有“时宝祐丙辰仲冬吉日建”字样，也就是说，这座桥建于公元1256年，时值南宋理宗当政，由此可知此桥的悠久历史。八字桥高约5米，桥面微微隆起，由长条石铺成，净跨45米，宽3米多。

八字桥的建筑非常适应地形与交通，这也是它历经近千年时光依然能存在的重要原因。桥呈东西走向，东端紧沿河道由南、北两个方向下桥，而西端则由西、南两个方向下桥，在西端南向的坡道下还建有一个小孔，跨越小河。这样的四条坡道，既适应北通泗门、南去五云、在水陆两方面将城市与农村连接的交通需要，建桥时又不必拆迁房屋，改变街道，所以说它是因地制宜，极适应地形的桥梁建筑。

如果我们站在桥南岸北望此桥，会发现两条沿主河道向南的坡道正好成八字形，所以得名“八字桥”。

寨门是一个村寨的入口，也是重要的防御设施。寨门设置多见一些传统的少数民族村寨，如，桂北的侗族村寨一般都设有寨门，以前主要是为了防御土匪的侵扰，而现在它的功能又包含了更深的意义——加强村寨成员的凝聚力及强调村落的地域性。

侗族寨门主要有干阑楼阁式、门阙式，及两者结合式。平寨寨门是典型的干阑楼阁式寨门，以四根大柱作为主承柱，另有四根檐柱将之连接成整体，结构牢固，并且立于寨前的主要道路上，有较强的防卫功能。亮寨寨门是典型的门阙式寨门，主要作用是限定某一区域的存在而不是防卫，所以特别重视造型与装修的美感，采用局部悬挑、吊顶等装饰手法，表面粉饰鲜艳、浓重的色彩，艺术价值较高。八协寨门则是干阑楼阁与门阙式的结合。

除了亭、牌坊、桥、寨门外，传统村落中还有塔、楼、书院等公共建筑。

第十五讲

戏台与娱乐空间

中国传统村落娱乐空间有很多种，并且相对复杂。一是因为中国民族众多，各民族有不同的风俗习惯与爱好，各地有不同的地理与自然环境等；二是因为在较为封闭的传统村落中，有时候，哪怕是只有几块大石的路边、桥头，也能成为人们相聚休息、谈天、娱乐的处所。

近几十年来，人们的娱乐方式、生活方式迅速改变，几乎见不到诸如放露天电影时，全村大人小孩齐齐出动的热闹场面了，更别说在传统的村落戏台上的演出了。所

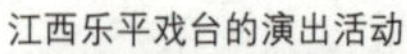

江西乐平戏台的演出活动

以，传统的村落戏台，就像传统村落中的祠堂与牌坊等古建筑形式一样，以前，特别是封建社会末期，几乎遍布全国各地，现在却越来越少了。但“少”却不是“没有”。

戏台是众多娱乐空间中较有代表性的一种。以前，上到皇家宫苑，下到庶民村落，都建有很多的戏台，目前，多只能作为游赏景点的观赏建筑而不再被使用了。不过，有几处地方的戏台却还在使用中，乐平戏台就是其中最突出者之一。

乐平戏台是江西省乐平县众多戏台的总称，是乐平县内村落的传统娱乐空间。乐平县位于江西省东北部，北距著名的瓷乡景德镇只有40里。

乐平的乡间完好地保存着200多座构筑奇巧、装饰华丽的戏台，且至今仍有修戏台的风气，有的村甚至可以不翻修新房，也要集资修建戏台。乐平戏台多和祠堂连在一处，每逢祠堂举行续家谱仪式时便演出大戏，因此，修筑戏台是尊奉祖先的一种表现形式。

续家谱显然会让有血缘关系的村人更加团结，但却也因此形成了不同的团体势力，而对外族外姓产生强烈的排斥，容易引起纠纷甚至是流血事件。乐平就曾出现两姓因田地问题而发生械斗的事件，其中一姓中的一族族丁全在械斗中丧生，时隔不久，再次发生大规模的械斗，引起了政府的关注，即时禁止续家谱活动。一时，连戏台也没人敢修了。但村人的宗族观念很强，所以文革以后又开始陆续修筑戏台，以示对祖先的敬重。

据说，文革后第一个修建戏台的是天济村，当时的一切相关活动都是悄悄进行的，但直到戏台全部修完也没人来干预，别的村人见了，便也开始纷纷修筑本村戏台，最后连一些原本没有戏台的村也都建了新的戏台，也没有再发生什么纠纷。

其实，如果不出现纠纷，戏台是一个村落极好的娱乐设施，也是村落一个优美的景观。我想，这些也是后来乐平人修筑戏台不再被阻止的重要原因。

修筑戏台的费用主要是靠村人集资，各村的集资方法也大同小异，常年在家的人按人头交钱，外出做事的人和出嫁了的姑娘则按各人能力交钱。近年来，修筑戏台和续家谱融为一体，集资也有所变化。一般是在家的村民按男丁人数交钱，不论年龄大小；外出工作的人交的稍多一些；出嫁的人则是交钱的重点，每个女婿都要交红包，交得多的会被奉为上宾，看戏时坐在贵宾席。

交钱数量大的女婿，钱还会被返回一半，如交两千元就要返回一千元，这样说起来好听，有面子。当然，实在困难的女婿，可以在交上去的红包上做个记号，经过处理事务的人员集体商定后，红包会被一分不少地退回。

乐平的戏台虽然很多，但演出的机会却很少，通常几年、十几年才有一次演出。没有演出的时候，乐平的戏台都是用门板封起来的，只在有演出活动时才开启。

江西乐平某戏台

正因为较少在戏台演出节目，所以每次戏台开演时都极为热闹。宽阔的道路上是熙熙攘攘的人群，特别是走在田埂上身穿着各色艳丽服装的姑娘们，有一种扑面而来的动人的青春气息。戏台附近的道路两旁是商贩们摆放着的各式货摊，多是卖各种小吃的。街道的上方悬着大红色的横幅，写着欢迎参观等内容，有的还在村子中用巨大的气球悬挂长条幅，真是热闹又喜庆。

随着锣鼓等乐器的声音响起，台上的戏终于正式开场了，人们都把目光调向了戏台，但实际上真正来看戏听戏的是中老年观众，他们很快就沉浸于剧情中了。由开始至结束，可能要在水泄不通的人群中站一整天，但却不见他们露出疲乏之态。

据说，过去看戏的时候，男人站在场子中间，女人只能站在两侧，现在因为没有了这种不平等待遇，女人也可以站到场子中间了。不过，起初的时候，站在场子中间的姑娘们总是受到小伙子的戏谑，他们会有意的去挤姑娘，剧场上就会出现一波一波的人浪，一会儿倒向这边，一会儿倒向那边，一看到人浪就知道准有姑娘在场子中间看戏。

民间的古戏台大致有庙宇台、祠堂台、宅院台、会馆台、万年台几种，乐平戏台大多是祠堂台和万年台。

所谓祠堂台就是设置在祭祀祖宗的祠堂里的戏台，是家族的公共活动中心。万年台又叫露天台，不附属于任何建筑，而单独设在村庄或集镇的公共活动地段。祠堂台两面均可看戏，晴天在外部，雨天在祠堂内，所以又称晴雨台，而万年台则只能在广场上看戏。

虽然乐平戏台的样子没有一个是重复的，但其总体的平面布局、结构形式、建筑形象是基本一致的。乐平戏台多为三间四柱式，也有在两侧多加一个侧台的五间式，台子的中间或后部有屏墙，既是舞台的布景也是与后台的隔断。屏墙的两侧是演员的上下场门。

乐平戏台的外观大致有五种类型。第一种类型最为简单，就是一个三开间的房屋，前面开敞可以观戏，两侧是凸起的马头墙；第二种与第一种相比，只是中间屋顶抬高，同时两檐角向上飞翘；第三种是在中间突起三个屋面，四个檐角飞翘，形成三重楼、五个屋顶的形式；第四种也有五个屋顶，并且前观有六个飞翘的檐角，下面也增加为五开间，第四种与其他四种都不同的是，没有马头墙；第五种比第四种屋顶两侧又多了两个不带飞檐的屋面，同时两侧带有马头墙。

乐平戏台的装饰艳丽多彩，内容与题材也极为丰富。装饰形式上有彩画，有雕刻，而装饰内容上则有花草、树木、鸟兽、人物，还有龙纹等。尤其是木雕中的人物雕刻，最为生动精彩，有神话故事、神话人物、历史故事、历史人物，有文戏，有武戏；人

江西乐平某戏台藻井

江西乐平戏台内的装饰布景

乐平戏台整体造型相近，但却没有一座完全重复别人

物或坐，或立，或飞，或舞，或行。这样的装饰，也许没有皇家装饰的大气雄浑，但却自然、随意、亲切，带有浓烈的乡土气息。

乐平戏台之外，广西桂林北部的桂北地区侗族村寨戏台，也是现存较有特色的地方戏台之一，也是当地侗族居民的公共娱乐空间之一。

侗族人民能歌善舞，素有“侗家人人会唱歌”的美誉。年长的教歌，年轻的唱歌，年幼的学歌，是三江侗族的传统风尚，“饭以养身，歌以养心”是侗家人的口头语。侗族人民还有芦笙舞、舞龙、舞狮等各种舞蹈活动，形式多样，生动活泼。而侗戏则是在“侗族大歌”说唱的基础上，逐渐演变而成的风格独特的剧种。

侗族人民爱看侗戏，因此，每个村寨中都有戏台。侗族的戏台多是以村寨之名命名的，如程阳寨的程阳戏台、平辅寨的平辅戏台、马胖寨的马胖戏台、平流寨的平流戏台、八协寨的八协戏台、独峒寨的独峒戏台等。戏台的总体造型与布局、风格等，与乐平戏台完全不同，不像乐平戏台那样突出于一般建筑之外，而是与侗族当地的鼓楼、风雨桥、民居等建筑相类似，这也是侗族地方建筑的最大特色。

程阳寨街道系统完善，主要街道呈十字交叉，交叉处形成一个大广场，程阳戏台就建在广场前方。戏台平面大致呈长方形，在前台和后台一侧加偏房，偏房内设火塘，既是演出时戏台的辅助用房，又是村寨中人们平日休息谈天的场所。此戏台最别致的地方

江西乐平戏台建筑上的精美花鸟雕刻

广西三江侗族某戏台，与乐平戏台风格完全不同

在屋顶，共有三层屋檐，从平面上看来，三层都是双坡面和攒尖顶的结合，但最底层是四角，上面两层是重檐六角。总体造型上既与民居协调一致，又有自己独特的地方。

平铺寨民居总体呈“田”字形分布，也就是呈各自集中而相互之间有距离的四大块，每块与每块之间的距离约在20米左右。这四个20米宽的隔离带也就相当于“田”字中间的“十”字。戏台就建在这个十字交叉点。无论从地理位置还是空间视觉上看，戏台都处于村寨的最中心。该戏台借鉴了鼓楼的立面造型，在三层正方形的重檐上，建筑了一个八角形攒尖顶，在简洁之中寓有变化，丰富了戏台的平面造型。

马胖戏台平面呈凸字形，简洁干脆。戏台上为三重檐歇山顶，下面是一层高高的台基，侧面有一段台阶可上下。马胖戏台有两个特点。一是立面装饰丰富，特别是屋脊的飞檐，立有雕刻精细、造型生动的脊饰；二是采用砖木结构，这在桂北民间建筑中是极少见的。

平流戏台外观造型非常简单，上为单层檐歇山顶，下面直接以柱立在平地上，柱底垫石块防潮，没有台基。平流戏台最大的特点是十分注重装饰，这包括某些部位线条的使用与雕刻、渲染。戏台的很多地方，尤其是吊顶处，采用大量线形优美的弧线作为装饰，特色鲜明。而雕刻方面则以木雕为主，雕完之后施以重彩渲染，雕刻精细，用色浓重，雕刻题材以对称的线形与非对称的花草为主。不凡的装饰使简单的戏台带有了强烈的艺术性。

八协戏台也是一座较有特点的戏台。一是体量大，高11米，共三层，第二层是演出空间；二是建筑位置特别，它被建在一个高差约4米的坡地上，有五个各有特点的立面；三是平面组合十分出色，在满足功能性要求的同时，灵活处理墙体，使空间变化丰富精彩；四是装饰精细，用色大胆，在整体色调朴素淡雅的村寨中格外醒目。

一般来说，侗族戏台多与鼓楼组合在一起，之间围合着一个广场。它们位于村寨的中心位置或主要道路交叉处，以形成较完整的、村寨的多功能中心。因而，鼓楼也是侗族村寨的一个公共娱乐性建筑。

鼓楼是侗族村寨的标志，身姿挺拔、飞檐灵秀、结构严谨、雕饰精美，展示了侗族建筑的特有风格。鼓楼的前身是罗汉楼，其建筑形式具有干阑式建筑的雏形。罗汉楼的主要功能就是娱乐。而鼓楼的功能，在休息娱乐之外，还有聚众议事、礼仪庆典、击鼓报信等功能。

当然，鼓楼最常用也最普通的功能还是休闲娱乐，劳作之余的闲暇时刻，人们都喜欢走出家门汇聚在鼓楼下，或唱歌跳舞，或吹笙绣花，或谈古论今，笑语连连，轻松惬意。

其实，在鼓楼举行的礼仪庆典也是一种休闲娱乐活动。侗族有丰富多彩的社交礼仪，特别是在节日里，都要在鼓楼前举行欢庆活动和纪念仪式。届时，男女老少齐聚于鼓楼，赛芦笙，采堂歌，跳侗族舞，看侗戏，热闹非凡。春节时，各寨间还要进行"月耶"走访，这是村寨间比较大型的社交活动，几乎全寨老少集体出动到另一个寨去，迎接的寨子会在鼓楼前设宴款待来宾，饮酒作乐，欢度佳节。

鼓楼的造型与装饰，是侗族建筑艺术的集中表现，是民族的历史、文化习俗、宗教等因素的综合反映。鼓楼的檐板上，大都绘有富于民族特色的图案，朴素大方，意味深长，并多用红、绿、蓝、黄等纯色绘制，色彩鲜艳、明亮，具有浓郁的乡土气息。鼓楼建筑在单纯的功能性之外，有着更高的精神追求。

鼓楼的空间具有很强的内向性，鼓楼周围的栅栏和一圈圈逐渐内缩的柱子，都增强了这种内向性，体现了建筑的中心寓意。最外圈的栅栏区分出了内外空间，又使之隔而不断；栅栏内部通常是一圈12根的大柱；再向内有一圈4根主柱，支撑着屋顶。四柱中间围着火塘。

火塘是鼓楼的中心。据载，火是侗族的原始崇拜物，并进而产生火神崇拜。人们在火塘烧饭做菜，围着火塘取暖，在火塘边谈论家常、娱乐欢歌，逐渐形成了侗族特有的文化——火塘文化。

鼓楼有两种基本形式，一是塔式鼓楼，一是阁式鼓楼。二者性质、功能相同，只

广西三江侗族人民在鼓楼前的歌舞娱乐

是平面和立面上稍有差别：塔式鼓楼平面正方形，严谨、规整，立面形似古塔，优美、挺拔；阁式鼓楼平面多为长方形，相对灵活、自由，而立面上则与当地民居相似，造型古朴，平易近人。

马胖寨的马胖鼓楼是桂北地区塔式鼓楼的代表，也是塔式鼓楼中规模最为宏大，造型最为雄伟，结构最为严谨的一座。

马胖鼓楼长约 12 米、宽约 11 米、高约 10 米，三者比例接近，因而楼体外形敦厚、稳重、雄浑，与一般鼓楼造型不同。尤其是立面上，九层屋面等距收分并层层收缩，呈现金字塔形，非常之稳。楼的构架由 4 根主柱、12 根檐柱和 12 根边柱共同支撑，4 根主柱直径都在 50 厘米以上，而檐柱又直落至地，都增加了楼体的稳定性。楼内地面中心是圆形火塘，上面是层层递进、交错叠架的木构架，使空间有了一种高深而神秘的气氛。

庞大、粗犷的柱子与楼体，和轻盈起翘的檐角、精巧的雕饰、鲜艳的彩绘，形成鲜明的对比，但轻重、拙巧却又谐调共存。

华炼鼓楼清秀、挺拔，兼具塔的高耸和亭子的清幽，与马胖鼓楼的雄浑、凝重完全不同。华炼鼓楼高 15 米多，又建立在村寨中心的高坎上，所以其挺拔高耸之态更为突出。

华炼鼓楼共有七层屋檐，下面四层为正方形，上面三层为八角形。由下至上每层逐渐内收，但收分比马胖鼓楼小得多，不过每层之间的间距较大，特别是顶层的八角攒尖顶与下层屋面的间距更大，因此，楼体显得格外轻盈、通透。而由四边形到八角形的变换，则增添了鼓楼的活泼气质。

华炼鼓楼的装饰也很特别，几乎都集中在顶层屋檐。如顶层中间塑有象征吉祥如意的宝葫芦顶，檐脊突出并有粉饰，脊端飞翘，精巧轻灵。而下面六层则纯朴自然，较少装饰，上下形成粗细、巧拙对比。

八协鼓楼与马胖、华炼鼓楼一样是塔式鼓楼，不过其形制在桂北鼓楼中较为特殊一些。首先是叠顶和每层檐口的处理。其具体做法是，使密檐上升收分的韵律在叠顶下突然终止，上设棂窗，棂窗之上以斗栱铺作挑出顶檐，这使得叠顶看起来更轻盈洒脱，也更突出了鼓楼楼体的高耸、升腾之感。檐口处以木条连接屋檐与下层屋顶，密集的木条遮掩了内部结构。

八协鼓楼还有一个特别之处，即大厅有两层，在第二层的中心开了一个边长2米的正方形孔，四周设有栏杆。两层相互贯通，形成有趣的共享空间。鼓楼下面不但设有柱基，还有三级台阶的台地，这是桂北极为少见的一种台基处理手法。

皇朝小鼓楼是一座早期的阁式鼓楼，规模很小，还不及一般民居，造型也极为简单，栅格墙体，悬山屋顶，朴实无华，造型与民居极为相似，所以非常融洽。楼内设有火塘和神龛，是老人们闲暇时的理想集会场所。鼓楼的主体结构几乎全挑在高坎之外，以保证道路的畅通。

亮寨小鼓楼是一座典型的阁式鼓楼，穿斗与抬梁混合结构，三间四架矩形平面，悬山屋顶，山墙处设腰檐。楼体中间的四根柱子突出，以抬高屋面，在屋顶又形成一个凸起的带透窗的屋顶，以便排烟和传递鼓声，这也使之在外形上与民居有所区别。小鼓楼与寨门等其他建筑，构成了完整的鼓楼广场空间。

独峒牙寨鼓楼是阁式鼓楼中的突出代表。说它突出一是因为它的规模与组合，二是它的建构处理方法。

牙寨鼓楼由长方形建筑空间和正方形建筑空间两部分组成，且两者的面积都较大，长方形部分面积145平方米，正方形面积85平方米，如此大的规模，堪称桂北阁式鼓楼之首。同时，牙寨鼓楼采用局部架空法，建筑部分向外挑出，这样既可以在坡地上建造鼓楼，又能保证鼓楼前有较大的广场空间，这也是桂北地区最常用的建筑处理手法，而牙寨鼓楼则是其中最具典型意义的成功实例。

牙寨鼓楼架空层结构，由高达9米以上的主承重柱构成严谨的柱网，气势宏大，特别是仰望时，令人叹为观止。村寨道路穿梭于架空层巨柱之间，连接广场与外部空间，灵活而实用。

鼓楼在侗族人民心目中占有重要的地位，所以每个村寨都建有鼓楼，在侗语中，鼓楼被称作“播顺”，即寨胆，仿佛寨子的灵魂。

在戏台与鼓楼之外，风雨楼也是侗族重要的公共性娱乐空间。

风雨桥在侗族公共建筑中的重要性紧随鼓楼之后。在中国的西南、西北、华东的部分地区，都有风雨桥的实例，并且种类繁多，风格各异，而其中规模宏大、形成独特、富于变化的首推侗族风雨桥。风雨桥的主要功能是通行，侗族风雨桥也不例外。正如程阳永济桥序中所述：“昔无桥梁，未免病涉水之虞。尤当仲夏之日，洪波滚滚，履足固所难举，即令冬日水消，然寒水彻骨，凭河犹多可畏。嗟呼！交通阻断，憾息召渡艰难，隔岸相呼，靡不望洋兴叹。恨天涯于咫尺，悲日暮于穷途。”

桂北侗族是逢河必有风雨桥，除了具有一般风雨桥的特征外，还有浓郁的民族风格。桥由屋顶、桥面、桥跨、桥墩几部分组成，其中只有桥墩为青条石垒砌，其余全为木结构。木结构采用凿眼、榫枋结合，互相穿插勾联，形成严密、坚固的整体，可二三百年不坏。桥多显露木石本色，淡雅大方，与侗族淳朴的民风浑然一体。

风雨桥的梁、柱形成重复的结构跨度和空间模数，线条、形状等有规律地重复，和谐地再现，产生了特殊的韵律美和节奏感。而桥内细长的线性空间，具有强烈的引

三江侗族的程阳风雨桥

导性与亲切的空间尺度，人在桥上行走，既自然、舒适，又有一种深远、神秘的感受。

此外，侗族风雨桥在功能上，又兼具着娱乐、观赏与标志作用，是侗族村寨内一个极好的集会娱乐场所。

风雨桥的娱乐功能和鼓楼相仿，也是村寨老少平日集会，或谈古论今，或嬉戏玩耍，及节日期间唱歌、跳舞、比赛吹芦笙之处。但却与鼓楼有一个最大的不同点，即风雨桥娱乐丝毫不带宗法色彩，只是纯粹的娱乐，没有在鼓楼前的宗族组织的各项活动。

风雨桥的娱乐还表现在宾客来临之际。每有宾客来到村寨，侗家老少妇孺会盛装云集桥头，唱拦路歌，饮敬客酒，盛情招待来客。

巴团桥是侗族风雨桥的优秀代表，它位于三江县巴团寨，横跨于苗江之上。桥长五十米，下有两台一墩两孔，上有三亭，亭子均为四方形三重檐歇山顶。各亭檐脊也均被粉饰得洁白。巴团风雨桥与侗族其他风雨桥相比，有两个较突出的区别，一在入口，一在桥上。

巴团桥的东桥头有一个别致的入口造型，吸取了侗族门阙式寨门的特点，所以既是巴团风雨桥的入口，又形似寨门。同时，因为巴团桥是人由东面进入村寨的必经之路，所以这个入口既是桥的组成部分，也是村寨的一部分，又是划定村寨的界限。

巴团桥最富特色之处在桥上，即桥面上有两条通道。一条供人行走，一条供牲畜通过，并且还呈一高一低上下两层，两层高差近1.5米。供人行走的为主桥面，宽度较大，近4米，居于上层。下层是牲畜通过的桥面，只有1.8米的宽度。人畜分道保证了桥面的清洁卫生，人在桥上行走或休闲、娱乐不受干扰。具有如此功能的特殊形式的桥梁，不但在风雨桥中罕见，就是在整个桥梁史中也极为少见。

巴团风雨桥的桥亭、桥亭飞檐、桥廊屋脊等，都经过精心的构造、制作，有小青瓦的组合图案、白石灰的勾线，造型朴素而形态优美，特别是屋脊的起翘造型和雕饰，采用卷草、花瓣为题材，衬以叶形、叶纹，生动、可爱，让人仿佛可以闻其馨香，感其动势。

巴团风雨桥桥西是村寨，桥东是山坡，山坡上古木参天、郁郁葱葱，衬托的古朴的风雨桥更为优雅、更富情趣，也更有艺术魅力。人们在这样的环境中休闲、娱乐，怎么会不倍觉舒心、惬意呢？“舞之蹈之”，欢歌笑语，也就是情感的自然流露与抒发了！

湘西位于湖南省的西北部，湘、鄂、川、黔四省边区，面积约占湖南省总面积的十分之一，管辖吉首、凤凰、泸溪、古丈、花垣、永顺、龙山等十个县市。

湘西民间的公共建筑，因归类原则不同而有不同的类型划分，但不论是哪一种，现存实例都较为有限，戏台与娱乐建筑有陈家祠堂戏台、摆楼等。

陈家祠堂位于凤凰县沱江镇，远离闹市，环境清幽。陈家祠堂与一般祠堂相比，

人畜分道的三江巴团风雨桥

其娱乐功能特别显著，可以说它实际上就是一座戏台。陈家祠堂面积不大，但布局简洁、古朴优雅，由戏台、正厅、两厢的看戏楼围合成一个院落，院落长宽各约20米。院落地面以方形石板铺就，平坦宽敞，可容纳数百人在此观戏。

戏台位于祠堂入口处，属于院落中的倒座房，高约10米。戏台上为重檐歇山顶，下面只立着几根较粗壮的圆柱，简单而沉稳。不过，这还不是戏台的最特别之处，它形式上的新颖独特之处，在重檐中的下檐上：檐前的中部一段被截去，嵌入了“观古鉴今”匾额，类似牌坊的枋心。这样的处理不但产生了新颖的形式，还使戏台前部的空间更为开阔，加强了它的功能性。

造型简单的戏台却有着丰富而不凡的装饰，对联、彩画、雕刻、雕塑等均有所应用。戏台两侧柱子上悬挂有对联一幅：“数尺地方可家可国可天下，千秋人物有贤有黑有神仙”；戏台上的背景为福、禄、寿三星彩画；戏台的栏杆、斗栱等处则有精美细致的木雕刻；檐脊做成立体感很强的透雕；正脊上则立着宝顶、鳌鱼等雕塑。

每当戏台开演时，两侧看戏楼、正厅与院中地面都是看戏之所。其中的看戏楼是外廊式木楼，而正厅的特别之处就是非常的高敞，这也是陈家祠堂在内部建筑上的一个特别之处。正厅地面高出院落近2米，这是为了看戏的需要而作的调整，当戏台开演时，即使院中满座也不会挡住正厅内看戏人的视线。它就像是剧院的楼座包厢，观剧的效果更佳。

正厅前的半椭圆形石级，由紫红砂石铺砌，兼有台阶和看戏时座椅的功能。石级的形状与正厅马头墙的椭圆形曲线互相呼应，和谐而又庄重。

摆楼是土家族村镇的主要公共建筑，是祭祖的殿堂，造型新颖别致。摆楼前面设有宽敞的摆场，摆楼和摆场共同构成村镇的中心，是举行盛大的集会和娱乐活动的重要场地。过去凡是比较大的土家族村镇，都设有摆楼、摆场。每逢年节，村民们在土司主持下祭祖，祭祀仪式完毕，奏起鼓乐，全村男女老幼在鼓乐声中，都随着节拍快乐地跳起摆手舞。傍晚的时候，点起灯笼、火把、火堆，边跳舞、边唱歌，气氛更为热烈。跳摆手舞是土家族的一项极有特色的民俗与娱乐活动。

湘西某些农村，由于经济条件所限，常要借助自然条件来安排居住空间及全村的公共活动场地，往往只是结合几棵古树或在通风、视野良好的村头，就能开辟出作为全村休息、集会、娱乐的场所，有时，甚至水井边就是一处聚集地。中国很多传统村落的公共与娱乐空间都属于这种情况。如云南大理一带的白族，有一种高山榕树，根深叶茂，树冠巨大如伞，当地村寨常以这种树为中心，在四周建筑房屋围成一个大广场，上建戏台等娱乐与公共设施。平时，广场可作为交易市场，或人们纳凉、休息处，节日时，则在此举行庆典和娱乐活动。

有些历史悠久的大村庄，在规划村落、建筑民居时，会借着村内外的自然景色适当加工，使之形成有诗意的景观，为村落凭添一份生气，也为村民增加了几多乐趣。这样的景观多会得到村民们的小心呵护，作为村落世代继承的乡村文化的重要组成部分，所以，能较长时间的存在，久而久之，也便成了村落的活动中心，人们可以在此休息谈天、聚会娱乐。

江南水乡还有一种临水戏台及水上广场，是当地重要的公共娱乐空间。临水戏台也就是戏台临水而建，台口朝着水面，人们看戏都是乘船在水中观看，就像鲁迅先生在他的回忆性小说《社戏》中描写的一样。这样的水上广场在戏台演出结束后，自然随着人潮的散去而消失，水面又恢复了平静，只有戏台依旧伫立在岸边。这样的娱乐空间，比陆地广场更富有诗情画意，也更具地方色彩与乡土气息。

第十六讲 后花园与私家园林

私家园林是相对于皇家御苑来说的。

中国古典园林的分类，因不同的依据与标准而有不同的分法，主要有两种。一是以园林所处的地理位置来划分，分别称南方型和北方型；二是根据园林建造者的身份来划分，包括皇家园林和私家园林。皇家园林的园主当然是帝王，而私家园林的园主则是一些贵族、官僚、文人、商贾。其实，这两种分类法可以归为一类，因为北方型的园林是以皇家园林为代表的，特别是北京，而南方型的园林则是以私家园林为主，特别是苏州。

私家园林的出现比皇家御苑要晚一些，约在西汉时期。而私家园林开始注重自然山水之态，则在魏晋南北朝时期，此后，中国园林便有了一个整体的发展趋势，大体上以隋、唐为成熟期，而以宋为第一个高潮，以明、清为第二个高潮。

西汉时，王公贵族、官僚富豪的私家园林也发展起来，梁孝王刘武、大将军霍光、宰相曹参等，都建有私家园苑，其建置大体上以当时的皇家园林为标准，注流水、构假山、积沙渚、植花木、养禽兽，并筑有重阁、修廊，虽没有皇家苑囿规模宏大，但一样崇丽、辉煌，气势非凡。

西汉武帝虽然在百家中独尊儒家，但他又希望长生不老，因此相信方士、神仙之说。这由他在命人修筑上林苑的时候，特意挖池置放象征东海神山的蓬莱、方丈、瀛洲这件事就可看出端倪，所以西汉时的园林带有一种脱离尘世的“神”的印迹。东汉时，这种思想有所改变，造园风格渐趋于世俗化。

魏晋南北朝时，私家园林数量渐多。大官僚石崇就建有著名的金谷园，另外还有司农张伦园、侍中张钊园、清河王元怿园、河间王元琛园、会稽王道子园、苏州顾辟疆园、戴颙园等。虽然它们在气魄上无法与当时的皇家苑囿相比，但其自然风姿与山石之美，却有过之而无不及。这主要是由当时的社会风气造成的。

苏州耦园山石、池水

魏晋时期，玄学之风盛行，士大夫阶层为追求精神解脱，或放荡颓废，沉溺于酒肉美食等物质生活享受；或潜遁隐逸，纵情于山水田园之佳处吟诗作赋。于是，私家园林的造园风气也与之前有了很大不同，不再是对充溢楼阁居室、珍禽异兽的皇家园苑的模仿，而是穿池凿山，以构筑自然山水形式，带有一种山居岩栖的返璞归真的效果，开启了私家园林淡泊宁静的文人高致之先声。

唐朝是中国历史上经济极为发达、鼎盛的时期，世风开放，其皇家宫苑的修建，基本承袭秦、汉的宏大规模和华丽、富贵之风。不过，贵族、官僚、文人中却有很多崇尚高雅之风者，特别是像白居易、王维等人，既以诗文名于后世，又在当世入仕为官。这样的高雅之风，反映在当时的文学艺术中，是平淡、天真的田园诗与慷慨、激越的边塞诗并臻绝唱；反映在造园艺术中，则是私家园林的进一步兴盛。

唐朝私家园林的建筑，主要是在长安和洛阳。长安又称西京，在其城东南的曲江一带，私家园林较为集中，城南的樊川及城东一带，也有不少私家园林。洛阳是长安的陪都，也称东都，因为繁华兴盛不亚于长安，所以也有很多人在此建园，如白居易的履道坊第宅、牛僧孺的归仁坊宅园、宰相李德裕的私园平泉庄等。这些地带多为泉石幽胜之处，水流清澈，便于引水入园，以造自然山水之境。

都城附近的这些私家园林，多以人工穿池堆山，所以“山池”成了这些私园的代名词。而王维于蓝田所筑的辋川别业，以及白居易在庐山建的草堂，则是远离都市的山间别墅，均以自然山林景色为主，略加人工改造而已，这比都市的园林当然更富自然野趣。

中国园林的设置，早期有较多的向往神仙世界倾向，后来逐渐变为流连自然山林溪水，两者自然在审美特征上表现出较明显的差异，而这种差异的分界就是唐朝。大体来说，在唐朝以前，不仅皇家园林的一池三山带有明显的神仙向往印迹，就连文人士大夫的林泉高致也与神仙世界相联相系。唐代以后的园林，则以自然山林境界为追求目标。私家园林在魏晋时已受到文人的淡泊之态与玄学的影响，有宁静致远的自然意境，不足为奇，而一向以规模宏大、辉煌瑰丽为特点的皇家园林，其设计构思也渐以山林为追求境界，则明显地表明中国园林的风格已开始有了一个全新的转变。

经过隋、唐、五代的发展、成熟，到了宋朝，皇家、私家园林都进入了鼎盛期，这是中国古典园林的第一个鼎盛期，是中国园林史上的一个黄金时代。

北宋、南宋历时三百多年，虽然在中国历史上，两宋并不算是多么强盛、发达，但统治者立国时即以崇文抑武为国策，因此有了一个较为长期的安定的政治局面。安定的生活，使经济水平不断提高，文化的发展也高度繁荣，这自然为园林艺术的兴盛提供了很好的条件，因而，宋代造园之风极盛。

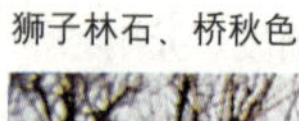
狮子林石、桥秋色

北宋时，都城建于汴梁，也就是今天的河南开封，因而此处所建园苑颇多，尤其是贵戚、大臣等人的私家园林。由都城的附近至百里之地，园圃相接，几无空地，甚至连酒楼、庙宇等处，也设置池馆以吸引游人。

私家园林当然是园主专有，皇家园林更是帝王家专用，但北宋汴梁的园林，却有一个不同于前朝各代的重要特点，就是其"开放"性。所谓"开放"就是每逢年、节的时候，很多私园都会向市民开放，尤其是城东南陈州门外的园馆，这就好像今天的公园。《东京梦华录》中就记有可供汴梁普通人探春游览的名园十多座。甚至是皇家的金明池、琼林苑，也在三四月份任人游赏，届时还有商贩杂艺布列其中，热闹非常。

洛阳虽然不是宋王朝的都城，但却曾是东周、东汉、魏、西晋、北魏等时期的都城，地理位置适中，经济也较为发达，并且宋朝统治者也与隋、唐时一样，将之作为陪都。其地北倚邙山，境内有洛水、伊水，特别是伊水明澈清凉，是肇建园林的有利条件。当时较为著名的私家园林在李格非的《洛阳名园记》中多有记载，它们多是北宋时退隐官僚所建之园：董氏西园、东园、环溪园、丛春园、湖园、富郑公园、归仁园、独乐园、苗师园，等等。

洛阳这些私家园林，主要依地理而表现出其风格特点。因为城内有河流穿越，所以各园多以水景取胜，而不以山景见长；有水易于花木生长，花木也便成了园中的盛

网师园小山丛桂轩与濯缨水阁

苏州狮子林中心水池景观

景，故园林又称“园池”、“园圃”，而不称“山池”。

由于宋朝的官僚多是文才清赡之士，所以这一时期的私家园林，多富于文人的高雅之气，而没有了此前世族贵戚园林的奢华之风。同时，建园者不但有了闹市寻自然，庭内观山水的便捷，还进一步以园鸣志，表现其精神内含。如，司马光的独乐园，是仰慕董仲舒而建；晁无咎的归去来园，由其名即可知是仿陶渊明《归去来兮辞》的意境而建，表现出园主人对于陶渊明其人其精神的向往推崇；更有苏舜钦“沧浪亭”的“澄川翠干，光影会合于轩户之间，尤与风月为相宜……”之情态写照，等等。

南宋时，都城被迁至临安，也就是今天的杭州。杭州之优美当赖于西湖，西湖有水有山，且无论春夏秋冬、雨雪阴晴，它都有如诗如画之景，使人留连、陶醉。而杭州偏于江南，较少受战争的影响，加之杭州处于大运河的南端，经济繁荣富庶，因而成为封建帝王、达官显贵理想的偏安、享乐之所。南宋虽然国力、财力都不能与北宋相比，但其造园之盛却有过之而无不及，仅西湖及其周围山区一带，就有贵族、官僚的私园不下几十处。整日歌舞游乐，暖风薰人，正如林升的《题临安邸》诗中描述：“山外青山楼外楼，西湖歌舞几时休。暖风薰得游人醉，只把杭州作汴州。”

除临安以外，吴兴和平江也是南宋时私家园林建筑较多之处。

吴兴是达官权贵的退居之地，依山傍水，所以辟建有众多的私家园林。园林或收或借叠翠群山、万顷碧波之景，富有江南水乡特色。除水之外，则以竹、柳、荷等花木见长。

宋时的平江府也就是今天的苏州。苏州土地肥沃，气候温暖，雨量充沛，自然条件得天独厚，远在春秋时就是吴国的首都。而自从隋朝开辟大运河之后，苏州更成为重要商埠，河道纵横，湖泊罗布，即使城内也是水网交错，成了名副其实的江南水乡。加之，临近的洞庭东、西山盛产湖石，稍远的常州、宜兴等地则产黄石和其他一些石料。这些为追求自然山水之态的私家园林的建造提供了极好的条件。

苏州在春秋时已有造园的记载，其后由隋至五代末，中原一带干戈不断，但苏州却未受战争影响。社会安定，经济发展，人文荟萃，以苏州为中心的江南园林迎来了一个兴盛期。如吴越广陵王之子创建的南园、外戚孙承佑肇建的著名的沧浪亭等。南宋时，平江的私家园林基本继承五代、北宋的传统，造园艺术兴盛不衰，不但在城内有，在郊区的湖、池、山峰等处，也有很多别墅园林。至此，苏州私家园林基本奠定了其在中国古典园林中的代表地位。

元朝时，中国由“马上得天下”的蒙古族人统治，与一贯的汉人统治自然有很大差异，又没有一个长期安定的环境，所以也影响到造园艺术，不但数量较少，且多是文人雅士供自己吟诗颂文、赏玩会友的小园，如赵孟頫、倪云林、曹知白等。

明、清两朝既是中国古典园林的收尾期，更是中国造园史上继宋朝之后的又一个高峰，最重要的是实物留存较多。

明代承袭前朝余绪而突飞猛进，尤其是私家园林，更于此际趋于大成。文人雅士、达官贵族竞相造园，并且在地域上也更为广阔，南京、北京、杭州、常州、无锡、扬州、太仓，等等，特别是苏州，至此已完全奠定了它在江南园林中的中心地位，及私家园林的代表地位。其地园林不但数量众多，而且还多闻名遐迩，如现存的建于明代中、后期的拙政园、留园、五峰园等。

造园艺术的兴盛，在这一时期不但表现在所造的园林本身，还出现了一批专业的造园家，特别是一些文人、画家都直接参与了造园活动，如计成、张南阳、文震亨、米万钟、张涟、陆迭山等，并有了一些园林建筑与设计的著作出现。这其中较有代表性、较为杰出的要数计成和他的《园冶》。计成，既有较高的文学、绘画素养，又有丰富的造园经验；《园冶》则较为系统地总结了当时的造园技术与经验，以及园林艺术的审美特点等。

清朝时的园林建筑，与其说是发展，不如说是对明朝的继承与改造。其“继承”表现在，明、清两代园林建筑，不仅在艺术风格上有共同的追求，而且在技术手法上也有共同的要求；而其“改造”则在于，事实上，明代所造的园林实物，只要是在清代还有存在的，几乎都经过了清代的改建或扩建。

私家园林在继承和改造原有园林的基础上，又有更多新园林的兴建，除北京外，也多集中于苏州、扬州、杭州、吴兴等地。特别是康熙、乾隆的多次南巡，江浙一带为迎接圣驾，掀起的一场造园高潮可谓空前绝后。仅以扬州来说，自瘦西湖至平山堂，沿湖两岸几乎布满各大小园林，酒楼、茶肆、会馆等处也都引水叠石、莳花植木，其蔚然之风直追苏、杭，由此也可想像出苏州、杭州园林之盛。

清代造园技术和艺术水平比明朝更上一层楼，并且从清初至清中叶，江南一带造园名手辈出，张然、李渔、石涛、刘蓉峰、仇好石等，均名动一时。其中的李渔，更著有专谈园林营造技术与艺术的《一家言》，不输于明末计成的《园冶》。

私家园林的实例遗存，与皇家园林一样以清代作品为最多，并且又以江浙一带最为集中。其他地方的园林，包括皇家的苑囿，无不奉江南园林为圭臬。所以，要想研究中国园林，特别是私家园林，主要的依据在清代，而要想研究清代的园林，主要的依据则在江南，而江南园林中又以苏州一带最为典型，最具代表性。

苏州私家园林中，较有代表性、较著名的有：拙政园、沧浪亭、留园、网师园、怡园、艺圃、鹤园、耦园、曲园、五峰园等。

拙政园是苏州最大的古典园林，也是中国古代著名的私家园林，始建于明代正德

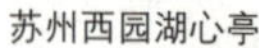
苏州西园湖心亭

年间（1509～1513年），是御史王献臣所创私园。正德四年，王献臣因受东厂诬陷而接连遭贬，遂解官回家建了此园以养身心。因之，取晋代潘岳《闲居赋》中的“灌园鬻蔬，以供朝夕之膳……是亦拙者之为政也”之句，将园名定为“拙政园”。

拙政园位于苏州市娄门内东北街，传说此地曾是三国陆绩、东晋戴颙、唐代陆龟蒙、宋时胡稷言等名人的宅址。元代时，此地则建有大宏寺，王献臣即在此寺址上建园。王献臣建此园时，设计者是明代的著名书画家文征明，园成后文征明还亲书《王氏拙政园记》，并曾五次作“拙政园图”。苏州拙政园如此闻名，与这位明代大文豪的设计构思，应该说是有着极大的关系，这也让我们对他更添了一分景仰。

自王氏建成此园之后，曾数度易主。先是王献臣之子因赌博负债，园林归了徐氏。明末时，园林则处于荒废状态，明崇祯四年（1631年），园子东部为刑部侍郎王心一所得。王心一善于诗、画，因此，自己重新设计，重理山水。修整完成以后，取陶渊明“守拙归园田”诗句，将园名改为“归田园居”，同时，亲自作《归田园居》图与《归田园居记》文。

清顺治时，拙政园又归大学士陈之遴所得。陈氏获罪充军后，此园一度为驻防将军府，即而又做了兵备道馆。后来，园子又归了吴三桂的女婿王永宁，他对此园进行了较大规模的修建，但并未破坏它最具特色之处。

此后拙政园又经几多兴废。如乾隆时归蒋氏所有，其大修园林后，将之更名为“复园”，之后又有一个荒废阶段。光绪时，吴县富商张履谦购得此园，重新大肆修缮，并易名“补园”，张氏之后又行荒废，直到新中国成立后国家再次整修，仍用初名“拙政园”。目前所见的建筑与格局，基本成形于清代后期。

拙政园总面积约80亩，由东、中、西三部分组成，东部面积约40亩，中部约80亩，西部约12亩。这三部分是历代不断改修、扩建形成的，最初基本是一个整体。不过，此园从建成至今一直以水景为主的特点却没有改变。据文征明《拙政园记》载：“郡城东北界娄齐门之间，居多隙地，有积水亘其中，稍加浚治，环以林木。”

在全园的东、中、西三部分中，中部是全园的主体，也是全园的精华所在。水面占三分之一，以水池为中心，在四面因势错落建有堂、亭、轩、阁等建筑。池内堆砌假山小岛，岛上竹林茂密，岸边芦苇丛立，颇有野趣。假山小岛以曲桥相连，优美灵动、飘逸潇洒。

拙政园内屋宇稀疏，空间明朗，层次分明，富有自然意趣。主要建筑与景致有远香堂、倚玉轩、小飞虹、小沧浪、香洲、玉兰堂、见山楼、梧竹幽居、听雨轩、海棠春坞，及三十六鸳鸯馆、倒影楼、留听阁、与谁同坐轩、宜两亭等。

远香堂是拙政园的主体建筑，也是中部园区的中心建筑。

拙政园云墙

提到远香堂，首先不可不提它的名称。它的名称由来颇具诗意，因为堂后池中有荷花，便取宋代周敦颐《爱莲说》中“香远溢清”之句意，命名为远香堂，借以称咏主人出污泥而不染、濯清涟而不妖的莲般的品质。堂南、堂北又各有柱联一副，南联曰：“建国报襄入淮总榷数年间大江屡渡沧海曾经更持节南来息劳宦辙探胜寻幽良会几望新政拙；蛇门遥接鹤市旁连此地有佳木千章崇峰百叠当凭轩北望与衮群公开樽合坐名园且作故乡看。”北联曰：“旧雨集名园风前煎茗琴酒留题诸公回望燕云应喜清游同茂苑；德星临吴会花外停旌桑麻闲课笑我徒寻鸿雪竟无佳句续梅村。”

由中部原有的园门进入园内，再穿过腰门，绕假山，渡曲桥，在一座照壁似的黄石山的后面就是远香堂了。远香堂建于清代乾隆年间，坐南朝北，面阔三间，单檐歇山顶，灰色仰合瓦屋顶，其上几无装饰，简洁朴素。此堂周围环境开阔，所以采用四面厅的做法，四面装槅扇，四面均可观景，四面景致各有不同：北山、水；南石、木；东亭、阁；西轩、廊。尤其是堂前，临池有宽敞的观景平台，舒展大方，既便于观景又突出远香堂主体独立的地位。

堂前水池中，以土为主，以石为辅，堆垒成东西两山。山体向阳一面黄石池岸，起伏自然，山背面则是土坡苇丛，野趣横生。山上间植常绿树与落叶树，使四季景色因时而异。东西两山之间的水面形成溪流，溪上又搭土石桥，使两山似断还连。西面山巅建有长方形平面的雪香云蔚亭，与远香堂形成对景，而东山顶上则建有六角形平面的待霜亭，又与雪香云蔚亭成对景。

山水环绕下，绿树掩映间。只觉远香堂意境幽静深远，建筑风格轻灵、素雅。而远香堂室内更摆放有桌椅、茶几、花瓶和古琴等物。如果三五人于堂中，听琴品茗，其清雅、舒畅则更非言语所能表达。

倚玉轩是园中距离远香堂最近的一座建筑，位于远香堂的西面。它在形体上比远香堂稍小，而在造型上则与远香堂构成一横一直的搭配格局，高低起伏，错落有致。避免单调而又能增添其活泼的气息、优雅的气质。

倚玉轩之名得于其后曾遍生翠竹，而中国人把竹、石当玉。文征明《拙政园图咏》中有："倚楹碧玉万竿长"的诗句，由这优美形象的诗句中，我们可以想见当时翠竹掩映下，倚玉轩的清幽、雅洁。如今的倚玉轩后面虽不再有竹，但背靠参差的绿树，前临清澈见底、微波荡漾的池水，池上九曲石桥通往轩内，不仅使倚玉轩的秀色丝毫不减，反倒衬托得灰色的屋顶更为淡雅，红色的廊柱更为鲜明起来，在玲珑精巧之外又有一丝掩饰不住的亮丽活泼。

拙政园以水池为中心，不但有大面积的水面，还有由大的水面分流出的小溪流。在倚玉轩的西侧，中部水池即向南引伸一条水湾，直延伸到界墙，以幽曲取胜。在这湾溪流的中部架设有一座廊桥，廊桥形体微微上拱，凌于水面之上，有如飞虹，称为小飞虹。正应南朝鲍照的"飞虹眺秦河，泛雾弄轻弦"诗句。

小飞虹是拙政园水湾景观中的杰作，也是苏州园林唯一的廊桥，以白色条石为桥面，两边辅以"万"字纹的木制护栏，其中有立柱撑起上面窄窄的灰瓦廊檐。其个体造型虽简洁，但与周围的亭、轩、绿树相映，自然形成错落、优美的好景致。在其对面远观，整片美景倒映在水中，远近虚实相接相连，景物瞬间变得更为丰富精彩起来。让人疑在画中游。

整个廊桥轻灵通透，既可观景，又自成一景。

小飞虹的南面、水湾的端处设有小阁名小沧浪，小阁面阔三间，也横跨于水面，东西亭廊。阁有"清斯濯缨，浊斯濯足；智者乐水，仁者乐山"的楹联。而更妙的是由此北望，小飞虹、荷风四面亭、香洲、见山楼等皆可入眼帘，层次丰富。

香洲是仿画舫而建，又名香舟、芳洲，取屈原《楚辞》诗句"采芳洲兮杜若，将以遗兮下女"与《述异记》载"洲中出诸异香，往往不知名焉"。前有文征明所题"香洲"匾额。

香洲俗称旱船，建筑可分为前、后四个部分，各部分高低错落，虚实相应，造型活泼，通透玲珑，相当于一只完整的船。

苏州拙政园小飞虹

最前部是一个观景平台，边缘围有栏杆，这块平台就好像是船前的甲板。平台后面是一座卷棚顶的四方小亭，亭脊显著，亭角飞翘，灰瓦顶，下部前面有两根红色的柱子，高直明丽，亭子前、左、右三面通透，后部与一段廊子相契合，亭檐仿佛直接搭在廊上一般。廊檐下两侧廊柱作横竖垂直交叉状，组成方格，也较为通透。亭与廊就好像船的前后舱。

舱的后面就是船尾，是一座两层楼的形式。这座楼既是香洲的一部分，也可以自成一体，称作“徵观楼。”徵观楼的造型很有特色，上部为卷棚歇山顶，檐角飞翘，轻为轻灵柔美，下部是方正厚实的墙体，显得稳重坚固，墙体与楼檐之间，有近一圈的槅扇。楼的色彩用运也非同一般，占楼体最大部分的墙为白色，窄直的槅扇为红色，屋顶为灰白色，整体感觉清峻高雅。

香洲在位置上恰与倚玉轩相对，分别立于小飞虹下水湾的北端两岸。香洲中舱所设的大镜子，不但可映照池景，也恰能映出倚玉轩的身影，使景致在丰富多变中又相合相容。

中部园区除了这些位置较居中的景致外，还有边缘的玉兰堂、见山楼、梧竹幽居、听雨轩、海棠春坞等。

西部园区虽然不及中部精美多样，但其中的三十六鸳鸯馆、倒影楼、留听阁、与谁同坐轩、宜两亭等，也都各具特色，尤其是三十六鸳鸯馆最为特别。

苏州沧浪亭

三十六鸳鸯馆位于西部园区中心水池的南岸，其实它是和十八曼陀罗花馆合二为一的鸳鸯厅，即前后用屏风将建筑分为南北两厅的形式，这也就是它的特别之所在。鸳鸯厅四面窗格嵌菱形蓝白花玻璃，四角加耳室，是国内孤例。南厅十八曼陀罗花馆，因馆南植有十八株山茶而得名，柱联为"迎春地暖花争坼，茂苑莺声雨后新。"北厅三十六鸳鸯馆，则因馆北池中养有鸳鸯十余对而得名，柱联为"绿意红情春风夜雨，高山流水琴韵书声。"

除拙政园外，在闻名程度上沧浪亭当是苏州园林中数一数二的了。沧浪亭是苏州现存最古老的园林，位于今天的苏州城南三元坊附近，是北宋大文豪苏舜卿在苏州时的宅园。苏舜卿任大理寺评事时，因支持范仲淹推行的庆历新政而被罢官，于庆历四年（1044年）卜居苏州。

苏舜卿到苏州后，因见盘门之处四面环水，景色宜人，喜爱之心顿生，又听说此地原是五代吴越王时外戚孙承佑的池馆，便即于此购地、建园、筑居。又因感于《楚辞 · 渔父》中所描写的"沧浪之水清兮，可以濯吾缨；沧浪之水浊兮，可以濯吾足"辞句，而将园子命名为"沧浪亭"。同时，还在园内特建一亭，也称之为"沧浪亭"，又亲撰《沧浪亭记》，并自号沧浪翁。

文人墨客乐山好水，临水建亭，凭风远眺，忧思、喜悦，尽付于一湾碧波；或为美景启发，灵感突至，留下千古不朽文章。自苏氏建沧浪亭后，文人雅士对沧浪亭的吟咏称颂不绝于史，而苏氏在建园后，所撰《沧浪亭记》中的“前竹后水，水之阳又竹，无穷极，澄川翠干，光影会合于轩户之间，尤与风月为相宜。予时榜小舟，幅巾以往，至则洒然忘其归。”等内容，及得其好友欧阳修的一句“清风明月本无价，可惜只卖四万钱”，当是沧浪亭闻名的开始。

苏舜卿离世后，沧浪亭几易其主。先是章庄敏、龚明之各得其半，各自对其进行修缮、扩建。章氏在扩园时，更发现有嵌空大石，传为广陵王所藏，遂以此石筑成两山，使成相对状。南宋初年，此处成了武将韩世忠的府第，他在苏氏亭址上大肆扩建，并在章氏以嵌空大石筑成的两山间架起飞虹桥。时人将园俗称为韩园。韩园与苏氏初筑时相比，丰润富丽有之，而简洁、飘逸、清雅不足，意境骤减，打破了以自然取胜的山水形态。

后来，元、明两代时又几乎荒废，直至康熙年间才重新修建，其间又将沧浪亭移离原址，修建于土阜上。至此，始成定局，但与苏氏旧貌已相去甚远。我们如今所见，却又是清咸丰年间重修的了。

此时与宋时相比，最大的缺憾在于水与亭相去越来越远，且水面已被圈于园外，没有了亭水相依的妙境。但既为“沧浪亭”，无水怎起浪，所以在墙外建亭、廊、面水轩以借水势；又在园内南部建“看山楼”，以补救沧浪亭内无法借城外西南山景的缺憾。

经过多方改建，远近高低，景致多变；亭台楼阁，参差林立、丰富多彩；反倒山水俱全。虽与初时大相径庭，但却也别有一种风光、意味。

沧浪亭总面积约16亩，与拙政园相比，它只能算是小园林。虽然如此，其中的山水花木、亭台楼阁一应俱全，而又具有自己的特色。其中最突出的当是古亭、借景、漏窗门洞。

沧浪亭因为将亭移动，与水面越来越远，及至水面被圈于园外，这恰形成了现今一面临河的形式，且临河景观还成了全园绝胜处。未进园即可见园景，是沧浪亭与众不同之处。又正因为水成了园外之景，所以沧浪亭园内以山石为主景。园内与园外，山与水截然分开，于园外隔水观望，其意境深远，进得园内则顿觉清幽。

沧浪亭园内中部土山高高堆叠，四角石筑沧浪亭耸立其上，参天古木四周掩映。亭上有欧阳修和苏舜钦相合而成的两句诗作联：“清风明月本无价，近水远山皆有情。”我们仿佛看到苏舜卿当年携酒独步其间，“返思向之汩汩荣辱之场，日与锱铢利害相磨戛，隔此真趣，不亦鄙哉。”

除沧浪亭外，园内还有明道堂、看山楼、翠玲珑、仰止亭、五百名贤祠、瑶华境界、清香馆、观鱼处、面水轩等。

扬州也有一些比较有特色的私家园林，像个园、珍园、匏庐、萃园等。

个园位于扬州市盐阜东路，始建于清代嘉庆年间，是当时的两淮盐总黄至筠的宅园。因黄氏生性爱竹，遂于园中种竹万竿，并取清代文学家袁枚“月映竹成千个字”诗意，将园名命为“个园”。个园面积不足十亩，但山石池水、绿树红花、亭台阁榭俱全。特别是其中的春夏秋冬四山，分别以石笋、湖石、黄石、宣石相喻，每山又分立多处石峰。这四山聚于一园被誉为扬州园林最具特色的一景。

入园后即可见几枝竹子植于青砖坛内，并有石笋相伴其间，在粉墙漏窗映衬下，笋越发挺拔，竹越发葱翠，寓有“雨后春笋”之意，此即为春山之景。夏山在春山之西北，中间隔有池水与宜两轩。夏山以湖石构成，山内洞府森森，山前水池上渺渺，园路出入洞里洞外，石板架于矶岛之间，曲折无尽，似隔还透。

宜两轩也许更应称作宜四轩，它不但可对春山，望夏山，还可盼秋山，顾冬山。秋山与夏山相对，位于宜两轩的东北，是座黄石大假山，因为秋天的颜色是黄色。秋山远观如海上之异峰突起，进内则可见洞穴与石室相连左通右达，引来穿山之风，风过凉生，秋高气爽。山上植古柏，山下种红枫，秋风起时，夕阳西下，一片金黄的余辉照着火红的枫叶，秋意正浓。

冬山之景自成一院，与春山仅一墙之隔。冬山乃用安徽宣城的宣石堆成，宣石较太湖石光泽暗而没有棱角，靠突起的石英颗粒反射冬日的光线，堆叠后既如雪压花木又似雪狮，自然可爱。妙在山石依靠的墙面开有数十个音洞，隆冬时节北风呼啸而入，冰雪中山石挺立，石前数枝腊梅绽放，真是迷人又冷酷的冰天雪地的寒冬。

相对于苏州和扬州的园林来说，安徽的园林在名气上可能要小得多，但它们却与民居结合得更为紧密。其实作为名冠天下的苏州园林，大部分都是富甲江南的徽商所建，多少带有一些徽派园林的风韵。而作为真正的徽州园林，檀干园当是极为杰出的一个代表。

檀干园位于安徽省黄山市徽州区潜口镇唐模村，因建园时有高大檀树而得名。步入唐模村村口，首先映入眼帘的就是檀干园，它是一座典型的清初徽派水口园林建筑，建于清代乾隆年间。据说当时的富商许氏在外做生意，曾游历过苏杭一带的风景名胜，尤其喜爱西湖之景。当他母亲听他讲述西湖之美以后，特别向往，但因其年纪大，交通又不方便，无法实现这个愿望。而许氏是个大孝子，为了母亲高兴，特回家于村中购地掘池，仿西湖建了一座园林，并且也做成开放式，让村民也可自由进出游赏。园内主景有三潭映月、湖心亭、玉带桥、白堤等，因而称小西湖。

因檀干园在乡村田野的平地上，所以在园外种植高树，积土成阜，稍成内藏之势。而为了引水，特将园址选在溪边，又恰是流经村落而过的溪水位处村口之处，所以称

苏州曲园牡丹

水口。为了镇水，于水上建石桥与亭，这源于中国的风水理论，也因此显示出其风俗情味来。

碧园位于安徽省黟县宏村的牛肠水圳之首，始建于明代末年，是安徽省清代庭院水榭与民居结合的代表，是园居的典型，园林与建筑浑然一体，不像苏州等处的宅园把宅部与园部截然分开，而是所有建筑既可居又可游。

一般小园林如苏州残粒园，只设一个中心，而碧园却一分为三，在不到300平方米的面积内竟用院墙分隔成三个截然不同的景区，大胆之至，特别之至。园内主要建筑与景致有，燕诒堂、水榭、石雕、祥云瑞气漏窗、瓜果园、鹤寿堂等。

进入院门微一折就可至宅院主体建筑燕诒堂，堂名喻安闲快乐。堂为上下两层楼房，登楼可览全园风光。建筑虽不饰丹朱粉墨，但却一样精巧细腻。堂前有走廊，廊前接一水榭，凌于水池之上，为园林主体建筑。水榭屋面与燕诒堂的一层披檐相接，楼榭即成一体。

碧园水池很小，不过两、三平方米，池岸用卵石垂直砌筑，上压条石，池内栽荷花、养金鱼，其形非常精巧、可爱，其境则极清幽。池水源于门前的牛形水圳，此水是全村共用，而碧园是第一家。水池边墙上开设条形漏窗，在几何图案之中嵌“祥云瑞气”四字，故称祥云瑞气漏窗。漏窗旁不远开有一月洞门，上题“碧园”二字。

碧园虽小，但曲曲折折回还往复，眼前是一景回顾又是一景，似断还连，层次丰富多变。

中国园林中，私家园林多不胜数，东西南北各处皆有，这里所举仅是一些较有代表性的。

私家园林是较富有的商人、官僚等的私人游赏处，它的出现就是为了园主可以不离居处而享山水，所以多是连在宅子后面的，很少真正独立，因此可以说宅园相连是中国古代私家园林的传统形式。

苏州留园冠云峰

第十七讲

原始住宅与村落

原始社会历经二三百万年，而距今一万年前才进入原始社会的新石器时代，这之前的二三百万年都是旧石器时代。

旧石器时代被古人类学家划分为猿人、古人、新人三个发展阶段。猿人在相当长的一段历史时期内，仍然住在茂密的热带与亚热带森林中，并且为了躲避猛兽的侵袭，基本都是住在树上。后来，经过缓慢的发展，猿人可以磨制简陋的石器，并开始使用火。在我国，云南元谋县发现的170万年以前的猿人文化遗址中就发现了这种情况，遗址中有使用火所留下的痕迹——碳屑。这些都使得猿人有条件渐渐突破森林的局限，将生活领域向温带扩张，并逐渐改变在树上生活的习惯而转移至地面。

大约生活在公元前70~20万年之间的北京猿人，他们的遗骨被发现的地点就是北京周口店龙骨山的岩洞。这种栖息地非常明显地证明了此时的猿人已经过着接近地面穴居的山洞生活了。居住在这样的岩洞内，不但可以防御猛兽的袭击，还可以遮挡风雨和躲避严寒酷暑，较在树上的居住是一大进步。而从山洞中遗存的被火烧过的兽骨、树籽、石块等，可以看出此时的猿人已经经常食用烧烤的食物了，并证明他们已能够引用和控制天然火，标志着猿人已彻底与动物分离，成为真正的原始人类。

火烤制的熟食加速了原始人类的智力发育，同时火是更有效地驱除毒虫猛兽的手段，这使得他们可以脱离岩洞，而向更为广阔、适宜的空间发展。因为生活条件有所改善，人群的数量增加了，寿命也渐长，其繁衍也逐渐脱离了原始的群婚方式，而开始有了氏族制度的萌芽。

这一时期的原始人类，部分栖息在山洞中，而另一部分因为位于湿度较高的沼泽地带，仍然以树木为居住处所。但随着生活经验的积累，在这一时期，不论是山洞还是树木居住地里的原始人类，都对自己的原始住处有所加工修整。如，对栖居的岩洞进行清理，对坑洼地面予以填补，将栖居的树木上的多余枝叶去掉，或是采集枝叶填补树木较稀疏之处等，人们开始有意识地改善栖息条件。

随着生产工具的发展和革新，生产力水平提高了，生活资料更为充足，人口增长也更为迅速，自然形成聚落群，居住方式相应地有所改变，人类进入了新石器时代。新石器时代可大致划分为母系氏族社会与父系氏族社会两大阶段，在中国，这一时期人类居住的主要地带是今天的黄河及长江中、下游。新石器时代的农业、渔业、手工业、畜牧业等方面都有长足的发展，这使人们不断地寻觅新的生产和生活地点，并创造出新的居住形式。基本的发展模式为，从横穴形式，到竖穴形式，再到半穴居形式，最后发展到地面建筑。

地面穴居和在树上的巢居是原始人类居住处所的两个最基本形态。中国古文献中有很多关于巢居与穴居的传说性记载。

韩非子在他所著的《五蠹》中就有“上古之世，人民少而禽兽众，人民不胜禽兽虫蛇。有圣人作构木为巢以避群害，而民悦之，使王天下，号之曰‘有巢氏’”的记载。这里所谓的“构木为巢”，也就是利用自然树木搭建窝棚或可供居住的巢居。有巢氏使人们有了这样的安居之所，所以人们推举他为首领，这便形成了部落。随着部落的发展，受到在树上搭建巢穴的启发，慢慢地延伸出了在地面用柴草、树枝搭建的巢穴形式，这可以说就是后来的干阑式民居的雏形。

河南仰韶遗址中的复原原始民居

复原原始聚落中的小房子

《墨子·辞过》则有关于穴居的记载："古之民未知为宫室进，就陵阜而居，穴而处。下润湿伤民，故圣王作为宫室。"直到新石器时代时期，穴居仍然是黄河流域原始人类的主要居住形式。在地势较高敞的黄土地带，营造穴居比构木为巢更为方便、容易。因此，不仅在黄河流域，还有长江、珠江流域，及西南、东北等地区，只要是有类似于黄土地带条件的，也多是采取穴居形式。但随着历史的发展，穴居的延续形式——窑洞就只在黄河流域还有保留使用。

所谓巢居，也就是《礼记》中称作"橧巢"的居住形式。"橧"，辞书解释为"聚薪柴，而居其上"，"橧巢"可以包括地上和树上的不同的巢居形式。一般来说，所谓巢居，也就是指底层架空的居住形式。

当地势低洼，地下水位较高，甚至沼泽地带，巢居无疑是最为理想的居住形式。同时，因为水资源丰富，人们的生活用水极为方便，又可以有丰富的渔猎收获。而且水土潮湿必然有茂盛的植物和聚集的动物，可以为人们提供另一方面的食物来源。

长江流域就是一个有大面积低洼地势、气候湿热的水网地区，巢居建筑形式的优点在此得到了充分发挥，因此，这样的地区成为巢居人类的主要聚居地。

巢居由最初在单株树上的随意搭设，发展为稍事修整搭有顶蓬，再到利用几株树木构建更宽敞的空间。这种演变，既是人类生存经验的积累与技术的提高所致，也是适应人口逐渐增加的功能需要。而生产力的不断发展与提高，加上聚落的形成，在较为安定的社会情况下，人数更是大为增加。在有水源，可渔猎，方便采集的适宜的生活条件下，自然的林木无法再满足如此多的巢穴搭设，人们便在自然树木巢居形式的启发下，创造出了人工栽立桩、柱以搭建房屋的形式。

桩、柱的设立据地理条件的不同，而有不同的方法。在较为潮湿与泥泞的地点，桩、柱较易打入地下固定，所以可使用打桩法，即直接将桩、柱立在地面，用锤、斧等工具砸入地面即可。而在较为干燥的地点，打桩就很不容易，桩、柱很难立得稳固，便需要挖坑栽桩，也就是先在准备立桩、柱的地面上挖出大坑，然后放入桩、柱，用土堆埋结实。后一种方法显然比前一种费时费力，但因为地面干燥，较为便于人们的地面活动，而且从理论上来说，桩、柱埋在较干的地下，比埋在潮湿的地下寿命更为长久。

当然，不论是打桩还是栽柱，其上部窝棚的构筑方式与传统的巢居是没有太大区别的。尽管如此，这样的房屋形式，因为可以任意选择更适合的地点搭建，较之利用自然树木无疑更有优越性，所以无论从技术要求上，还是适用性上，无疑都是一个大的进步。它不但使人们摆脱了对自然的单纯依赖，而且形成了一种较新的建筑类型与居住方式。

这种在人工桩、柱上建屋的形式，在文献中被记载为“干阑”。这种建筑形式，一直到今天依然被我国广大地区的民居所采用，这其中大多是少数民族。在少数民族，对这种干阑式房屋形式，还有不同译音名称，包括高栏、阁栏、葛栏等。中国现在的很多少数民族民居，都仍采用这种干阑式建筑样式，如傣族、侗族、壮族、苗族、景颇族、布依族、佧瓦族，等等。当然也有所变化与发展，一般是“结栅以居，上设茅屋，下豢牛豕”的竹木建筑。在排列较密集的桩、柱与地板梁和屋架梁、枋之间，多设置穿插构件。在构架的交接处，由捆扎改进为榫卯相连接，自然形成穿斗构造方式。需要特别说明的是，现在的干阑式民居，木柱早已不再埋入地下，而是直接摆放在地上。

此外，在很多汉族聚居地的农村，也有类似的高架窝棚，不过不是用来居住的，而是临时的守望处。每当庄稼或瓜果等将要成熟的季节，于田边地头搭建这种小棚，用来看守庄稼或瓜果。这种窝棚多利用天然草木搭建而成，形式较为简单。一般是先于地面立四根较粗的木柱，然后在四根木柱柱体的中上部横搭另外的木柱，于木柱间设可容纳一到两人的铺面，再于四根立柱顶上面搭一个草盖，即可。也有一些窝棚，会在顶盖到铺面之间的四面用草木围护起来，只在一面留出入口，这样的小棚具有简单的房屋形象。

总的来看，巢居形式大约经历了独木橧巢、多木橧巢、桩式干阑、柱式干阑及架空地板的穿斗式地面房屋和楼阁式干阑等几个阶段。

穴居因其形式需要，不能与巢居同样处于低洼、高湿之地，所以穴居的主要发展地是黄河流域。从大的地理环境上看，穴居人类与巢居人类是有相似之处的，即都依水作为生活区域，一是长江，一为黄河。这也说明了水是人的生命之源，是人类生活

前面设有带人字形屋顶的走道的大房子

的必不可少的要素。

黄河流域中部，有广阔、丰厚的黄土地层，土质细密，并含有一定的石灰质，土壤结构呈垂直节理，具有很强的垂直性能，挖掘洞穴后壁面不易塌落，这些为穴居的发展提供了有利的条件。

当时的人们虽然没有很多工具可供使用，但依据黄河中游一带土质松软而土层较厚的土地特性，用简陋的石器工具也可挖穴建房，以及耕作。人们因地制宜，因材施用，建筑出了适合地理、气候等条件的居室形式。特别是母系氏族公社以农耕为主，并要求定居的社会状态，使人们在这里生活下来。此后，穴居形式在黄土地带便得到了迅速发展。

穴居形式也经历了多个发展演变时段。原始社会穴居主要经历了横穴、袋型竖穴、半穴居、原始地面建筑、分室建筑等几个阶段。

最早的横穴多在黄土断崖上营造，是对自然山洞的简单模仿。横穴虽然称作建筑，但这种极原始的建筑其实并没有增筑什么，反而是在原有基础上的削减，即对原有黄土材料的削减。而且是一种除了内部空间和穴口之外，没有更多外观体形的建筑形式。

横穴是保持土地自然结构的生土拱，只要具有一定的拱背厚度，就较为牢固、安全了，不需要另行构筑，即能满足遮风、蔽雨、御寒等的初步要求。正因为它是如此

带矮墙体的原始住宅形式，相对不带墙体的住宅来说是个不小的进步

的简易、经济，所以虽然后来出现了竖穴、半穴居等形式，横穴仍被继续使用，并得到了不断的改进。

横穴虽然优点很多，但营建横穴的地形并非处处都有。当人口发展到一定程度，需要更多的居住空间时，适合建横穴的地形却越来越少，这时人们便开始在坡地上挖掘洞穴。在这样的缓坡上挖建横穴，比营建一般的横穴复杂一些，需要先竖向挖掘一个垂直的壁面，然后才能在此壁面上横向挖出所要的洞穴。正因为这样的挖建较为费力，再加上在坡地上所挖的洞穴常因上面的土拱厚度不够而发生塌毁，所以后来人们便干脆挖建竖穴了，所以在坡上建穴的这一段时期，可以说是横穴向竖穴的过渡。

竖穴口朝上，每逢雨雪天气，必得要有遮挡，起先只是用树木枝叶等临时堆于洞口，久而久之，为了更加方便使用，人们学会了将枝叶树木编扎成一个完整的盖子，想用随时就用，不用了就放置一边。这样的盖子可以说是屋顶的萌芽。

虽然较临时堆砌的枝叶来说，捆扎的盖子已方便不少，但随着人类的进步，人们发现这样的盖子，每次都要随着天气的阴、晴、雨、雪，以及人的出入而移动，还是不够方便。于是，人们将这种“屋顶”简单支撑起来固定在洞穴上面，而留出一个仅供出入的口。

随着屋盖制作的熟练及穴内柱子的使用，人们渐渐减小了地下穴的挖掘空间，而出现了搭建在地面上的大屋顶，形成浅袋形的半穴居，具有了较为固定的外观体形。这种半穴居的内部空间，下半截是挖出来的，上半截是搭建的，也就是说，这时期的原始穴居已由地下转变为了半地下。

半穴居住宅的平面大多为方形，穴内转角一般做成弧形。穴内地面下沉深度一般在50～80厘米之间，有斜形阶梯连接门与室内地面。穴的上部是简单的四角攒尖形顶盖，在穴内用木柱支撑，一般是沿穴内四壁排列着整齐的木柱，支撑屋盖边缘，而在穴内的中部用四根木柱作为主要构架支撑屋顶。

这种半地穴建筑内部地面向下挖掘出的浅土坑，随着不断的发展，越来越浅，而地面上于坑口搭建的屋顶则是越来越上升，逐渐出现了全部建在地面上的建筑形式，这就是原始地面房屋。不论是半穴居形式，还是地面房屋形式，在地面上的可视部分，都几乎是房顶，就是有一部分带有墙体的，其墙体也都很矮，最高不过1米左右。墙芯材料一般为木棍、草绳之类，编成篱笆，搭设好以后，再在两侧涂抹泥土，以增加其结实度和严密性。

这种搭建在地面上的房屋的顶部或墙壁，多是向外倾斜的形式，而且门开在屋顶上，也许是因为墙太矮的缘故。这种看起来很有趣的房屋造型，被今天的学者称为“鼓腹外倾”。

虽然原始社会本身也有一个不断发展、进步的过程，但相对于其后的各种社会形态，包括奴隶社会、封建社会，特别是对于现今的社会状况来说，它的生产力水平就太低下了。

生产力水平的低下，食物来源较少，人们必须相互依存，共同寻找食源，以及抵抗野兽的侵害。居住方式总是与其生产力水平相适应的，采取聚族而居的群居形式，从那时便已经形成。

因为原始社会新石器时代，人类多生活在黄河、长江流域，因而原始聚落在新石器时代也以分布在黄河、长江两流域为主。

黄河流域虽然都以农业生产为主，但各地的自然条件与经济发展还是有所差别的，所以建筑的形式也不尽相同。大体上来说，处在黄河上游的黄土高原聚落，居住形式多为横穴；而位于黄河中、下游黄土冲击平原的聚落，居住形式则以竖穴和半穴居为主，后发展为地面建筑形式。不过，到新石器晚期时，黄河上游地区也出现了很多半穴居和地面建筑。

以横穴为主要居住形式的黄河上游原始聚落，目前已发现并保存较好的遗址较少。这些保存至今的遗址包括宁夏海源县菜园村林子梁、内蒙古凉城县圆子沟等。因横穴多沿较陡峭的山坡构筑，而穴居之间的联系多为带状的道路，又因在地形上较受限制，难以形成大面积的公共广场区，仅在有些住所前辟有小块空地作为庭院。因此聚落的平面大体呈狭长的条状或树枝般的多枝丫状。在这样的地形条件下，修建环绕聚落的濠沟或是围墙都不容易，因而在防御上，大多是利用现有的崖壁与沟壑等天然屏障。

以竖穴和半穴居形式为主的黄河流域聚落，是中原母系氏族发达阶段的聚落形式，聚落的建筑多选择在临近水源的平地上。如河流两岸的阶梯状台地上，或河流交汇处附近地势较高且平坦的地方。

聚落内住宅的安排是在一座大的房子四周围着几座小房子，也就是说，一般的聚落是由几座大房子和众多的小房子组成。

大房子空间大，中心是火塘，是做饭与吃饭的地方，也就相当于集体大食堂，提供族群饮食。大房子前的入口处还有一个几米长的信道，多为人字形屋顶。大房子是集体住房，是一个族群的中心，也是族群祭祀的地方，房内主要住有老人、儿童、男性氏族成员，而适婚女性则每人在大房子的周围有一座小房子。小房子的门都朝向大房子，方便联系。

原始住宅与村落

原始住宅地面坑洞

原始住宅使用柱子是住宅技术的一大进步。黄河流域的住宅从半穴居阶段的承重木柱开始，柱子的功能不断进化、分工，逐渐演化出了檐柱、墙柱、中柱等形式，同时梁也出现了横、斜形式。至仰韶文化后期，住宅室内已经有两个类似山墙形状的梁架了，这也是后来三开间民居的雏形。

这种以竖穴和半穴居住宅为主的黄河流域聚落形式，在目前发掘的原始住宅遗址中，以地处关中地区的仰韶文化聚落最具代表性。如陕西西安半坡和临潼姜寨等遗址。这一时期的聚落，无论是选址，还是分区，以及各个建筑的内部布置，包括防御设施的安排等方面，都给人一种经过周密筹划的感觉。

陕西西安半坡村新石器时代聚落遗址，位于渭水南支流浐河东岸半坡村北的二级台地上，是一处较为理想的原始定居地。聚落的平面呈不规则的长方形，南北最长约300米，东西最广约190米，是目前所知的仰韶文化聚落遗址中面积最大的。

聚落包括居住区、居住区周围的壕沟、壕沟外的墓地与窑场。此外，居住区内外还分布着公共仓库。在居住区的最中心有一座规模较大的房屋，应是聚落的公共活动中心。

聚落周围环绕的大濠沟又宽又深，沟的上口宽约6~8米，底宽约1~3米，深约6米，断面呈倒梯形。其中靠近居住区一侧的沟壁较陡，并且内部沟沿比外侧沟沿高出

大房子的内部构架

1米多，具有很好的防御性。聚落中部的居住区内，除各种住房外，还有地窖、畜栏、儿童墓葬等。房屋的平面有圆形、方形、长方形。成人墓葬区位于濠沟的北面，烧制陶器的窑场则位于濠沟的东面。

虽然发掘并不完全，但已能看出此聚落营建的完整性与计划性。

长江流域的新石器时代的聚落，以浙江余姚河姆渡的母系氏族社会聚落遗址及江苏吴江龙南新石器时代父系氏族社会聚落遗址，最具代表性。前者是目前发现较有特点的水网地带新石器时代聚落，建筑为干阑式木结构。而后者则代表江南其他广大地区，以土木为建筑结构的半穴居或地面居住形式。

余姚河姆渡遗址发掘中，最为引人注目的是大量干阑长屋的木构遗存，这也是我国建筑史中难得的珍贵的实物资料。在这些木构件中，有被打入原始沉积的泥灰层中的一排排木桩。木桩顶端以榫卯连接着水平的地板龙骨。此外，还有一些散乱的地板、梁、柱、树皮、瓦等遗物。这些榫卯等木构件的应用，表明当时的建筑技术已达到了一定的水平。

建筑遗址位于河姆渡村附近的一座小山岗东面，而根据探察，在建筑遗址的东北，当时是一片湖沼。据此可知，此遗址建筑原是位于山水之间，也应当是一片较理想的聚居地。而由遗存木桩的走向看，建筑应是背山面水而建。这是后来中国传统建筑群的理想布局与朝向模式。

江苏吴江龙南村的良渚文化聚落遗址，所发掘的住宅形式均为半穴居和浅穴居，平面则有圆形、方形、条形、矩形，乃至T形等，建筑的门道多朝向西南。

除黄河与长江流域外，我国东北部地区也发掘有新石器时代聚落遗址，多位于内蒙古。包括有赤峰市敖汉旗兴隆洼文化聚落遗址、赤峰市四分地东山嘴聚落遗址、大青山红山文化石构建筑聚落遗址等。

赤峰市敖汉旗兴隆洼文化聚落遗址，位于赤峰市大凌河支流牤牛河上游的缓坡上，地势东北高而西南低。聚落外围环绕有不规则的圆形濠沟，濠沟所圈围的聚落面积约24000平方米。房屋以西北向东南方向排列，共有10行。每行均有房屋10余间，非常整齐有序，明显经过事先的筹划。

房屋均为半地穴形式，平面有方形也有长方形，不论是方形或长方形，其四角都做成圆角，穴深都在1米左右，穴内近壁处或屋角至少有4~6个柱穴。室内面积多在50~70平方米，最小的则为20平方米，最大的约为140平方米。大房子均位于聚落较显著的中心处。

原始村落中的大房子

带有原始建筑意味的石屋

表面全为石头与石片的石屋

墙壁暴露木构架的民居

这处聚落较特殊的地方是没有发现公共墓地，死者多随葬在居室之内侧，几乎一室一墓，墓为长方形竖穴。这种让死者与生人共处一个空间的做法很有特殊性。

红山文化石构建筑聚落遗址位于内蒙古包头市东面的大青山下，共有10多处，其中较有代表性的是黑麻板聚落。此聚落建于一条南北向的水沟两侧的台地上，主要包括居住与祭祀两大区域。已发掘的建筑遗迹位于西侧台地上，沿北高南低的狭长山坡呈梯状排列。建筑平面为圆形或矩形，四角皆为圆角，墙壁由不规则的石块砌成。建筑面积较小的有10余平方米，大的则有60平方米左右，门址均朝向南面。有的屋子外围还砌有石墙圈护。

赤峰市四分地东山嘴聚落遗址，位于赤峰市西南嘎河南岸黄土台地上，遗址处在南高北低的斜坡上，南北长约100米，东西宽约280米，总面积28000平方米。遗址上的洞穴包括房址和灰坑两类，并分为南、北、中、西四组。南组房址一处，平面椭圆形，其东北有两处灰坑；北组有房址三处，平面有圆形、矩形、椭圆形，带有灰坑六处；中组房址三处，平面圆形，灰坑九处；西组房址两处，平面圆形、方形，灰坑两处。

四分地东山嘴聚落，半地穴的深度较大，多在1.2~1.8米，室壁表面极少加工，不过上有大小、高低不同的若干壁龛。

当然，除上这些已发掘的原始聚落外，一定还有其他未被发掘的聚落，但从这些已发掘的聚落看，它们基本能代表新石器时代聚落的总的形式。

新石器时代作为原始社会的后期，无论是生产、生活还是房屋建筑，无疑在整个漫长的原始社会中，都是最为先进的。所以，早期原始人类采用的穴居与巢居两种居住形式，在新石器时代都得到了巨大的发展，特别是居住建筑，在平面、外观、材料等方面都有许多突破性的创造。同时，在聚落中还建有公共活动场所，及一些储藏用的窖穴、圈养牲畜的畜圈等。这些渐渐发展与不断丰富的建筑文化，奠定了其后中华民族几千年的传统建筑基础。

第十八讲 干阑式民居

干阑式民居历史久远，其雏形可追溯到原始社会。

原始社会被分为旧石器时代和新石器时代两个部分，而旧石器时代的人类又被分为猿人、古人和新人三个发展阶段。

猿人在相当长的一段历史时期里，仍然住在茂密的森林中，并且基本是住在树上。其后，粗制石器，使用天然火，群族的不断繁衍，猿人的体态逐渐进化，与现代人更接近了一步，他们的活动能力也渐渐得到提高。这又反过来促进了生产工具的发展。

猿人的不断进化和他们生活能力的提高，使他们进入了第二个发展阶段——古人。由猿人到古人，是人类一个长足的进步。虽然这时他们仍然选择在山林茂密的环境生活，但已不是早期被动地接受居住环境，而是带有选择性的了。因为随着生产工具等各方面的进步，人类的寿命增加了，人群成员的数量自然也就越来越多，这使得最初所选择的树木乃至森林，无法再容纳所有成员，必然要有一部分人离开，另觅居住地。

离开的人群，有重新找到适合居住的林区的，也有找到自然山洞的。至此，人类的居住方式有了分类，在森林中的居住形式归于巢居，而山洞的居住形式则归于穴居。当然，不论是离开的或没有离开的，也不论是居于树上的还是住在洞中的，随着不断的发展，人类的居住的条件都在逐步改善。

巢居也不再仅仅限于树上，也开始有仿照树上居住形式而建的地面巢居形式了，而这种包括树上与地面搭建形式的巢居，就是后来中国民居中的干阑式的雏形。

所谓巢居，简单说来也就是指架空居住面的居住形式。

这种架空巢居的原始形态，只在单株树木上构巢，并且这时的构巢只是在分枝开阔的枝杈间铺设枝干、茎叶，构成一个可供栖息的窝而已。其后随着人类自身的发展，居住形式也不断发展，起先仅供栖息的“窝”上，又用其他枝叶相交构成了可供蔽雨的顶棚，成为基本成熟的巢居形式了。

以茅草覆顶的简易朴拙的干阑式民居

随着人群的不断增加和人们生产能力的提高，在单株树木上构筑巢居，已带有了明显的局限性，这使得人们发现了同时利用多棵相邻的树木构筑巢居的方法。因为是利用多棵树木，自然是利用树干部分。这样由众多树干共同架设而成的巢居形式，空间宽阔，居住面也较为平整，而利用多棵树的枝叶，交叉缠绕的顶盖，也更为严密、宽大。

当树林中无法再居住不断增多的人群时，人们就仿照利用多棵树干搭建的巢居形式，在森林以外的适宜的地方搭建巢居了。

地面巢居形式，不但可以在干燥地带搭建，就是在地势低洼，地下水位较高，甚至在沼泽地带，也可以搭建。如果同时，水资源丰富，人们的生活用水极为方便，又可以有丰富的渔猎收获，及茂盛的植物和聚集的动物，可以为人们提供另一方面的食物来源的话，在这样的地方搭建巢居居住，无疑是原始社会较理想的生活状态。

地面搭设巢居，有人工栽桩和立柱两种搭建方法，也就是继独木橧巢、多木橧巢阶段之后的桩式干阑和柱式干阑两个阶段。

桩、柱的设立，根据地理条件的不同，而有不同的方法。在较为潮湿与泥泞的地点，桩、柱较易进入地下以固定，所以可使用打桩法。而在较为干燥的地点，便需要挖坑栽桩。

这种在人工桩、柱上建屋的形式，在文献中被记载为“干阑”。这就是我们今天所说的干阑式民居。

夕阳下的傣族村寨剪影

傣族某干阑式民居内部

中国现在的很多少数民族民居，都仍采用这种干阑式建筑样式，如傣族、侗族、壮族、苗族、瑶族、景颇族、布依族、佧瓦族，等等。当然，和古代的干阑式建筑相比，它们又有所变化与发展。

这之前的古代干阑式建筑，其下层是用许多木料搭成的一个平台，然后在上面建造房屋，也就是说上面的屋子构架与底层的木架不是连为一体的，两者的固定是采用绑扎的方法。目前，这种形式的干阑较为少见了。现今常见的多是穿斗式结构，在排列较密集的桩、柱与地板梁和屋架梁、枋之间，多设置穿插构件。在构架的交接处，由捆扎改进为榫卯相连接，自然形成穿斗构造方式。

中国的南方与北方气候差异很大，北方干旱少雨，南方则不但雨水多，而且树木繁盛，因此干阑式民居是南方民居的代表形式，它与北方住宅有很大的不同。位于西南部的云南省、贵州省因风景秀丽，吸引了众多旅游者，同时也因为这里的民居非常有特色，也成为当地美景的一部分。

云南、贵州等地的民居自然是与当地的地理、气候、环境相适应的，比较注意房屋的防潮与通风，这也是当地的傣族、侗族、景颇族、卡瓦族、哈尼族等多使用干阑式住宅的原因。而与防潮、通风相适应的干阑式住宅，均建成开敞的空间形式，以利于通风，使之更清爽宜人。而北方较在意房屋的防风、保暖功能，所以北方民居较为封闭。

虽然干阑式民居历史悠久，但其建筑形式却极为简单，不需要挖地基，不需要砌墙体，不需要建院落，而且在多树木的南方，木材料也易获得。

用砍好的木头做成屋架，再将屋架在选定的地面竖起，在上面架上梁、檩等，干阑式民居的骨架就完成了，在骨架上加上顶，在室内铺好地板等就可以了。早期的干阑式房屋顶部都使用茅草铺盖，现在大多覆瓦。

干阑式民居中的一个重要部分，就是火塘。火塘位于居室的中央，是一个家庭的中心。有客人来时，大家围绕火塘而坐，品茶聊天；家中有重大的事情要决定时，也在火塘边聚集家人商量。火塘里的火都是祖先保留下来的，人们天天加柴，日复一日，年复一年，从不熄灭。火塘是干阑式建筑的一个最主要的特点。可以说，有干阑式住宅就一定采用火塘的烹饪方式。

火塘既是家族的中心，也是家里的厨房。平时烧火做饭，下雨时，还可以用来烘烤衣物。在火塘的上方，吊有一个吊架，里面放有肉类、鱼干等食物。经过每日的烟熏火烤，这些食物会更加美味，并能长期保存。火塘的烟飘至屋顶，屋顶都被熏黑了，不过顶部的木料经过这样的熏烤反倒没了虫子的蛀蚀，无形中保护了建筑。

虽然火塘是干阑式民居中的一个重要部分，但是在早期时，其宅室内却没有设置，人们生火、做饭时必须到屋外地面上去。这样的方式很麻烦，每次都要上上下下，

干阑式民居中的高干阑

干阑式民居中的矮干阑

并且因为在地面上没有遮挡，遇上风、雨、霜、雪天气，经过风吹雨打和雪霜的覆盖，火会经常熄灭，所以做饭前要重新生火，这对于早期生火困难的先民来说，无疑极为不适宜。后来，人们便想到直接将灶安放在居室内，但干阑式住宅都是木料搭建的，易于燃烧。聪明的人类又想到了用石片堆在地板上，再在石片上架设炉灶，以阻燃。自此便出现了干阑式住宅中间有火塘的形式。

室内火塘既解决了在居室外做饭的麻烦，又解决了室外保存火种的困难，因此，这种设置一直随着这种住宅形式，保存沿用至今。

除火塘位于室内外，干阑式民居还有另一大特点，这就是底层架空。而根据架空空间的高矮，干阑式住宅又可以划分为矮干阑和高干阑两种形式。景颇族等民族使用的是矮干阑式，侗族、傣族则使用高干阑式。干阑式住宅的楼层一般为两到四层不等，但不论是高是矮，也不论有几层，最底下的一层都是不住人的。

矮干阑民居一般有三层，上层阁楼较低，但可以作为卧室。矮干阑的底层因为太矮而不可以直立站人，并且火塘的下方往往要柱子支撑。底层一般不作它用，只起架空防潮的作用。

高干阑民居中，除傣族人民所居的住宅为两层外，其他民族的住宅一般都高达四层，上面阁楼可作卧室或储藏室。底层因为较宽且高，人完全可以直立。一般这样的底层用来拴养牲畜，或放置大型农具。有的人家还在下面设厕所。因为高干阑民居相对来说较为结实，火塘下只要地板托住即可，往往无需另加支柱。

不论是高干阑式还是矮干阑式民居，火塘所在的第二层都是整个建筑的中心，是居民最重要的活动空间，几乎集中了所有的功能。

虽然南方众多少数民族均使用干阑式住宅，但各民族又有些微小的差异。

傣族人居住在云南省南部的西双版纳，气候炎热多雨，地貌山川秀丽，资源丰富。因当地盛产竹、木，所以民居以竹、木为主要建筑材料，一户一幢，称为竹楼。这种竹楼也就是底层架空的干阑式住宅。

傣族干阑式民居功能示意图

居民大多将房屋建在坝区，也就是丘陵地带低洼的平地处。在每年雨期集中的时候，常会遇到洪水袭击，而竹楼的竹篾之间有很多空隙，利于洪水通过不会发生水灾。如果洪水过大的话，还可以将绑在梁架上的竹篾拆除，以降低房屋的浮力，避免被水冲走。

竹楼多是旧时的称呼，因为过去傣族普通人家的房子是用木头和竹子建造的，房顶也只能铺盖茅草，只有村寨中的头人才能建瓦房。此外，在建造形式上，也与汉族民居一样有等级的规定。如普通人家的屋架只能用三榀，且不能用梁架形式；房屋的中柱不能上下贯通，楼上楼下必须分为两根；柱子下面不能使用石头柱础；不能使用雕花窗户，等等。现在则不再受此限制，因而很多人也建瓦房了。

傣族的干阑式住宅，大多数为两层。底层是圈养牲畜、碓米、放置农具及堆放杂物的地方，上层住人。上层又分为堂屋、卧室、前廊、“展”四个部分。

房子的入口，上有屋盖，入口前是开敞式的木楼梯，楼梯上部为披檐，屋面用草或瓦铺葺。这种入口处理形式，已成为傣族民居的特征之一。登敞梯上行，可直接进入前廊。前廊四周没有墙，仅有上边的屋面遮挡风雨，所以较为明亮而又通风，加上其空间宽敞，人们常在这里设置靠椅或铺上席子，是平时日间乘凉、进餐或做家务、纺织，以及来客人时待客等的理想之地，每家每户都不可缺少。

由前廊进门即为堂屋。堂屋的空间在整栋住宅中最大，是平时家人活动的主要场所，也是接待客人的正式场所。堂屋中间设有火塘，火塘上置铁三脚架，可以在上面架锅做饭，所以堂屋也是厨房。火塘里的火还可以用作照明和取暖。房内没有椅、凳，不论有没有客人来，都是席地而坐。如果有客人到来，主人会请客人坐在火塘附近，但客人不可以跨过火塘，也不可以高坐火塘旁，不然会被主人视为坐在火塘上，而给主人带来不吉利。

傣族全民信仰佛教，每年的佛事活动不断，但在各个民居室内却并不设佛龛供奉神佛。傣族人也不在家中祭祀祖先，所以也没有祖先牌位。不过，民居的禁忌却非常多。如其中有一项极为特别，即民居室内中间的一根柱子，平时禁止任何人倚靠，因为这是家中成员死亡之后，家人为其洗身时尸首倚靠的地方。

傣族的卧室设在堂屋的一侧，长度与堂屋一致，并与堂屋并列。卧室与堂屋之间，辟有一到两个门以供出入。门上一般不装门扇，而只以一挂门帘来遮挡视线。傣族卧室最大的特点是，室内为一个通间，数代人同居一室，并且卧室与堂屋一样，没有桌椅、床板等物，只是在地板上铺上一层垫子，家人都席地而睡。睡觉的位置按长幼的次序排列，年轻人睡在外面，老人睡在里面。每个垫子上挂一顶帐子，以保持相对私密性。

傣家人的家庭盛宴

傣族人的卧室是极为私密之地，一般禁止外人进入，客人也不能提出进入参观的要求。客人如果留下过夜，则被安排在堂屋里睡。当然，对于非常熟悉而要好的朋友，则邀住于卧室内，亲如一家。

“展”听起来较为特别，其实也就是堂屋外侧、前廊边上的晒台，用竹子或木板搭铺而成。晒台是盥洗、晾晒衣服及农作物的地方，面积一般在15~20平方米。

傣族的干阑式竹楼或瓦屋，内部空间通透、开敞，外观优美俏立，采用高耸的歇山式屋顶，屋面坡度较陡，出檐深远。整个造型轻巧、飘逸，色彩淡雅。

其中的歇山式屋顶，是傣族干阑式民居的最大特点。房屋的正脊很短，屋面的坡度很陡，屋顶巨大，屋顶的下面还有披屋顶，也就是披檐，当地人称为偏厦。这看上去既像是主屋前出了一座并列的一面坡抱厦，更像是整个房屋为重檐顶形式。现在用木料建的傣族民居，还有一个非常明显的特点，这就是都使用方柱，这一点是和其他民族使用圆柱大不一样的。

竹楼多为独院形式，楼外即为院落，院内种植瓜果花木，周围有竹篱环绕，景色清幽。整片竹楼毗连成群，隐于青山绿树间，远望如在一片绿色海洋之中，环境极为优美。

景颇族聚居在山区，气候温和，分为雨季和旱季。景颇族民居是适应景颇聚居地的自然和地理条件而建的，多为架空楼房形式，分为低楼和高楼，平面多呈长条形，

干阑式民居的晒台

其实这也是干阑式住宅。

因为当地树木、竹子众多，所以房屋多以木、竹为构架，用片竹或圆竹做墙，上面铺设草顶。为了更好地防雨，屋脊向两侧山墙伸出，从房子的侧面看，屋面是呈倒梯形的，上大下小。这种倒梯形屋顶及四壁低矮的住宅外貌，是景颇民居的独特形式。此外，民居的入口多位于山墙端部，这也是其特点之一。

景颇族民居除原有的低楼和高楼形式外，还受汉族和傣族的影响，又有平房、傣族干阑式、外廊式几种。

低楼式住宅，平面为长条形，楼面架空离地约0.6~1米，下面圈养牲畜，上面住人。但多数时候，是在山墙端的门廊处关养大牲畜，或在住房附近另建畜舍。低楼式住宅是景颇族民居中最常见的形式，反映了景颇族人的生活习惯和宗教信仰。

高楼式住宅平面也是长条形，底层高度在1.6~1.8米，圈养牲畜，上层高约1.2~1.5米，住人。房屋主要入口也设在山墙一端。

平房是受德宏旱傣民居影响而产生的，一般为3~4间，进口也设在山墙一端，有一个较浅的开敞式门廊作舂米等所用。室内层高约2米，光线较好。畜舍多在住宅附近另建。虽然称作平房，但其室内又被景颇人另加做了一定高度的楼板，所以还是没有完全脱离景颇人的楼居方式。

景颇族干阑式民居显然是受到傣族的影响，底层高2米，关养牲畜，上层住人。房间的分隔没有一定的规律，以生活需要为主。门多设在山墙一端，前有竹制晒台。这种形式多是请傣族工匠建造，因而带有明显的傣族特色。

外廊式住宅也是一种底层架空的干阑。一般为三间楼房，底层高度低者1米，高者2米多，不过不再圈养牲畜，只堆藏杂物及农作物等，牲畜舍另建。楼梯既有设在山墙一端的，也有设有外廊一端的。外廊式与一般干阑式住宅最大的区别是另设厨房，也就是说厨房在正房外单独建造，有效地改善了居室内的卫生条件。外廊式住宅，多建在与汉、傣族杂居的地方，是受外族影响而出现的新样式。

景颇族民居在室内分隔和房间组成上也有多种方式。

室内分隔主要有纵向分隔、横向分隔、傣族干阑式分隔三种，其中的纵向分隔是景颇民居的传统分隔方式，依房屋的纵轴线分为左右两部分，左为客房与贮藏室，右为卧室和厨房。高楼式、低楼式、平房均有此种分隔。高楼式、低楼式、平房及外廊式，如果为三间则多采用横向分隔，中为堂屋，前为厨房，后为卧室。傣族干阑式分隔共分三部分，前部是宽大的客房，后部又为厨房和卧室。

住宅的房间主要有前廊、客房、厨房、卧室、贮藏室等。前廊一般为两间，放置用以舂米的杵臼、脚碓，有的还作为编织起居之处，或圈养大牲畜。前廊多为正面开敞形式，少部分全部开敞，廊前中柱突出，以支承山尖挑出檐口。客房也就是堂屋，作为日常起居、饮食，以及待客之处，两端或中间设火塘，规模较小的民居就在客房内做饭而不另设厨房。客房平时不住人，专供来客居住。卧室的面积较小，中部设火塘，两边设铺。除平房有床及竹凳外，其他均为席地坐、卧。

景颇族民居外观粗犷简朴。屋顶出檐深远，墙身低矮，建筑材料多不加修饰，颇具自然野趣。

景颇族与汉族一样，在建房之前有相地、看风水的习俗，不过它的具体方法却与汉族大相径庭，而且非常有意思。

其一是芭蕉、竹篾占卜法。人们在预选处用芭蕉叶包住长约8寸的竹篾，竹篾的两头露出芭蕉叶外，然后将露出的竹篾头两根两根地用绳子扎在一起。因为共有七根竹篾，所以扎三次后会剩下一根。再如此用绳子扎另外一头，最后也会剩下一根。这时将芭蕉叶解开，如果有一根竹篾完全独立，没与任何其他竹篾扎在一起，则说明此地址的选择不吉利，要另择它址。

其二是竹筒、米粒占卜法。取半劈开的竹筒三个，平放在所选房址的左、中、右三处，每个竹筒内用木炭划分为三段，边上两格内各置大米两粒。第二天再去看，如果米粒不动则为吉利，便可在此建宅，如果米粒移到中间格内则为不吉。

其三是米酒占卜法。在所选房址的两端，各埋一包芭蕉叶裹的米酒，三天后再取出来，如果酒味甜为吉，酒味苦为凶。

还有一种方法更有意思，就是选房址的人在欲建房的地方，取泥土一包放在自己的枕头下面，夜里做梦如果是好梦，则可建房，反之则不建。说它很有意思，是因为我在想如果他夜里没有做梦怎么办呢，第二天接着枕吗？又想，这种方法其实挺好的，一般来说，欲建房者选了这块地肯定是比较满意的，即使没做梦也可以说做了好梦，然后在选址上建房。

侗族历史悠久。秦代以前，居住在中国南方的若干少数民族被统称为“百越”，侗族就是其中之一。现今的侗族主要分布在贵州、广西、湖南接壤的山区。为了适应当地的地形及气候，侗族民居不但建成干阑式，而且还都是高干阑式。

侗族的建筑艺术在各个少数民族中首屈一指，这主要表现在其村寨的整体营建上。侗族村寨除民居之外，还建有风雨桥、鼓楼、戏台、寨门等多种公共设施，形成其独特的面貌。村寨多建在沿河地带，并且都建在河流的北岸、山坡的南面，以方便用水、采光，极为讲究。

侗族民居不但是高干阑形式，而且绝大多数都是三层。底层圈养牲畜，饲养家禽，

傣族某干阑式民居的底层

放置农具、杂物等；二楼是主要的生活起居层；三楼是阁楼层，一般作为贮存物品之用。

作为住宅主体部分的二楼，主要包括卧室、厅堂、厨房和前部一条横贯左右的前廊等。卧室又分为大卧室、主人卧室、小卧室和女儿卧室。各卧室并不完全相连，在大卧室与主人卧室之间还有不设窗户的谷仓，主人卧室外间是堂屋，也就是火塘间。从火塘间另一个门通向墙外，有一个晒架，可晒衣服、粮食。小卧室与女儿卧室在此层建筑的另一边，小卧室靠近前廊，而女儿卧室较私密，位于走廊的尽头。大小卧室之间有条几乎贯通此层前后的内廊，空间宽敞，且一端开敞如阳台，利于采光通风。其靠近中部的位置与一楼上搭的楼梯相连。

虽然侗族从村寨到个体民居建筑，都堪称各少数民族之首，不过其民居的营建却与其他干阑式建筑一样，极为简单，而又有自己的风俗禁忌与特色。房主人上山把木料砍好扛下山，先请寨子里的木匠做好榀架，即山墙架，三开间的房子做四个榀架，四开间的则做五个榀架，以此类推。正式盖房子的时候，寨子里的男人都会主动来帮忙，将榀架竖起来，然后在榀架之间架梁和檩，房子的骨架就做好了。在上最上面一根檩子时，要先杀一只公鸡，将鸡血洒在这根檩子上，侗族人认为这样可以避灾免祸。

除了傣族、景颇族、侗族之外，南方还有很多少数民族也使用干阑式民居，不过傣、侗、景颇几族是较具代表性的，基本能代表中国现在南方干阑式民居的造型与特点。

干阑式这一古老的民居建筑样式，之所以能沿用至今天，并且还大量的存在，是因为它有着其他建筑样式无法替代的优势与地位。

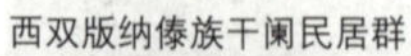
西双版纳傣族干阑民居群

首先一点是取材上的优势。干阑式民居几乎全部使用木材，包括梁、柱、地板、墙面、楼梯等，现在除了部分改用小青瓦覆顶外，大部分连屋顶也用树皮覆盖，所以基本是全木住宅。这样的建筑，相对来说建筑材料较易获得，从当地的树林中即可取到，所谓就地取材。并且不用复杂的加工就能使用。

其次，干阑式民居占地面积少而居住面积却很大。干阑式民居都是楼房形式，所以居住与使用面积都很大。就连为了防潮而留的底层，即使不能住人，也还可以放置农具和其他物品，甚至可以圈养牲畜。最小的干阑式民居，除了底层外，也至少有一二百平方米的使用面积。如此宽敞的空间，每逢阴雨季节，人们在室内从事编织及粮食加工等活动，也不会觉得拥挤。同时，又为家中儿童提供了游戏、玩乐场所。

而干阑式住宅留存至今的最重要原因，还是因为它与地理、气候的适应性。干阑式民居是如今它所存在的地区最适宜的住宅形式，这些地区就是潮湿多雨、夏季炎热的南方地区。无论南方在雨季时，雨量有多大，因为其底层是架空不住人的，所以楼上的木地板、木墙壁等都不会返潮，不会让人不舒服。而对于夏季的炎热气候，因为木结构不会传热，而且建筑多有缝隙，加之空间开敞利于通风，所以室内不但不会太热，还会感觉非常凉爽。

此外，干阑式民居非常适用于坡地，其架空的木结构，不会给宅基地造成很大的负荷，对于防止泥石流灾害有一定的作用。房屋没有开挖地基，基本保持地面原始状态，较少改变地面原有的稳定性，这也减少了水土的流失。

两干阑合而为一，相依相偎亲如姐妹

第十九讲

西南汉风坊院

通俗地说汉风坊院，就是具有汉族风格的少数民族院落民居。西南汉风坊院主要是指白族和纳西族的民居形式。

白族是中国西南一个历史悠久、文化发达的少数民族，很早就与中原地区来往密切。唐朝开元二十六年（738年），白族人成立了独立的南诏国，后来势力逐渐扩展到整个云南，遂改名大理国，国都就设在大理。元代时，被忽必烈所灭。

不过，大理地区却没有因为大理国灭亡就停止发展，而是经济发展与汉族地区不

民居背倚高山，前部开敞，适宜居住又方便出行

相上下。大理的开放，与白族民众通晓汉文，并且知道吸取汉文化优秀的方面等，有很大关系。这是大理发展不可忽视的重要原因之一，因此，白族的民居建筑也受到汉族民居的很大影响。

白族是一个不断追求，善于学习，勇于创造，能够“亲邻善处”的优秀民族，不但在文化、教育等方面积极吸收其他民族，尤其是汉族的先进经验，而且在建筑上也积极吸取其他民族的技术与经验，使之得到不断的发展。这约从汉晋时代开始，一直延续至近现代，很多文献中都有相关记载。如郑景泰《云南图经志书》卷一载：“白人，居屋多为回檐，如殿制……”郭松年《大理行记》曰：“大理之民，数百年之间，五姓固守……固其宫室、楼观、言语、书数以至冠婚丧之礼，干戈战阵之法，虽不尽善尽美，其规模服色，动作云为，略本于汉。”

在不断的汉化过程中，原始的本土建筑渐渐不能满足新时期社会的需要，同时，中原汉地的先进建筑经验已不仅仅停留在社会上层，而成为社会上下一致追求的目标。白族人民在吸收汉式建筑的基础上，已注意与本土传统建筑相结合，形成了白族独具特色的建筑新风格与样式。汉式的坊院民居出现了。

白族分布在海拔1500~2300米之间的山地地带，居民的村寨多选在傍山缓坡地带的溪流附近。寨内房屋较为密集。由高处眺望，白墙青瓦，相间相映，淡雅

云南丽江某民居院内

溪岸垂柳掩映着优美的云南丽江民居

明丽。

白族民居的正房大都坐西朝东，这是由自然环境所决定的。当地长年刮西风或南偏西风，所以正房向东可以避风。不过院门的位置并不固定，一般视实际情况，选择一个临街或合适的位置即可。此外，白族民居为了防御频繁的地震，都采用硬山式屋顶，地震时，构件不会从屋顶上掉下来。

除了实用性，人们还特别注重民居的艺术风格和特色，所以创造出了绰约多姿而精彩雅致的住宅形式。

白族民居屋顶曲线优美柔和，屋脊两端缓缓翘起，屋面呈凹曲状。外墙较少开窗，墙面的山尖檐下还做黑白绘画，非常清新优美。

白族民居最基本的构成单元是坊，也就是一个三开间、两层楼的房子。坊已经成为白族民众建造、分配、买卖住宅的一种计量单位了。其形式几乎定型，楼下三间，中间的明间是待客和祭祀祖先的地方，两边的次间是卧室。楼上三间一般是敞通的，中间通楼梯，没有其他实际用途，便在此处设置佛龛以供平日祭祀。楼上其余地方用来存储物品。

白族民居建筑中还有一个很特别的部分叫出厦。出厦就是指在房屋底层前面，向前出一步架设的廊子。廊子较宽，相当于房间进深的一半，可作为休息或做家务的场所。而且，如此深的廊子，可防止雨天雨水打湿廊下的木质前墙和堂屋的六扇格子门。

三坊一照壁中的照壁，洁白素雅

白族民居在院落布局上，最精彩的是三坊一照壁和四合五天井两种形式。

三坊一照壁是白族民居中最主要的布局形式，三坊也就是三座两层三开间的房子，分别构成主房和两边厢房；一照壁就是一个影壁墙，将院子的剩下一面围合，中部是个大天井，非常严密完整。同时由于正房正对的是相对低矮的照壁，所以院内房间有较开阔的视野，早晨的太阳光也可照射进正房。

为了保证照壁的完整，大门被设在了厢房楼下，一般是在东北角，门里就是出厦走廊。大门为“有厦式门楼”，门楼上尖而长的檐边如翼般翘起，檐下做斗栱装饰、木装饰，或有石灰做泥塑，丰富多样。门楼有三叠水等形式。

照壁是整个建筑装饰的重点部位，内外装饰都非常不错，但里面比外面更精美。照壁两侧是边框，上面是额联，都用薄砖分出框挡，框中饰大理石或题诗词。

四合五天井是一种较大型的民居。四合就是由四坊围合成的四合院，中间是个大天井，四座坊的拐角处又会自然围成四个小的天井，构成四合五天井。

四合五天井与三坊一照壁最大的不同就在于前者有五个天井。除了中间的大天井外，四角的小天井均称为“漏角天井”。在漏角天井前的两坊相交处，各有一个转角马头，其主要功能是为了防火以及在修葺屋顶时方便上下，当然它也是一种装饰。漏角天井中的耳房屋脊端处，将高出屋顶的封火墙处理成为马鞍状，是白族的特殊风格，既有装饰作用，又可防止大风吹坏屋顶。

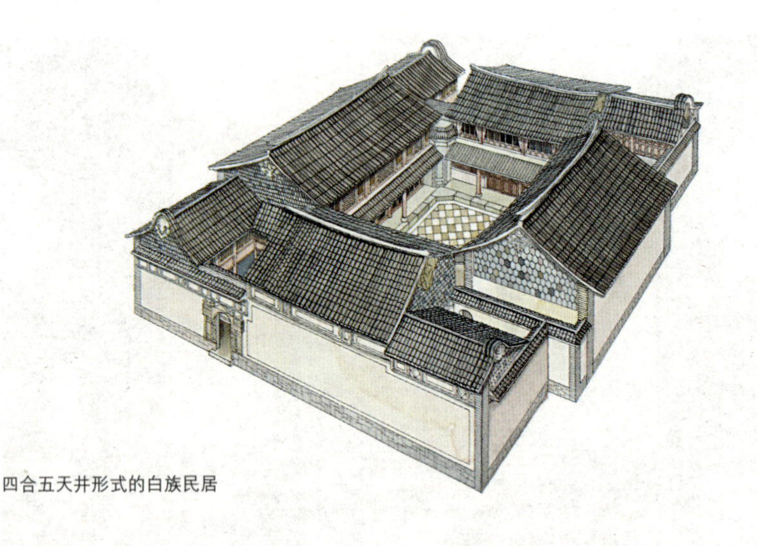

四合五天井形式的白族民居

四合五天井民居的大门也是开在院落一侧的，里面与漏角天井相通。不过，当大门上采用无房顶的形式时，就被称为“无厦式门楼”。但门框上的装饰丝毫不比有檐的门楼差，动植物、绘画雕塑等应有尽有。

在大型民居的山尖部分，都采用浮雕或绘画的手法，做成大山花的装饰。清新素雅中带出一丝富丽。

此外，这类以庭院天井为中心组织各坊房屋的民居，还具有很多其他特点。如入口曲折，富于变化，以保持合院住宅内部的相对安静和私密性，增强居民的安全感；厅、廊的设置，使各房屋上下、内外之间的交通联系非常方便，特别是在雨天时更为明显，同时厅、廊也区分出了不同使用空间的私密程度；院内各坊房屋既有联系又相对独立，既清晰地显示出主次又便于分期修建；建筑外部形体轮廓丰富，高低起伏、错落有致，墙面善于运用不同的材料、装饰花纹，以形成色彩和质感的对比等等。

除民居形式外，在建筑具体的构架、墙体构筑，以及装饰等方面，白族民居也都表现出白、汉结合的特点。

木构架的使用。木构架是中国传统建筑最重要的构成部分，从中原传到云南后，被大理人运用于当地建筑。大理匠师还结合木料的特性和当地的特点，更好地发展了木构架的作用，使之更合适白族当地民居的需要。如，传统的木构架本就有较好的抗振性，大理匠师更在节点的榫卯结合方式上巧用心思，创造了一套“木锁”扣榫工艺，使木构架更具有整体性，更坚固，抗振性更加优越，更适应大理地区风大、地震频繁等特殊的自然条件。

绿树环绕，阳光也暖暖地照耀着，惬意无比

在墙体构筑方面，由于木构架成为了建筑的承重体，所以墙体便成为了一种较单纯的围护结构。虽然如此，墙体在防风、抗振方面，仍有不可忽视的作用，因而其坚固性也不可小觑。同时，还因材料取之容易，都是附近溪流中的鹅卵石和当地的黏土，数量丰富，又有经济实惠的特点。人们经过多年实践，积累了一套砌卵石墙体的经验与技巧，在此基础上，又与砖、石、土等结合，便有了美观而极具当地特色的墙体形式。特别是“金包玉”手法，它是传统夯土墙或土坯墙的演进，其做法是在土墙体，特别是墙的转角处的外表面砌筑青砖，纵横交错叠砌，防雨水防腐蚀，并形成一种特殊的视觉效果。

三坊一照壁
形式的白族民居

白族传统民居的装饰、装修，主要包括外墙和室内两大部分，具体应用的部位有后墙面、山墙面、照壁、大门、屋顶和柱子、门窗、天花，以及家具、器皿、帘、字画、盆景、铺地、花坛、水池，等等。它们淋漓尽致地表达着大理白族悠久的历史文化和丰富多彩的大众情感，以精湛的技艺、生动的形象，唤起人们的欣赏与共鸣。

纳西族也是中国一个历史悠久的少数民族，主要分布在云南省丽江一带。

丽江被称为高原姑苏，城内遍布溪流、临水民居，恍若江南人家。虽然纳西族的人口不及云南总人口的百分之一，但其民居建筑在云南却有着重要的地位，而且形式众多，别具特色。

纳西族于13世纪时开始大踏步发展。元世祖忽必烈分封纳西族上层人士，置丽江路军民总管府，后改为宣抚司，让纳西族的一个头人家庭世袭管理。因为元、明、清三朝时均为皇家直接管辖，所以社会安定，发展顺利。清代时“改土归流”，也就是废除世袭的土司，而改为轮换的流官制。但社会依然稳定。

纳西族宗教信仰很多。其中，他们主要信仰的东巴教是个多神教，为原始宗教，没有系统的教义，没有统一的组织，没有教主，甚至没有寺院。因此，纳西民众思想开放，不排外，自唐初就开始接受中原及其他地方的文化。这些无疑对他们的居所有着深远的影响。

云南丽江纳西族民居群

纳西族民居俯视图

从纳西族民居上能看到很多其他民居建筑上的特色。将众多别人的特色与自己的本色融合，就形成了纳西族与众不同的民居。

纳西族民居的外观，非常有地方特点。墙体的最下段是由石头砌筑的，称勒脚。石头都经过了加工，每一块均方方正正，所以勒脚部分看起来也是墙面的一种装饰。勒脚上部是厚厚的土坯墙，也是墙体的主要部分。墙的拐弯处，镶贴青砖，青砖石料是蓝灰色，而土墙体是金黄色，因此，这种墙便有了一个非常优美而华丽的名字，叫做金镶玉。

丽江纳西族民居的砖砌墙体

在这种墙体之外，还有吸收了具有白族民居特色的照壁，并且在院落中多处使用。除了墙体式大照壁，在大门内还设有跨山照壁。照壁从下到上，分别为石砌勒脚、粉白壁心、砖瓦边框和照壁屋顶。

土墙体到屋山处止住，上面形成一个平台，俗称麻雀台。麻雀台上面就是凹进去的木板山墙，此面三角形的墙面没有粉饰，直接露出里面的木结构。再往上就是房子的屋顶了。

纳西族民居屋顶常采用悬山式，且悬山的檩条悬出较深。为了保护檩条不受雨淋，特意在悬山山檐处镶了木制的博风板。在两檐的博风板相交处，还会有一个悬鱼装饰。这是纳西族民居受汉族文化影响的表现。

这个装饰来自中国古代的一个典故。据《后汉书》记载，府丞送给公羊续一条活鱼，公羊续接受了却没有吃，而是将鱼挂在庭中。当府丞再送鱼来的时候，公羊续便让他看悬在庭中的那条鱼，以此婉转地拒绝了府丞的第二次送鱼，明示自己不愿受贿的心意。后来人们便在宅上悬鱼，以此表示房主人清廉高洁。不过，在发展的过程中，鱼的形象渐渐变得抽象、简化了。有的甚至变换成了蝙蝠，以取“福”之意。

由街道侧看民居山墙造型，屋檐层叠多姿

纳西族民居院内的铺地非常漂亮，也是很有特色之处。铺地使用的材料主要有块石、断瓦、鹅卵石。因为院落较大，可以铺成复杂多样的图案，如麒麟望月、八仙过海、四蝠闹寿、鹭鸶采莲等。图案多为向心形，即中间一个大图案，四角各一个小图案，俗称“四菜一汤”式。无论是哪一种图案，都代表了人们的一种美好愿望。

丽江纳西族某民居内院走廊

纳西族民居和白族一样，在屋前设有前廊，称为厦子。厦子内也有美丽的铺地，不过材料改用大方砖、六角砖、八角砖了，并且在图案内容和布局上也尽量不与院内重复。

纳西族民居的大门是装饰的重点，也是纳西族民居比较讲究的地方。大门的位置一般独立设在某一漏角天井外，或者依附墙体而设，但都设在院墙的一端，忌在正中，除了极少数的官邸之外。方向大都朝向东或南，取“紫气东来”、“彩云南现”。院门以砖拱券最多，门楼多半建成中间高、两边低的三滴水牌楼形式，部分大型门楼采用木结构，屋顶多为一滴水的双坡屋面。屋顶有悬山式、歇山式也有庑殿式，檐下多层花板、花罩装饰。华丽的大门与简朴的居室形成强烈对比，突出了大门。

纳西族民居的基本形式与大理白族相仿，也以三坊一照壁、四合五天井为主，另有前后院和一进两院形式。三坊一照壁与四合五天井两种平面布局形式，都是以一个大天井为中心的基本平面类型，前后院和一进两院则是此两种类型的组合，一般都是较大型家庭的住宅。

前后院，是在正房的中轴线上分别用前后两个大天井来组织平面，后院为正院，通常是四合五天井平面形式，前院为附院，常为三坊一照壁形式或两坊与院墙围成的小花园。前、后院之间可以穿越的房屋称为花厅。

云南白族三坊一照壁民居形式

一进两院，是在正房一院的左侧或右侧另设一个附院，形成两条纵轴线。它的组合与前、后院相同，不同的是前、后院的两院为前后排列，而一进两院则为左右并列。

这些都是较基本的形式，在具体的建筑过程中又有多种不同的处理。并且，经济的发展及其他多种因素的改变，也使得民居形式有所发展变化，如两坊拐角、四合头等类型，甚至是多院落的组合形式，以满足不同的实际情况与需要。

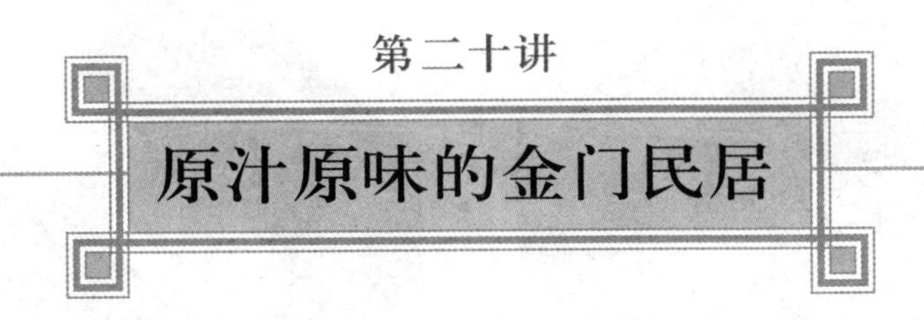

第二十讲

原汁原味的金门民居

金门民居从单体规格和院落组合的规模上来看，都不是很大。但由于金门特定的历史条件，反倒使之成为中国特有的一个非常宝贵和极有发掘潜力的民居保存区域，很有文化价值，其传统文化与村落同时得到保留，这在中国大陆地区还是非常罕见的。

从1958年起，金门一带成为战区，有相当多的年轻人被送到台湾读书，金门居民人数骤减，岛上的居民大都为老人和儿童。传统村落没有被改建，也极少有新民居出现，又没有遭到“文革”和其他方面太多的破坏。这种历史背景是金门民居保持原汁原味的原因。

金门位于福建省厦门湾口，是中国东南边陲的一个小岛。金门的历史最早可以追溯到公元4世纪初的魏晋南北朝动乱时期，名门望族纷纷渡江南下避祸。晋元帝建武元年（317年），苏、陈、吴、蔡、吕、颜等姓家族逃到这里（当时属浯洲）。历史上将此事件称之为“衣冠南渡”。唐德宗贞元十三年，牧马监陈渊被派到金门垦殖养马，随之又有蔡、李、王、张等12个姓氏定居这里。这一时期，移民多以水源充足、土地丰饶而又避风御寒等为选择居住地的基本条件，也就是说，以实际生活需要为原则。而在民居建筑式样上，人们则把家乡的民居建筑形式应用于此。因此，这里的民居自然具有中原的特色，这就是传统的四合院式。

宋代靖康年间，战乱四起，宋朝廷衰微，被金兵逼迫南渡，泉州人纷纷到金门设堰筑堤，改沧海为桑田。此时，泉州移此的居民又带来了极具泉州地方特色的建筑式样，这就是红砖红瓦建筑。南宋末，元兵攻进中原，宋灭。很多宋人向南奔逃以避祸，金门也是其中的一处避居地。此后，元、明、清虽对金门管理不同，行政设置不一，但基本没有再影响到民居的建筑式样与特色。

金门民居的基本形式是一落二榉头和一落四榉头。

在金门民居中，“落”是指一幢三开间的房子，也叫“大落”、“正身”；“榉头”是

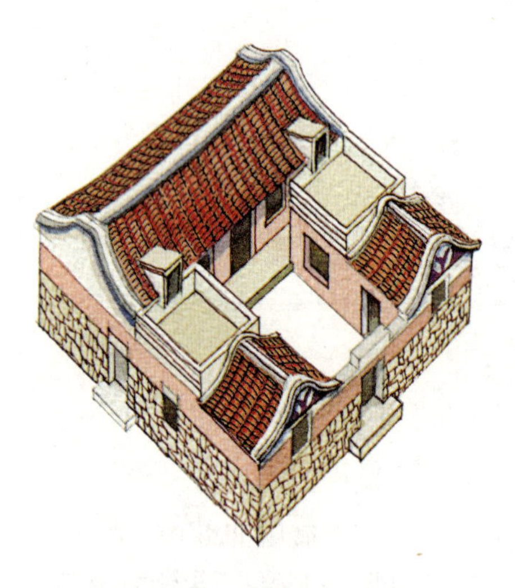

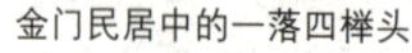

金门民居中的一落四榉头

金门民居中的三盖廊

东西厢房，也叫“间仔”、“挂房”；“深井头”、“中庭”指的是天井。

“一落二榉头”就是三开间的正房前面有东西厢房各一间，简称“二榉”或“挂两房”。而“一落四榉头”是指三开间的正房前的东西各有厢房两间，简称“四榉”或“挂四房”。其中靠近大落的称为“上榉”，外侧则称为“下榉”。

以“一落四榉头”为基础，在两个“下榉”之间建门楼，并与下榉相连，叫做“三盖廊”。三盖廊有很多是砖坪的，即以方砖铺顶的平顶房屋；也有燕尾形的，即正脊两端如燕尾一般向上翘起。

由房屋的侧面可以看到屋顶脊端是圆形的，称为“圆脊”。这并不是卷棚顶，而是山墙的顶端有一半圆形的封火山墙遮挡住了屋脊，这种马鞍形的封火山墙在台湾叫做“金行”山墙，即金、木、水、火、土五行之一。

金门民居在上述的基本形式上，又衍生出了一些特别的形式。

如果建筑地基的面阔较大，可以在落和三盖廊的左侧或右侧加建一列房，称为“突归”。从平面上看，突归是左右方向排列的房屋，与正房或者倒座房相连，门窗的设置都朝向院落中心的一侧。其中，只在一侧加建的叫“单突归”，两侧都加建的叫“双突归”。加建双突归，而中轴线上的正房又是五开间的对称的院落形式被称为“六路大厝”，因为五开间的房屋有六路墙壁（这在泉州叫“六壁大厝”）。

“护龙”是在院落的一侧或两侧再加建一排厢房。护龙是前后方向排列的房屋，其门窗的设置都朝向院落的中轴线一侧。护龙与厢房之间成为一个偏院，与突归相

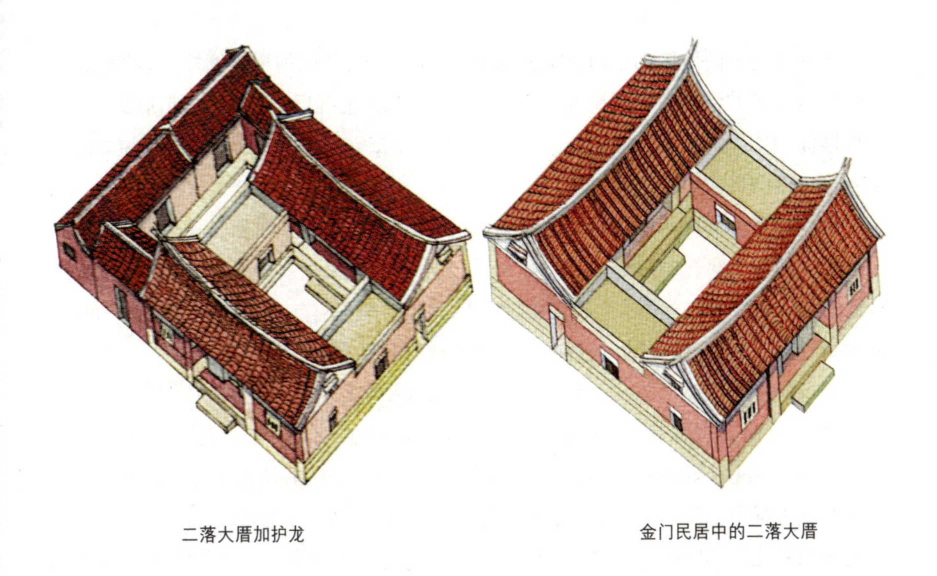

二落大厝加护龙　　　　金门民居中的二落大厝

似。不同之处在于护龙本身设有正门供出入。护龙是金门民居中常见的扩建方式。

假如民居院落的前方还有空地可以发展建筑，便可以建“回向”。“回向”是在院落外加建房屋，但不是在侧面而是在正前方，形如倒座房院。出入口可以是正中开大门的形式，这样可以延伸民居院落中轴线的长度，但前面正中没有条件设院门时，也可在侧面开口筑门楼。

金门民居保留了大量的地方名称，包括上述介绍的落、大落、正身、榉头、间仔、挂房、深井头、中庭、一落二榉头、挂两房、一落四榉头、挂四房、上榉、下榉、三盖廊、砖坪、圆脊、突归、单突归、双突归、六路大厝、护龙、回向，等等。从金门民居的地方名称来看，地方民居名称往往指的是当地的一种特定的建筑做法。虽然建筑的部件和目前多以北京一带建筑构件的名称来称呼的各地民居构件部位相同，但金门的叫法却与别处不一样，这实际上也包括了一些做法上的地方差异。这也是金门民居的一个可贵之处，不但保留了传统民居，也同时保留了民居中的传统名称。

大陆各地的传统民居，历史上都曾有过各自丰富的地方名称，这些地方名称所指的建筑形式和建筑构件，虽然有些和清代官式建筑的模式可以找到对应的形式或构件，但大部分的民居形式与构件有着自己的地方特点，可惜很多名称都没有被保留和继承。而金门民居不仅建筑本身保留得好，并且非物质文化遗产的传统也保留得很好，这也是金门民居研究有着特殊价值的重要方面。

大多数的金门民居都采用合院式布局，但市区街道边的街屋则例外。这种情况和其他地方城镇的沿街民居形式一样，多为前店后坊，前铺后坊，或前店后居的形式。沿街地促，因而民居大都把山墙的一面对着街道，每家都分享一间沿街的房屋，而其余的部分则向后或向空中发展。

后浦与沙美的街屋都没有太过华丽的正面山头装饰，也不做西洋式的立面，而是一种汉族传统屋宇在中国南方的一种发展形式，可以说是街屋的原型，也是一种极有特色的建筑。街屋的高度多为二层楼，后浦衙门口一带还有一些三层楼的，这样的高度丝毫不给人突兀之感，但是登上这样的高楼后却可俯瞰市街之景。

街市所在的集镇自然会设置官衙，而且由于人流多，寺、庙、观也自然会在集镇中兴建。因而在这些市街中，还建有一些寺庙和官方建筑。有了官方建筑也就有了衙门口，如后浦就有衙口街。据记载，官署前因有场地，商贩们便在此架棚做买卖，渐渐地形成了集市。而一般较大的寺庙前也多有广场，在寺庙举办活动或节庆时，商贩们也便利用此广场空间做生意，形成临时的街市，这也更增添了节庆与各种活动的欢娱气氛。

金门的市街的组织形态与我了解到的台湾早期聚落同出一源，都是中国南方市街的模式，从街市的名称上就可看出一些特征来，如后浦，就有顶街、中街、横街、南门街、北门街等街市名称。这些地方名称，和闽南传统集镇中的一些地名完全相同，说明了大陆与台湾的血脉联系。

民居的外观与用料都会显示出各地的特色，并与当地的环境与风俗相适应。

中国民居建筑普遍使用青砖青瓦，显示出中国民居深沉、清雅的艺术特色。而金门民居则一反中国民居建筑的传统，采用红砖红瓦建造，这极为深刻地受到了隔岸的福建泉州民居的影响。

闽南地区黏土中的三氧化二铁含量极高，很容易烧制成红砖，且颜色相当纯正，特别好看。而红色又是中国人喜爱的吉祥色彩，所以人们便用红砖盖房。这种红砖还有个非常好听的名字，叫做“福办砖”。这种类似于西方的红砖红瓦的建筑习俗，被人们称为“红砖文化”。

这种红砖建筑是中国民居中极富特色的一种类型。而除此之外，在民居的外观上，金门还具有众多自己的特色。

民居的外观也充分地表现了居住者的身份地位及社会背景。金门的社会内层同时蕴藏着劳动者的朴实本质与名利荣耀两种特质，他们中的人有的数代从事农耕与渔业，有的则是祖先获有功名，也有的是曾远涉重洋经商的富贾商人。因而，在金门的民居上，外表所表现的稳重厚实与轻快流畅的美感是并存的。

红砖红瓦建筑的金门民居

浑圆的鹅头山墙与粗硕的石墙显示出民居稳重厚实的特征，而曲线昂扬、轻灵的屋脊则又具有柔和婉约的意味，显示的是民居在稳重厚实之上的轻松流畅特征。而此两种特征相结合，则又表现出刚柔相济的建筑特色，属于阴阳相调和的建筑形式了。

为了防止风沙，金门民居的屋顶大多建为硬山式，少部分则设为悬山或九脊歇山式。山墙多以砖石材料砌成，既坚固防风，又有封火作用。山墙顶部的鹅头形状有几种变化形式，分别象征金、木、水、火、土五行。如后盘山威济庙就是八字圭形山墙，山墙顶部极为方正，棱角分明，八字形边框内的山墙外表面饰如意与佛八宝纹，柔美精致，与硬挺的边框棱角形成对比。而在八字圭形的山墙内，筑有燕尾脊，一方面是为了压伏屋顶，同时也可获得较为丰富的屋顶造型。

金门民居除了使用“马背”作为封火山墙外，另一种十分常见的屋脊两端造型就是燕尾。燕尾就是一种两端起翘，形如小燕子剪刀尾巴形式的正脊。从外形上看，正脊延长至两端时，在尾端做一个修饰性的收头。一般来说，燕尾的最高处比屋脊的中部部分高起 1~1.1 米左右，燕尾两端的起翘宽度为 27~30 厘米左右。

金门屋顶的重檐做法也与众不同，极有特色。重檐屋顶不但是明间较高、次间较低，而且上下檐距离较为靠近，上檐板几乎碰及下檐的瓦，形成层层叠落而又紧密相连的屋顶形态，优美不凡。

金门欧厝民居山墙上部的如意纹装饰

金门民居的屋顶铺瓦也很有一些特色。屋顶大面积使用与大陆传统民居的小青瓦相似的板瓦，而在两侧近檐边处则常常设三道或五道的筒瓦，使屋面仅在铺瓦上就呈现变化。关于这种筒瓦的使用，应该是与山墙内再设燕尾脊一样，为了压住屋面。但据说除此之外还有另一种意义，即此筒瓦的使用与屋主的社会地位与身份有关。山后村的王宅屋顶多用三道筒瓦压边，而琼林村的六世蔡祠则用五道筒瓦，都是通过这样一种明显的屋顶上的瓦陇形式来显示自己社会地位上的优势。

金门的民居中还有很多洋楼形式。从19世纪中叶起至20世纪30年代这段时间，金门地区大量青壮年劳动力渡海至南洋、日本等地谋生，艰苦的劳动除了改善自家的生计外，还集资建学堂、宗祠，修道路等，促进了侨乡的整体发展与繁荣。

在这些外出的侨民所修建筑中，就有部分采用了洋楼即番仔楼的形式，在传统的聚落中显得特别抢眼。洋楼的出现既是对南洋等地建筑的模仿，也是外出侨民对自己逐渐改变的身份地位的外在表现。他们将欧洲殖民者在南洋所建的一些建筑设计蓝图、绘画，甚至照片等，带回金门，结合自己的想法与地方民居建筑的特色，始成极为特别的中西合璧式洋楼建筑。

这些洋楼的造型各异，其中主要形式可以归纳为四种，包括塔楼、番仔楼、大九架番仔厝、枪楼等其他类型。塔楼是在传统民居部分空间增建的洋楼形式，也就是在传统建筑“衍生形式”的突归或护龙部分增建的，是较为典型的中西合璧式做法。

番仔楼是洋楼中数量最多的，它在形式上的一个突出特点是楼的正面建有廊道。廊下有列柱，或是平梁，或为圆拱，或为弧拱，二楼屋顶四周设围栏，多有山墙装饰。番仔楼又可分为五脚气洋楼、出龟洋楼、三塌寿洋楼三类，五脚气洋楼又是其中数量最多的一种。“五脚气”并非指楼房的开间数，而是来源于英文“Five-foot Way”，是英国城市店铺宅前留出的五英尺进深的廊道，类似于南方的骑楼，金门华人便将其译为“五脚气”这个好玩又好记的名称。

三种番仔楼的造型区别在于，“五脚气”的前面是平行的，而“出龟”的前面中部突出使平面呈“凸”字形，“三塌楼”则是楼前两侧突出使平面呈“凹”字形。

大九架番仔厝其实是二落大厝的变化形式，主要由前落加上一落二榉的后落组成，两者皆为一楼高，之间隔以天井。它之所以被称为“大九架”，是因为前落的进深相当深，梁架横梁数通常要安置九个；而“番仔厝”的名称来源于屋子正面筑有西洋装饰的山墙。因而金门洋楼事实上都属于“中西合璧”的形式，而并非真正的洋楼。

说金门洋楼是“中西合璧”建筑，还因为除了建筑外观用了极具金门特色的红砖外，其内部空间更是极具中国特色与汉人建筑传统，左尊右卑的古制，厅堂中心空间的布置，风水营造，等等。从本质上来说，“西”只是辅助、借用，“中”才是本体、主导。所以，可以说洋楼也是金门传统民居的一种。

除了一般的民居外，金门还有一些公共建筑，如宫庙、宗祠等，它们的设置与普通住宅之间还有一定的讲究与禁忌。

一，“宫前祖厝后”，即在宫庙前方及宗祠的后方地面不筑民宅。宫庙，也就是佛寺、道观或庙宇。宫庙前方不建民宅，可留出庙埕，即广场，供平时集会或祭典时使用。金门的村落大多建于前低后高的缓坡，而宗祠是祭祀祖先与神灵之处，是一个聚落最主要的地方，一般位于聚落的最高点。不但突出其至高无上的地位，也强化其空间效果，所以其后是不允许建民宅的。

二，民居不能超过祖厝的高度，这一点与第一点相应。宗祠既要座落在全村地势最高的地方，而且本身建筑形制也要最高，格局等方面也都比一般民居讲究。空间开敞，体量高大，并且装修精美，色彩绚丽。

三，“内神外鬼”的范围界定。除了祭祖先外，人们还祭拜鬼神，这是由于在科技不发达时期，人对于某些自然力量不了解因而产生畏惧，所以便希望通过求神灵保佑，以驱逐鬼与灾难。金门聚落祭祀鬼神的界定范围由宫庙决定，以宫庙之外为外围，设置五方挡鬼。五方的做法其实很简单，通常由令旗与三支绑红布头的竹符组成，其尺度不大，也就40厘米高左右。其具体排列按五行五色设置，即中黄、北黑（玄武）、南红（朱雀）、东青（青龙）、西白（白虎）。由于五方对村落来说，起到精神保护的重要作用，因此，五方的前面几乎每天都有村中的居民去烧一柱香或燃放一串鞭炮，因而五方的周围都有红色的鞭炮皮，十分易于寻找和辨认。

当然，为了实际生活需要，人们在聚落的营造过程中，会根据具体的情况对“宫前祖厝后”的规矩有所调整，也就是把老祖宗在聚落布置方面的陈规祖习与金门建设的实际情况相结合。具体的处理手法为，在祠堂的后面建一堵影壁。这样，就象征着另一个新单元或新区的开始，而老的区域仍然是“宫前祖厝后”的模式。

金门的坊、表、狮等类建筑与设置，也是金门民居的一部分。它们既有中国大多数地方的共性，又有自己的独特之处，甚至有些设置是完完全全属于金门独有的。

金门本就多石，又临近盛产优质石材的对岸的惠安县，因此石匠辈出，石建筑的水平也非同一般。而坊、表等也多用石材建筑，这些建筑上又以石雕刻最富表现力。

在金门石坊中，无疑以立于后浦东门街头上的大石坊最为突出。这座大石坊的坊额题为“钦旌节孝”，建造于清代嘉庆年间，是为振威将军邱志仁之妻许氏所立，他们的儿子邱良功平定海盗有功，官至浙江提督，所以此坊也称“邱母节孝坊”。

“钦旌节孝”坊的建筑材料，主要为玉昌湖青斗石和泉州白石，二者穿插使用，之间以榫头连接。石坊为四柱三间五楼式，五楼中以中楼最高，两边四楼依次降低，呈

金门山后村某民居内院景观

现层层叠落的形式。整个石坊造型雄伟挺拔，装饰精细华丽。

石坊的中楼也就是最高一层屋顶的上部，置有宝珠和鳌鱼形的正吻，宝珠居中，鳌鱼位于两侧，鳌鱼尾部高翘向天，造型优美。横枋的下面是由青斗石雕制的“圣旨”匾。“圣旨”匾下即为“钦旌节孝”横匾，白色的字体，非常突出。其他四楼顶部都不再设鳌鱼，而是各设一只石雕的蹲狮，姿态威武，而雕刻手法浑厚圆润，狮子的脸皆向外。此外，在枋、额、柱之间，还有透雕的人物、车马、祥兽等图案，极为生动精致、优美不凡，也都是青斗石所制。枋上还雕刻有旌表文字和浮雕的龙纹等图案，四柱上则雕有对联。每根坊柱的低端两边也各雕有一尊石狮子，狮子的脸则都向内，与楼顶的相反。

这座高达11米多的大石坊，是金门石雕的代表作，也是石雕中的精品，颇具艺术价值，可以说，它的雕刻艺术远远超过了石坊本身的纪念意义。

除这座“钦旌节孝”坊外，还有一座石坊值得一提，这就是阳宅附近的陈祯员外郎墓坊。这座墓坊建于明代正德年间，也是四柱三间的造型，但与钦旌节孝坊相比，它就太为素朴简单了。只是四根立柱和几节横枋而已，在正间横枋上立有一方竖匾。不过，虽然构造如此简洁、洗练，但其用材硕大，气势刚古雄奇、不凡。

陈员外郎墓坊最具特色的地方，是中楼上竖匾两边的弯月形石梁，它颇似木栋架的“束木”，为研究“束木”的来由提供了重要线索。此外，这座石坊是明代所建，自然带有明代建筑风格，是金门少数的明代古迹之一，这也是它的价值所在。

陈员外郎的墓在浦边后宅附近，它的风格与墓坊相类，也是极雄浑古拙的。坟墓整体为圆丘形，墓前有碑，碑前有墓志亭及供桌，也都是石材制造，颇为坚固。两侧各伸出三道石墙，犹如人手，前有望柱一对，当然也是石材所制。石料均为白色花岗石，字迹与雕纹俱清晰。墓志亭屋顶鸱尾与掌形八字墙头的雕龙头装饰，都具有明显的明代特色，很有研究价值。

金门石设置还有古碣，也就是在巨大的岩石上刻留文字。如在古岗献台山，就有明朝永历（其时在中国历史上已划归清初）年间监国鲁王题镌的“汉影云根”石碣，而南盘山上，则有明代俞大猷所书的“虚江啸卧”石碣。古碣多在临海峭壁，登临远眺，沧海一线，其境非笔墨可以形容。

在金门各种石材制作的设置中，最特别也最具地方特色的，则要属风狮爷。这是一种直立着身子的石狮子，也有少数是蹲立的，常常被设立在一个聚落的入口处。民居外墙上也有嵌入这种石狮的。

风狮爷与宫庙等建筑相似，都是当地居民眼中有护卫家园平安作用的。据说，风狮爷有镇邪厌胜的威力，尤其是可压制强风，而金门地处海岛，人民常受风沙之苦，

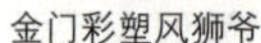
金门彩塑风狮爷

金门石雕风狮爷

所以立风狮在金门渐成风气，风狮林立。风狮的面部表情很有趣，龇牙裂嘴，瞪视前方，背部往往还披有红巾，是狮又似人。

几乎每个金门聚落都有风狮爷。山后村下堡主要出入口处有一座感应庙，庙前就有一尊面朝西北的风狮爷，身长约有1米。琼林村的风狮爷有三尊，其中一尊高近2米，位于溪沙之北，面朝西北，为花岗石制；另一尊位于溪沙之南，面朝东北，也是花岗石材料，不过高度上低于前一尊，约为1米；第三尊风狮爷则镶嵌在蔡氏大宗家庙的后墙壁上。

金门民居的装饰极具特色，其手法至为多样，极尽变化，艺术表现力也非常丰富。欣赏这些建筑装饰与构造细节，往往能体会出当时人们的审美判断与价值理念。

在民居的建筑外观上，凡是人们视线易于看见之处，即成为装饰的焦点之一，工匠们便于此极力发挥着他们的巧思妙想，将各种极富寓意的装饰题材，以高超的建筑技术手段表现出来。砌砖、雕砖、泥塑、贴瓷、彩绘等手法，无所不用。

金门民居因为大多使用的是传统的硬山式构造，所以特别重视山墙部位的装饰。虽然硬山式屋顶在中国很多地方都有，但在硬山的山尖部分用砖雕或石膏做成凸起的装饰，却主要集中在江南一带和闽北一些地区，而金门的硬山则富有自己的

金门山后村民居间巷道

特点。

硬山式的房顶，正脊可以向山墙之外延伸并起翘，这就是燕尾。但是假如将山墙向上砌筑，超越屋面，就形成了“马背”。马背有点像我们所说的封火山墙，但墙面超过屋顶的部分不大，在山尖角处，其造型像马的背，可以跨上去骑。马背也就是山墙顶端屋顶的曲背。

金门的硬山墙形式大约有五种，分别象征金、木、水、火、土五行，其中以金与火形最多，土与水形次之，而木形较少。单弧形代表金，燕尾形代表火，平顶八字圭形代表土，三弧形代表水，高圆弧形则代表木。

金门这几种山墙形式，在运用时还有其特殊的规则。例如，主屋若为金，轩则为水；或是主屋为金，轩为土；主屋若为水，轩也可为土；或主屋与轩均为土等。这样的设置，主要是依据五行相生相克之说，人们认为五行相生不相克，则能保持家宅平安与人丁兴旺。

这种传统，既表现出了旧时人们的辩证思维以五行中的一种物质为主，而以另一种物质为辅，保持住五行相生，又表现中国人的中庸思想，不走极端。

这种金、木、水、火、土五行的设置，既是吉利的象征，也是一种很好的山墙装饰。

屋顶左右侧的山墙与前边檐口上方的山头，都是民居外观的视觉重点，所以也是装饰重点。民居带有山墙是中国古代建筑的传统，而山头则是近代受到西洋影响才产生的。安置山头的民居，其正面性的装饰效果增强，原来屋脊的重点装饰地位，被山头取代了。这些来自西洋的山头形式，以巴洛克式样居多，如半圆形与S形的组合，三角形与S形的组合，以及类似于荷兰式的梯形山墙。此外，还有一种像印度佛教火焰纹的山头，上端是人字形，下面两侧转为S形，这种形式不但用在山头处，也常用于窗檐。

山墙、山头除了这些外观形体上的装饰外，还有框形内的图案装饰。因为山墙顶部称为鹅头，所以其下部最重要的装饰便被称为“鹅头坠”。鹅头坠装饰精雅细致而且色彩绚丽，美不胜收。金门鹅头坠装饰主要有“尖形硬巾”、“弧形软巾”、“软摺包巾”、“硬摺包巾”四种，巾上再饰各种主题图案。如在巾上设螭虎、花篮、如意、吊坠、磬牌、圆镜，等等作为主题，螭虎以鼻、耳、脚、尾勾住磬牌或吊坠，构成极为严密的曲线图案。

水车堵在金门建筑中占有很重要的地位，为装饰提供了很好的位置，如泥塑、剪黏、交趾陶等。水车堵中最为复杂的是垛头的曲纹泥塑，要求工匠技术要极高超，心

金门山后村民居大门

思要极细腻，因为制作时必须以尖细的镘刀刻画。有些还在泥塑上加彩，为防褪色又于外面装置玻璃保护。

屋顶部的装饰上，金门民居主脊以泥塑为主，少数使用剪黏，两者均常用“吊磬牌”图案。

在外墙装饰上，金门民居也有很多种。首先就是红砖。金门民居的砖工极为细致，而砖是中国几个少数地区使用的红砖，本身就是一个特色。民居以红砖在墙面上砌出各种图案，而其砌法变化多端，砌出来的样式有六角、八角、十字、莲花等样式。墙垛顶板多用万字连续图案。对看垛则多用砖刻技巧处理花鸟、人物图案。

除红砖本身的砌法变化外，还有用彩瓷贴面的，也很常见。彩瓷镶嵌在水车堵或窗口两侧壁面，以花草鸟兽图案居多。另有泥塑和彩绘等壁面装饰。而交趾陶则是较为富有的民宅装饰，像山后村王宅就有一些人家的墙面上装饰着色彩瑰丽的交趾陶，并有如意、花瓶、香炉、金狮等题材。

木作的彩绘也是重点装饰之一。油漆彩绘在木材上，既是室内颇具美感的装饰，同时也对木材起到保护作用。金门彩绘属于苏式彩画范畴，而且它在构图上非常重视包巾的运用。包巾的部位大都在中脊梁的中央及各层通梁的童柱下，它的位置很强调

金门水头村黄氏酉堂别业，前为日月池

两种构件相交之处在视觉上应有的缓冲作用。有时在通梁或楣枋两端也施包巾，具有框边的效果。

彩绘包巾形式主要有软摺和硬摺两种，软摺是指包袱绘成曲线的边缘，硬摺则是指包袱处理为摺成的斜角。金门民居的梁柱大都以黑色为主，斗栱的断面为朱红色，雕花的构件贴金箔，而包巾彩绘及垛仁内的山水花鸟则色彩丰富。

除彩绘外，门窗的木雕刻也是金门木装饰之一。在民宅的中门入口常常装设向外开的木棂门，称梳门。木棂门中以高仅及人的腰部的腰门最具特色，金门的气候冬天不冷，因而腰门是非常实用的一种门，既能挡住儿童不跑出门，又能挡住家禽不进入室内。腰门上的木棂顶端呈签头状，裙板多绘云纹、闪电纹。而木窗棂更是多姿多彩，有柳条纹、回字纹、菱花纹等。其中以菱花纹居多，又分为单只折交和双只折交两种做法。

石材也可与砖料一样，采用不同的砌法而产生不同的装饰效果。金门的石砌法主要有平砌、交丁砌、人字砌三种。

不过，从装饰上来看，金门石材更具表现力的当然还是雕刻。金门石雕因有优质的材料与优良的工匠，因而无论是雕刻内容还是雕作技巧都有很高的水平。一般的石材多取自本地的太武山，而作为雕刻的石材则取于惠安和福州一带。惠安盛产纯正的

金门欧厝村某民居庭院

金门欧厝村民居外观

白色花岗石，被称为泉州白，而福州一带则多产适于精雕细琢的青色良石。金门微呈土黄色的石材和泉州白色的石材，以及福州浅青的石材被有机地处理在外墙上，形成微妙的对比，感觉厚重，又富有情趣和变化。

金门石雕手法多样，包括四面雕、剔地雕（深浮雕）、水磨沉花、平花等，而雕刻题材也极为丰富，有走兽、爬虫、游鱼、鲜花、飞鸟、螺草、瓷瓶，等等。而在寺庙和一些大宅，则雕麒麟、凤凰、锦鸡，乃至八仙过海等神仙人物。雕刻的重点部位有石柱楹联和门口的抱鼓石等。楹联多采用阴刻法，也就是水磨沉花手法，将字雕成凹入柱体的形状。

在石、砖、瓦、木等众多的金门民居材料中，除各自做单独装饰外，也有混合使用的。如将石条、石块与砖混用，就是金门常见的特殊构饰手法，被称为“出砖入石”。它是利用不规则的石、砖与瓦掺杂一起，交错砌筑，意趣横生。出砖入石的手法由于节省建筑材料而主要应用在普通人家的民居上。这样的混合砌筑，既能产生坚固的建筑结构，又能使民居外观呈现出一种放任不羁和随遇而安式的自然美感，散发着顽强的生命力。

第二十一讲

土楼民居

土楼民居主要位于福建省，所以一般提到土楼都直接称作福建土楼。

福建省地处中国东南沿海，南连广东，北邻浙江，西接江西，东临东海、南海与台湾省遥遥相望。全省境内山峦起伏，溪流纵横，山地与丘陵占全省总面积的80%以上，素有“八山一水一分田”之称，其中最为著名的当属福建省北部的风景名山武夷山，山脉蜿蜒于闽赣边界。

福建省地形整体看来变化多端，造成各地区之间的交通不便，所以地区之间往来

福建永定振成楼

以土楼为主的民居建筑群

甚少，加上历史上的几次内地居民南迁进入福建境内形成客家聚居群，使得境内居民之间有了更多差异。自然和历史这两方面的原因，共同影响着福建地区的民居建筑，因而全省各地民居，多因地制宜，自成系统，没有统一、固定的程式。

在福建地区的各种民居形式中，处于闽西、闽南等地的土楼民居建筑，当是福建民居中最有特色、最令人惊叹的形式。

中国传统民居大多数具有一定的防御功能，而且人们喜欢聚族而居，福建土楼就是兼有聚族而居和防御作用的大型住宅形式。之所以称为土楼，是因为这种多

福建诏安县秀篆镇的半月楼

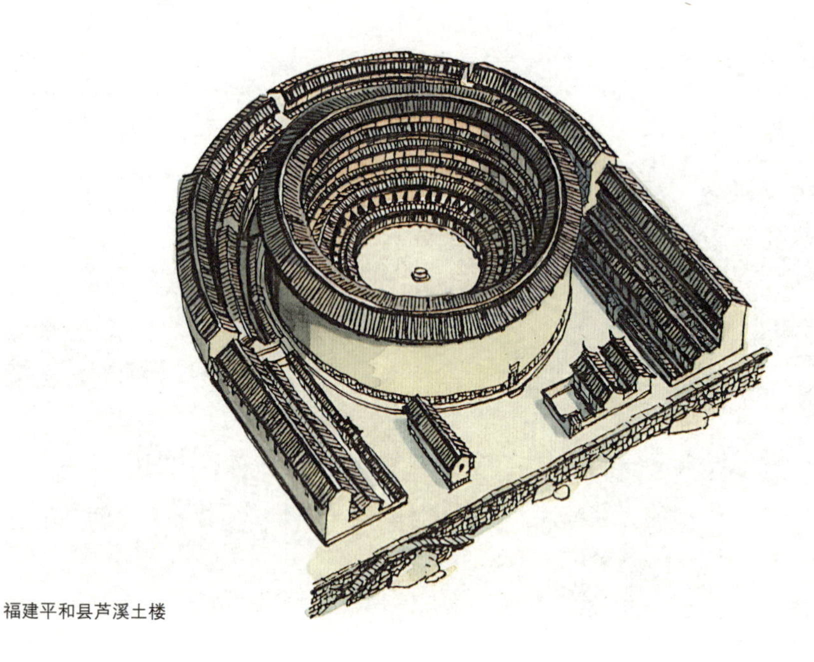

福建平和县芦溪土楼

层高楼的墙体，绝大部分都是以夯土建造。

福建土楼分布最密集的地方，位于闽西南的永定县东部和南靖县西部的交接地区。此外，在闽南的华安县、平和县、漳浦县、云霄县、诏安县等地有零星的土楼，虽然数量较少，但土楼的形式与材料种类却丰富多样，从研究与欣赏的角度来说，有其重要的价值和不可取代的地位。

福建土楼按年代顺序和形式来分，主要有五凤楼、方形土楼、圆形土楼等三种形式。

五凤楼主要集中在永定县的高陂、坎市、湖雷、抚市等四个乡镇，是客家集团民居的主要形式之一，也是最早的土楼形式及数量最多、分布最广、文化内涵最悠久的一种建筑形式。目前，除遗址外，五凤楼大约有200多座。

按流传的说法，客家集团民居来源于东汉至魏晋时期盛行的"坞壁"。"坞壁"是动乱时期豪族仿照边塞屯兵的"坞"而修建的用以保护自己的城堡。因动乱历经几百年，这种城堡也逐渐胜行起来，后被南迁的客家人沿用，即为客家集团民居。它的特点是规模巨大，四围严密，向心对称布局，里面可以居住一个大家族的几十个家庭。

五凤楼最标准的平面形式是"三堂两横"。除此之外，还有只建前后三堂的"三堂式"，或只建两堂的"两堂式"，其体量较小；也有两个两堂式并列的"四堂式"；

福建华安雨伞楼

还有向两侧发展，增加横屋的“三堂四横式”；另有规模较大的，则是将两个三堂并列，成为“六堂两横式”，等等。

“三堂两横”的标准式五凤楼，其主体部分即是三堂，即下堂、中堂、主楼，这三部分沿着整个建筑的中轴线由前至后布置，其间有天井隔开。三堂中的下堂是门厅；中堂是聚会大厅，家族议事或举行各种聚会；下堂与中堂都是单层建筑，而主楼则是多层的楼体，大多为三至五层，底层正中是祖堂，是供奉家族祖先牌位的地方。其左右房间和上面的各个房间都是家族成员的居室。

三堂之间的天井两侧均有厢厅，并有通道可达与中轴线平行的长形屋子，也就是横屋。横屋是当地说法，如果从现代的建筑平面图上来看，横屋恰好是南北方向设置的东西厢房。横屋也是家族成员的居室，并从前至后排列，高度呈逐渐递增之势，最后一幢横屋的高度几乎与主楼相同。

在古代，颜色、方位与五行有关，用来表示建筑具有中心与四方一体完整有序的造型特点；而三堂两侧的横屋就像是展开的大鸟的翅膀，与中心建筑主楼相结合，俯瞰其气势就如一只美丽舒展的凤凰，所以称之为“五凤楼”。

五凤楼建筑的屋顶多为歇山顶式，屋顶面的坡度舒缓而檐端平直，这明显地保留有汉唐时代的风格。

五凤楼多选择在前低后高的山脚地带建筑，庞大的建筑与山体相互呼应、相互映衬，非常突出而有气势。

五凤楼的形制很讲究先后与高低顺序，长幼尊卑清楚明确。房屋要前低后高，比如，中堂是五凤楼的中心，所以比下堂高半阶，且进深也多出一倍，以示前后伦常有序；并且高低还与居住者的身份与辈分相应，各有合理的安排；标准的五凤楼中堂必须是平房，人在堂内抬头即可见屋顶的里面。

在五凤楼建筑的最后部有块地被矮墙围护，形成一个前低后高的半圆形场院，这个地方非常神圣，不允许孩子来此玩耍。这也是五凤楼讲究伦常规矩的一个重要表现。

五凤楼看起来赏心悦目，很适合人们居住。从五凤楼中可以看到许多中国古代中原地区理想建筑模式的要素。比较具有代表性的五凤楼，有永定县高陂镇大塘角村的大夫第、永定县湖坑镇洪坑村的福裕楼等。

永定县高陂镇大塘角村的大夫第是五凤楼最标准的形式，即“三堂两横”式。这座五凤楼系王氏所建，建筑时间为清代道光八年（1828年），历时6年才建成。主体建筑三堂坐南朝北，布局对称，宽、深均约52米。三堂按下堂、中堂、后堂由前至后沿中轴线布置。

下堂也就是门厅，两侧带厢房。正大门建筑较为堂皇富丽，门廊高大，屋顶为三

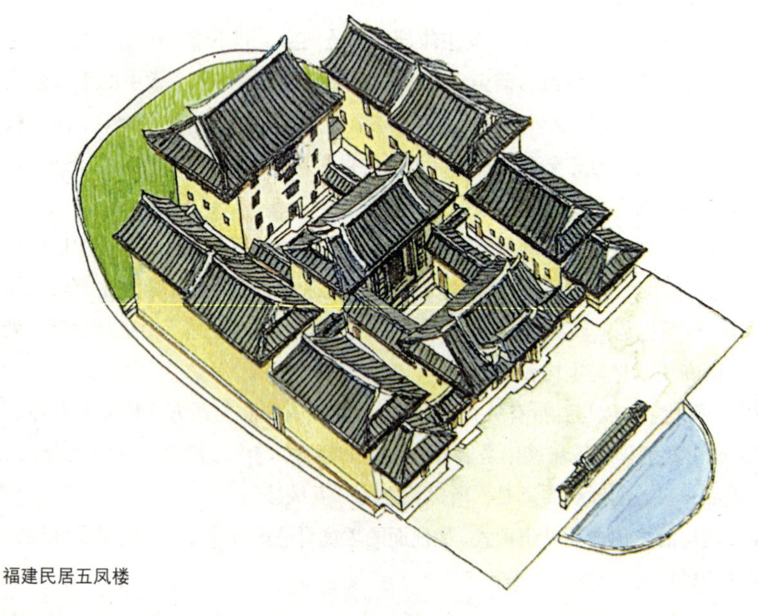

福建民居五凤楼

段歇山式，屋脊两端轻盈飞翘，形成柔美的曲线。大门门楣上书有“大夫第”三个大字。整个入口看起来辉煌、气派、庄重。

穿过下堂，后行即为中堂。中堂的明间为正厅，内部空间宽敞高大，是祭祀的场所；两侧的次间则作为书房、账房等。

三堂之中位于最后部的后堂，是一座高为四层的楼房，实际上在四层上面还有一层阁楼，所以应该为五层。如此多的层数与前面平房形式的中堂、正堂相比，无论在形体上还是气势上，都更为高大，是全楼最高的建筑，在总体构图上居于统帅地位。在极讲究长幼尊卑、伦常有序的五凤楼中，居于主体地位的后堂楼自然是家长的住所。

三堂之间是前后两个天井，前天井两侧为敞廊，后天井两侧是小厨房。

三堂两边的横屋即为“两横”，分别由三个平面形式相同的基本单元沿纵向排列而成，并且由前至后层层升高，最前面一个单元为一层，第二个单元为两层，后两个单元为三层。前两个单元作为家族子弟读书的学堂。后两个单元上面是家中四兄弟的住房，每个兄弟的单元住房布局相同，均是中间为厅，前后为卧室；下面则是厨房。横屋为九脊顶，并因着房子的高低而呈层层叠落之势，颇有特色。

三堂与两横之间又分别形成四个天井，其平面呈南北向窄长形，前后设门，左右两个天井之间则有连廊相隔。而横屋的外侧则是一排矮平房，分别作为仓库、磨坊、厕所、牛栏、猪舍。

除了主体建筑以外，在建筑群的正前方还有一个大晒谷坪和一个水池，临近水池的坪上立有一面照壁。晒谷场顾名思义就是收获季节用来晒谷物的地方，而平时则作为入口前的广场，也是孩子们的玩耍之处。照壁为中间高两端低的三段式，是为了防止煞气直冲大门而设的屏障，同时也烘托了整个建筑的气势。照壁前的水池被称为半月塘，形如半月，风水师称其象征四海，是沿袭古代明堂辟雍“水四周于外，象四海”的涵意。而古代诸侯的学堂前面则只能建半圆形水池而不能建圆池。半池又称泮池，这种泮池后来被各地的孔庙和官学建筑沿用。宅前建半月形水池也许是期望子孙能及第、登科，光耀门楣吧。

建筑群的最后部由低矮的墙围成一个半圆形的场院，俗称“楼背”，地势前低后高。这里是个神圣的地方，不允许孩子随便在此玩耍。这个半圆形的楼背与前面半圆形的水池，恰好形成一个完整的圆，既出于风水的考虑，又含有“圆满”之意。

高低错落的土楼，配以巨大出檐的九脊顶，重叠参差间又条理井然，主次分明而和谐统一，显示出庄重古朴的艺术风格。而其夯土结构的内外墙，使房屋冬暖夏凉，在实用性上也不输于其优美的形式。

永定县湖坑镇洪坑村的福裕楼，是五凤楼的一种变异形式，或者说是五凤楼向方形土楼的过渡样式。五凤楼的下堂在这里变成了两层楼房，并向两侧延伸，与三层高的横屋相连，五凤楼中原有的一层和二层横屋不复存在；中堂被建成了两层楼房；后堂的主楼也向两侧扩展至两横。整体构成一个四周高楼围合的形式，更具防卫性。

楼内中堂与两侧的过水屋、前后厢房等，将内院分隔成大小6个天井，丰富了建筑的空间层次。楼的前面是一个窄长的、也较为封闭的小院，院前照壁临水而立，院门则设在窄院的一侧，这显然是出于风水的考虑，将门楼斜对着水口。

福裕楼是清朝官至四品的林姓朝政大夫宅第，所以规模、形制都较为宏大、豪华，属于较高等级的住宅。其四周的土楼均为夯土墙承重，墙面上又用白灰粉刷，而内院的中堂则是灰砖木构楼阁，华丽、精致而又带有一种典雅、庄重的风格。整座建筑中轴对称，而屋顶错落，气势轩昂。

建筑大门两边的对联“福田心地，裕后光前”，既解释了楼名又表明了楼内居住者的追求。

由于五凤楼占地面积巨大，所用材料也很多，加之它的防御性不是很完善，所以人们将之改建，这就出现了方形土楼。方形土楼的早期屋顶还保留了一些五凤楼的特点，如屋顶层层叠落，前低后高。后来，方形土楼的建筑就越来越简单了，最终形成了下部墙体四四方方，上部屋顶四角相连的模式，所以又称四角楼。

方形土楼是体量最大的一种传统民居，有的楼体高达五六层，面宽达70~80米，上面是一圈巨大的出檐的屋顶。对于初次见到它的人，很难想像其是一座住宅建筑。虽然它的体量非常大，但却又封闭、安全。楼体的四面是高达几十米的厚实的土墙，并且只在上部开一些小小的窗洞，下部则不开窗户，自然能达到更好的防御目的，以保障安全。如果要进入方楼，必须通过楼底层小小的门洞。整个方楼就像是个小小的城堡。

方形土楼的造型繁多。有正方形平面，有长方形平面；屋顶有四面围合的，有两侧带歇山的；有前面一排横屋顶低于后面一排横屋顶，两侧屋顶前低后高、层层叠落的；有些方形土楼前面再建前院，有些楼里面又建楼，即楼心；还有两侧建护楼的；更有一种四角抹圆的圆形方楼。

方形土楼的里面布局一般有内通廊式和单元式两种，且绝大部分是内通廊式。内通廊式就是在每层楼靠院子一侧设有一圈子走廊，沿走廊可绕院落一周，每间房有门与走廊相通。单元式是指每一户都独自拥有从底层至顶层的独立单元，左右均不与邻居房屋相通。

一般来说，内通廊式方形土楼的平面大多数为方形或长方形，且内院多比较空

福建方形土楼群

敞，祖堂设在中轴线尽端的底层；而单元式方楼的平面则大多为前面方、后面两角抹圆的形式，还有个别为四角抹圆而整体呈方形的平面。比较讲究的祖堂会在前面设客厅，周围设回廊，形成一个方楼内院中又套着一个方形四合院的形式，虽然降低了开敞的空间感，但却丰富了建筑的层次。

一般较大型的方形土楼的里面是一圈全木结构的多层楼房，与外墙不加粉饰的粗犷严峻形成对比。

绝大多数的方形土楼，大门都开在正立面的中央，只有少数还在侧立面开有旁门。大门的造型有很多种。

不论是内通廊式还是单元式，方形土楼都既有它的典型代表，也有不同的变异形式。

南靖县梅林乡璞山村的和贵楼是典型的内通廊式方形土楼。据《简氏族谱》记载，和贵楼是简次屏所建，建筑时间是清代雍正十年（1732年）。初建时为四层，1926年时不幸遭遇火灾，重建时又加高了一层，即为如今的五层楼。

和贵楼主要由楼和厝两部分组成，厝是闽南方言中“房屋”的意思，和贵楼的厝又包括楼前厝和楼心厝两部分。五层高的方形土楼，宽约36米，深约28米，坐西朝东，前部正中只有一个大门供出入。为了防止火攻，还特意在大门上设有水槽。作为

土楼是与环境极和谐相融的一种民居，这座土楼就几乎被淹没在了绿色的草木海洋之中

惟一入口的大门一关，整个楼体就固若金汤了。大门外即是由单层的库房及厝围合成的一个深约10米的院落，此院前也只有一道门可以出入。方楼内院的中心也是厝，包括围合祖堂天井的门厅和回廊。这样的布局造型在当地还有句俗语，谓之“厝包楼儿孙贤，楼包厝儿孙富。”这说明人们理想的居住形式为大型住宅，而住宅的模式又要井井有条，符合伦理规范。这是人们期望子孙后代幸福、美满的心愿在建筑上的表现。

和贵楼的每层有24间房，整齐对称地围合成一个方正的内院，四部楼梯分别位于方楼的四角，楼内侧各层分别设有一圈回廊。不同楼层有不同的功能与作用，楼的底层都是厨房，二层则都是谷仓，三层到五层均为卧房。每户住房按垂直形式分配，即每户从一层至五层各占一个开间。而内院中心则是祖堂兼书斋，中间又围成一个方形小天井，而为了扩展祖堂天井院的空间，祖堂的正厅退入到了方楼的底层。祖堂小天井院外左右各有一口水井，分别为楼内人们提供饮用和洗濯用水。

和贵楼方正的墙体下部为高达1米多的墙脚，由大卵石砌筑而成，外围夯土墙的底层厚达1.3米，而往上则每层逐渐递减0.1米。土墙上部是出檐巨大而坡度平缓的瓦屋顶，出檐大的一侧主要在外部，这样可以很好地防止雨水淋到土墙上面，以保证土墙的使用寿命和坚固度。夯土墙是楼外围的承重结构，而楼内则全部为木构架。楼的外围墙体，只有上面的三到五层开窗洞，且洞口是内大外小，二层的窗口只开不足20厘米的竖向小缝，一层不开任何洞缝，这既使楼内房间能接受一定的阳光，又具有

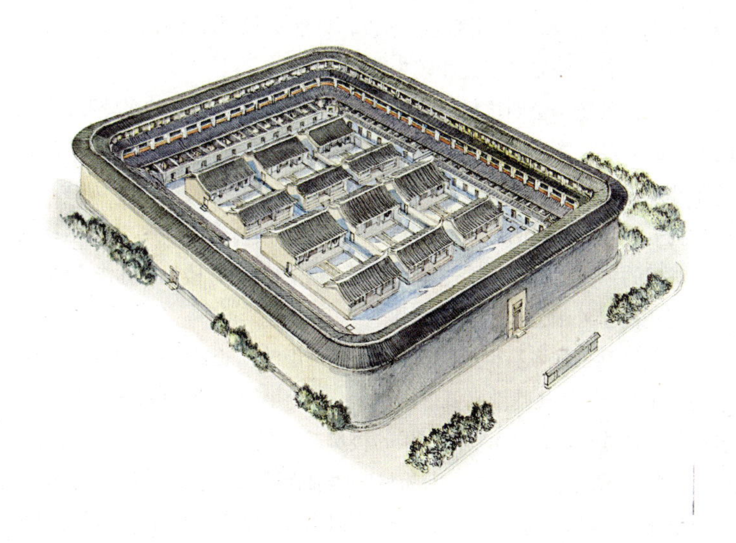

福建平和县霞寨镇的西爽楼

很好的防御性，非常安全。

平和县霞寨镇西安村的西爽楼是单元式方形土楼的典型形式，共有上下三层，由65个独门独户的小单元围合，从底层到顶层每户占一个开间。各单元之间完全隔开，互不连通，各自独立，拥有相对的私密性，所以称为单元式方形土楼。

楼内每个单元的面宽3~4米不等，各户有单独的入口大门，进门是单层的门厅，靠墙设有灶台。由门厅往内经过小天井旁的侧廊即达大厅，大厅较为开敞，既是待客的客厅，又是家人用饭的餐厅。大厅后面是卧房，在卧房的一侧设有通往二、三层房间的楼梯。

西爽楼始建于清代康熙十八年（1679年），面宽86米，进深94米，整个平面呈长方形，而四个转角处理为圆形。楼的外围土墙厚1.7米，外表面墙体只在第三层开设有小窗洞。全楼在正面和左右两面墙体中部各设一个门，以通内外。

土楼围合成的内院，整齐地排列有六组各自拥有独立院落的祠堂，除了前面与楼体之间有较大的院落空间外，其余三面都只有窄窄的小巷。

从高处俯瞰整幢土楼，其建筑的排列由楼层到户门，再到祠堂等，都井然有序。

土楼的大门外，有长90多米，宽15米的门前广场，主要用来晾晒谷物。广场前方则是一个半月形的大池塘，池塘两端还沿着土楼两侧的墙体延伸出濠沟，就像护城河一般围护着土楼。两侧濠沟的增设，显然更加强了土楼的防御性。

方形土楼还有一些变异形式和较为特殊的形式。

坐落在南靖县船场镇西坑村的沟尾楼，就是方形土楼的一种变异形式，或者说是方楼向圆楼的一种过渡形式。它的平面极似和贵楼，但与和贵楼最大的不同之处在于楼体转角处理成了圆形。

平和县五寨乡埔坪村的思永楼也是一座方形土楼的变化形式，这座土楼最特别之处，是在三层的单元式方楼内院之中又建了一座四层的方楼，被称作“楼心”。同时楼心的高度还高于外围土楼，形式别具一格。

坐落在南靖县书洋乡石桥村的长源楼，是典型的横长式坡地土楼，是方形土楼结合地形的一个特例。此楼基地高低落差很大，前为平地后为山坡，因此后墙就利用山坡石包坎。前面是平房，后面则是三层的楼房，楼体呈倒凹形，有走廊连通。站在楼上观望，视野开阔，通风也极好。因为整座楼前临溪水而建，为防水患，特于楼前溪边砌了一道长40多米，高5米多的大卵石挡土墙。远观这座土楼，其屋宇高低错落，形体端正又不失活泼，极富生活气息和乡土韵味。

漳浦县旧镇秦溪村的清晏楼是内通廊式方楼的一种变异形式。其平面上的与众不同之处是在方楼的四角。从平面上看，清晏楼的每一个左角的墙面都向外延伸，然后向其右侧包裹，形成呈风车状突出四个半径2.5米的半圆形炮楼，当地人将它称为“万字楼”，又称“风车楼”。增添这种圆形炮楼，无疑是为了加强防御性。

圆形土楼相对于五凤楼和方形土楼来说，数量较少，但它却是中国最神秘、最吸引人的一种民居形式。

圆形土楼的建筑布局非常精练整齐，其最大特点就是，多在圆楼内还建有圆楼，形成一环一环的建筑形状。最外环最高，利于防御，一般为二至六层，多为三层；内环高度不可超过外环，这样，建筑不会显得拥挤，而又利于采光、通风。

建筑群内的环形楼房的屋顶是两坡水的形式。环形包围的建筑中心位置建有院落，中间有小天井。

在圆形土楼中有一个重要建筑就是祖堂。祖堂是客家集团民居的一部分，是祭祖和举行家族大礼的地方，一定要建在大门和院内正对大门的楼房相连的这条中轴线上。具体的祖堂建筑位置又稍有差别，有的设在中轴线的末端，即正对大门的楼房的底层；有些建筑年代较早而又比较讲究的，则设在内院的中心。这显示了祖堂在客家人心中的重要地位。

圆形土楼因环楼的数量不同，建筑有大有小，但其中每个房间的大小却惊人的相似，房间的宽度均在3米以上，4米以下，正好可以摆放一床、一桌、一衣橱，这是

山坡下的土楼群，可以清楚地看到墙体上部的小窗洞

旧时农家卧房的标准配置。相同大小的住房，也显示出了人与人之间和谐平等的关系，完全没有五凤楼中强烈的尊卑等级之分。

楼的墙体材料，绝大多数是生土，生土墙内以竹片做“墙筋”，来增强墙的稳定性与坚固度。墙体一般厚在1~2.5米之间。墙的基础部分用大块鹅卵石叠砌，并以小鹅卵石填补空隙。

圆形土楼和方形土楼一样，有内廊式和单元式两种，也是内通廊式较多，内通廊式近800座，单元式300多座。福建的内通廊式圆楼，其外环楼的形制大体相同，只有层数多少和直径大小的差别，而各个楼的主要区别则在于内院部分。

怀远楼和龙见楼分别是福建圆形土楼中内通廊式和单元式的典型样式。

怀远楼位于南靖县梅林乡坎下村，建于清代宣统元年（1909年），现今保存较为完好。整座建筑主要由两部分组成，即直径38米的环形土楼和中央的圆形祖堂。

其中的环形土楼高四层，外围土墙为夯土墙，且夯土墙下有一截高2.5米的河卵石墙脚，其余部分则为木穿斗构架。

整座圆楼只在前部设一个大门作为出入口，大门周边的土墙表面用白灰粉刷以突出其位置。大门上方凹嵌一块巨大的横匾，书有“怀远楼”三个大字，两侧还以楼名作藏头嵌字联，曰：“怀以德敦以人藉此修齐遵祖训，远而山近而水凭兹灵秀育人文。”

福建南靖田螺坑村土楼群，中间的方楼名步云楼，四座圆楼分别为文昌楼、振昌楼、和昌楼、瑞云楼

外墙的一、二层不设窗户，三、四层卧房开有小窗。第四层外墙还挑出四个瞭望台，三面砌砖围合，留有枪眼可向外射击，瞭望台互为犄角。此外，在门洞的横梁上埋有三根竹筒直通二层，可以从二楼往下灌水，在木门外壁形成水幕，以防火攻。厚实的土墙和牢靠的洞口等防卫设施，使整座圆楼坚不可摧。

楼内环绕一周有 34 个开间，并有四部均匀分布的楼梯；除了门厅所在的开间为敞厅外，每层有 29 个房间。

底层的房间作为厨房和餐室，二层房间作为谷仓，三层和四层为卧室。卧室平面呈扇形，面积不到 10 平方米，并且不分老幼尊卑，一律相等。二至四层内侧均设宽约 1.2 米的走马廊，以联系各个房间，廊子完全用木结构悬挑。其中三四层廊子的栏杆外侧，还设有腰檐遮挡雨水。

怀远楼最为引人注目之处是内院的祖堂，祖堂与环楼是两个同心圆形式，它既是祖堂也兼作家族子弟读书的私塾与书斋。

祖堂的横匾上刻着“斯是室”三个金色大字，笔力苍劲而书写流畅；两侧的柱子上则雕刻有一副长对联，曰：“斯堂讵为游观，极计敦书开耳目；是室何嫌隘陋，惟思尚德课儿孙。”由对联也可明确地看出，此处不仅有祭祀祖先的功能，还有作为子孙读书处的功能。正堂两边的梁架和斗栱上更装饰有木刻书卷式饰物，颇有一种古雅

傲然独立在青山绿草之间的土楼

的书香气息。除书香气外，祖堂内更有一种雕梁画栋的富丽堂皇之美。

祖堂前面由左右围廊围成一个半圆形的小天井，因而使得其正面较为开敞。正面中间为祖堂的大门，正对着土楼的入口。祖堂圆形的高墙外是一个挨一个的小猪圈。

祖堂与外环楼之间形成环形的内院，院中有一口洗漱用的公共水井。同时，在内院中，又沿中轴线以矮墙分隔出前后两个小天井。

龙见楼位于平和县九峰镇黄田村。龙见楼就是一个完整的圆楼，因为内院中除了一口水井外，全是公共的空地，祖堂并未建在院落中间，而是设在正对着大门的三个开间中。

龙见楼环周有50个开间，每个开间是一个独立的居住单元，单元之间完全隔断，互不相通。各家均从设在内院一侧的门口入户，进门后依次为前院、前厅、小天井、后厅、卧房，其中的卧房共有三层，有独用的楼梯上下。每个标准单元平面呈窄长的扇形，进深21米多，门口处面宽只有2米，靠外墙处宽约5米。单元内或明或暗，有闭有敞，有层次感而又富于变化。

龙见楼的外直径约82米，而外墙厚约1.7米，只在前面设有惟一的出入口，即大门。墙体的上部开有小窗。小窗在过去主要是为瞭望与防御，今天则主要是供室内采光。

福建永定县古竹乡的承启楼

虽然怀远楼和龙见楼可以作为圆楼的两个代表形式，但要说到最为著名的圆楼，还要数承启楼。人们不但把承启楼当作圆形土楼的代表，甚至把它当成是整个福建土楼的代表，这在很多相关的书籍中就能得到证实，如《中国住宅概说》和《中国古代建筑史》等。1986年的时候，中国发行的“民居”系列邮票中也是把它的形象作为福建民居的代表。

承启楼位于福建省永定县古竹乡高北村，是内通廊式圆楼的典型样式。楼的外直径约62米，其底层外墙厚约1.9米。

承启楼的整体布局为四环楼加一院落的形式。最外圈是一座高四层的环形楼房，屋顶为两坡水的形式，造型非常简单、明了，而且如此干脆的直线形恰好与整个楼的圆形成对比。

外环楼每层有72个房间，四层共288间。一层为厨房、餐室，二层是仓库，三、四层都是卧室。这些房间与外墙组成楼体。外墙由土垒砌而成，虽然底层最厚处达1.9米，但往上却逐渐变窄，至墙的顶部时，层的厚度就只有1米了。如此的构筑，既满足防御的需要又减轻了墙体的重量。土墙里面用竹片做成“墙筋”，以增加墙的韧性和强度。此环楼朝向里的一面，每一层都建有一圈内通式走廊，人可沿此廊环绕院落一周。

外环楼向内的第二圈楼高二层，每层40个房间，两层共80间。

第三圈是平房，有32个房间，全部是客厅，每个门前都有一个小天井。

再往里，就是中心院落了，中心院是由祖堂、回廊、半圆形的天井组成的单层的圆屋。其中，最重要的建筑就是祖堂，祖堂是祭祖和举行家族大礼的地方，设在院落的最中央。

沿祖堂正面向前至外环楼，在其中心线，也就是整个建筑的中轴线上，每个建筑内建门厅，墙上辟门，而位于外环楼墙上的门也就是承启楼的大门。承启楼的大门装饰洁净、清雅，沿门洞在左、右、上刷上粉白色，成为大门的重要标识，其外围用砖砌成窄窄的一圈作为装饰性外门框。砖门框内角白墙上绘有暗绿色卷草角隅图案，两者环抱下即门楣上部的横匾，匾上书"承启楼"三个大字，门洞两边还有一副藏楼名的对联："承前祖德勤和俭，启后孙谋读与耕。"

除大门之外，外环楼墙上还另开有两个侧门，也和大门一样是连通内外四圈环楼的。

由于各环楼顶为圆形，那么顶部的铺瓦要呈放射形状才合理，才会严丝合缝，但普通百姓并没有条件使用如此多大小不一的瓦，所以每铺一段，房顶就会产生很大的误差，人们便在内侧屋顶每隔一段设置一个三角形的收分，当地人称其为"剪瓦"；同样，在外屋顶也有此问题，人们在其上每隔一段也设置一个三角形，只是走势上与内屋顶相反，是往下开口的，称为"开叉"。里面每圈环楼都是如此形式。这也可以说是所有圆形土楼屋面的铺瓦方式。

福建永定承启楼内景俯视

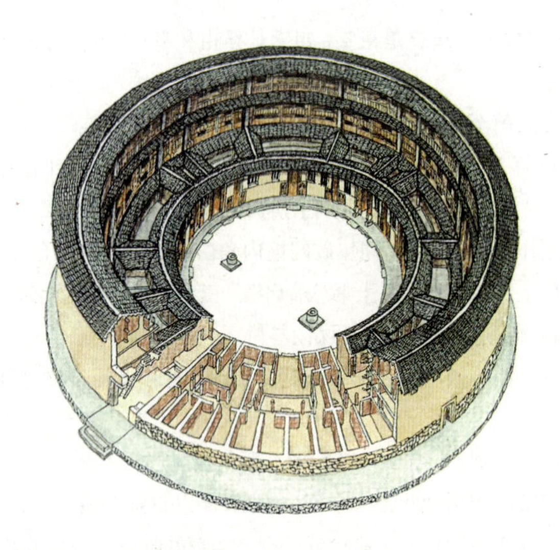

福建华安县仙都乡的二宜楼

圆形屋顶的外部出檐较多，这很好地保护了土墙，使之免受雨淋。

承启楼居住的是江姓家族。据如今居住者说，此楼始建于清代康熙四十八年(1709年)，用了三年才完成。

承启楼建筑巨大，但其中的住房大小均等，这与五凤楼相比，完全没有所谓尊卑等级，体现了人与人之间的和谐平等。

华安县仙都镇大地村的二宜楼、南靖县书洋乡石桥村的顺裕楼、永定县陈东乡的福盛楼、平和县安厚镇汤厝村的云巷斋，等等，也都是较为闻名且体量较大的圆形土楼。

福建土楼中，不管是五凤楼、方形土楼，还是圆形土楼，除了极少数的特殊例子外，绝大多数布局对称、规整。土楼内部厅堂的排列、卧室的分配、楼梯的分布、边门的开设等，都是严格对称的，给人一种平衡稳定的感觉，表现出了一种严肃、方正、井井有条的中国传统伦理秩序。

福建土楼在具体的建筑处理上，有一套源自传统、约定俗成的手法，风格直率、质朴，地方色彩强烈。其处理的主要部分有屋顶、墙身、大门、窗洞、木构件、祖堂装饰等。土楼的屋顶给人庄重完美的印象，土楼的窗子则是活泼而又统一，大门装饰则强调其作为入口的性质，祖堂则因其最重要的地位而成为重点装饰对象。相对这几点来说，自然、质朴、粗犷的土筑墙身则是福建土楼的最大特色。

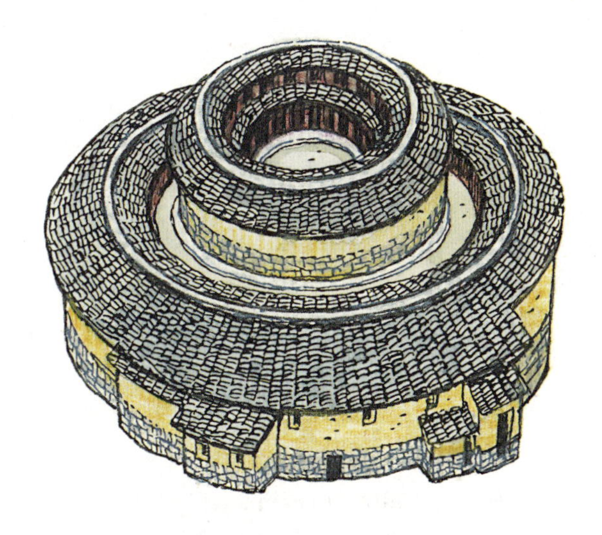

福建华安县高车土楼

这些极富传统又具有特色与个性的方方面面，都是福建土楼焕发光彩及为世人和研究者深深关注的原因。

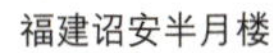
福建诏安半月楼

第二十二讲 开平碉楼

广东省位于中国最南部，境内岛屿众多，而地势为北高南低，地形复杂，山地、台地、丘陵、平原等均有，其中的山地和丘陵约占全省陆地总面积的70%，而珠江三角洲等平原地区则占30%左右。此外，省内河流纵横交错，水资源极为丰富。

特殊的地理环境造就了当地的特殊气候。省内大部分地区属亚热带气候，雷州半岛、南海诸岛则属于热带海洋性气候。年平均温度在20摄氏度以上，没有冬季，但却常见带有破坏性的台风。

特殊的地理与气候环境，无疑对建筑有很大的影响，再加上移民迁入及后来众多的当地人侨居国外等历史大事件的影响，因而形成了独具特色的广东民居形式。

广东民居可大体分为五个地区，一是地势平坦、河流纵横、气候炎热、潮湿的珠江三角洲，民居建筑以解决通风隔热为主；二是潮汕等沿海地区，台风影响较大，并且台风还会带来砂与盐碱侵蚀建筑，夏季气候也是炎热潮湿，所以民居除要有良好的通风与隔热外，还要防止台风侵袭；三是兴梅客家地区，地多山地与丘陵，民居主要是防东北寒风与台风；四是粤北地区，虽无台风影响，但冬季气候寒冷、风大，民居以防寒保暖为主；五是岛屿地区，主要分为东南沿海平原和山地两部分，民居以防热防风为主。

结构坚固但造型也各不相同

挑廊带有罗马柱式和拱券的碉楼

广东省是我国华侨最多的一个省份，侨乡遍及全省，其主要分布地有粤中的开平、新会、台山、恩平，粤东的潮安、梅县等地。开平市就是其中较为著名的一个，位于珠江三角洲的西南部，濒临南海，靠近香港、澳门，距离广东省会广州约100公里。开平是江门五县市的中心，东南有新会为藩篱，西南以台山为屏障，北连鹤山，西接恩平，潭江从市中心流过。

开平之所以成为著名的侨乡，既有地理的因素，也有历史的原因。早在16世纪时，开平就已有人远涉重洋，去异域谋生。19世纪中期时最盛，这一方面是因为当地自然灾害严重和盗匪横行，让人们无法安居乐业；另一方面也是因为当时的美国、澳大利亚等国家发现了金矿，特别是适逢美国开发西部，需要大量的劳动力，一时之间开平的很多人都加入了远渡异国的行列，开始了他们的海外劳工生涯。

侨乡民居大部分是这些出国劳工挣钱之后，回到家乡建造的。侨乡民居是吸收中、外建筑的多方功能与特色创建而成，而侨民的产生，主要是由历史的原因造成的。所以也可以说，侨乡民居形式的产生，既有广东原有的自然与人文因素，也有历史的因素，侨乡民居建筑形式就是由这些因素共同作用的结果。

在众多的侨乡民居形式中，最具有防御性、最为重要，也最具特色的，当属碉楼形式，而碉楼的数量又以开平市最多，最集中。

开平碉楼大量建筑的时间，主要是20世纪的20～30年代。不过，要追溯其历史，则可远至明代。

开平古时曾是一片蛮荒、无人管理的地带。其地南、北、西三面环山，中间就是潭江及其支流河水，在河水两岸的开阔平坦之处，聚居着密集的人口。但由于地势低洼，在海水涨潮或暴风雨降临时，便会发生洪涝灾害，使人们不得安居；除水灾之外，更有盗贼匪寇横行。因此，很多人选择外出谋生。

但却不是每个人都有能力，有机会，或是愿意出外谋生的，因此，留在家乡的人为了自身的安全，便想方设法减轻一切灾难的伤害，特别是对于盗匪的防范。据传，明末

大尺度的众人楼，供全村人躲避灾患

崇祯十七年（1644年）的时候，为了躲避盗匪的袭击，保护村民的安全，芦庵公的第四个儿子关子瑞，领人在井头里村修建了一座具有防御功能的建筑——瑞云楼。瑞云楼非常坚固，同时具有防洪和防匪两种功能，遇到洪水暴发或盗贼侵扰时，井头里村和毗邻的三门里等村中的居民，就可以迅速地奔到楼内躲避。

可是，随着人口的不断增加，楼内渐渐容不下全部的村民了，再遇到紧急情况时，往往出现更为混乱的场面。居住在三门里村的芦庵公曾孙关圣徒，决定在本村修建一座具有同样功能的楼，这就是迎龙楼。迎龙楼建于清代初年，共有三层，高约11米，砖木结构，占地面积150多平方米。楼的墙体厚度接近1米，全是用一种较大型块的红砖砌筑，比瑞云楼更为高大坚固。

从平面上看，迎龙楼呈长方形，而四个角各突出一块，四角都有枪眼作为防御、射击之用，最下部的正面开有一个拱形小门，门的两边各开一个小方窗，二、三层的正面各开三个小方窗。楼顶是传统的硬山式，屋顶很小，前后也没有出檐。楼内每层都分出中厅和东西耳房。

这两座坚固的防御楼极好地保护了村民，所以人们对它们非常敬爱，特别是瑞云楼毁坏以后，村民对迎龙楼就更加珍惜，而且人们还开始摹仿此楼在别处另建新楼。但是建筑这样的楼费用太大，不是一般人能承担的，就连迎龙楼的建造者关圣徒，也是在他夫人私蓄的资助下才建成此楼的。所以，往往是几个村子合资出力才能建一座。

长期混乱的秩序，仅靠几座防御性的高楼显然是无法从根本上改变的，地方希望能建县以保太平。这个设县的愿望，直到迎龙楼修建前后才得以实现，具体的时间是清初顺治六年（1649年），也可以说是南明永历五年。明末皇族桂王在广东肇庆建立的南明小王朝，接受开平屯当地乡绅联呈，批准从新会、恩平、新兴三县划割六地，合置开平县，属肇庆府管辖，因此算来开平建县至今已有350多年的历史了。

从清初置县到清末，开平县经人治理，治安有所好转。但在清朝几乎完全退出历史舞台的民国初期，军阀混战，社会动荡不安，盗匪再次横行。后来，在外出做工致富者的资助下，开平县开始大量修筑防御性的高楼，这就是中国民居史上独具一格的奇异形式，即，远近闻名、土洋结合的开平碉楼。

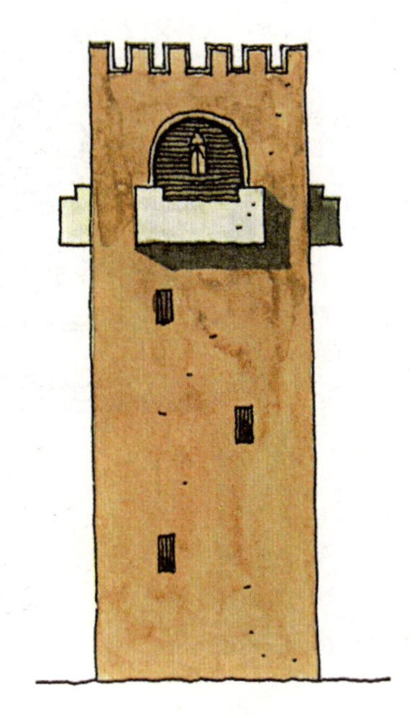

三合土墙体碉楼，上有阳台

据说，这次碉楼的大量建筑，还有一个契机。民国11年冬天的一个夜晚，一大群徒匪冲进赤坎开平中学抢劫，正在危急时，学校旁边鹰村碉楼上的探照灯一下子打开，四处的乡团、民众闻讯赶到，及时救出了校长和学生17人。这件事一时轰动了开平，海外华侨得知此事后，觉得在防范匪患中碉楼确实起到了重要作用，于是纷纷集资回家乡建筑碉楼，这才兴起了开平大量建筑碉楼的风气。

开平碉楼在中国民居史上有着重要的地位，它是中西建筑风格的大调和。因为它是曾经背井离乡，在西方国家谋生的开平人回家乡时修建的。他们带回了国外买的钢筋水泥，又购买开平当地的砖石，同时还把西方的建筑形式与方法运用其中，创造出了奇特的开平碉楼。

开平碉楼建于动乱年代，建筑的目的就是为防御，所以非常坚固，可与堡垒相比，高耸又如炮楼，不论是自然界的洪水泛滥还是盗贼来袭，人们均可据楼固守，以保安全。

开平碉楼千姿百态，形式多样，仅屋顶样式就有很多种。屋顶位于碉楼的最上部，向里微收，其形式多样，各有特色，还兼具很强的装饰功能。其中，比较典型的样式就有十多种，像中国传统的硬山式、悬山式，西方古典复兴时期的希腊式、罗马式，西方浪漫主义时期的英国寨堡式，乃至拜占庭式、伊斯兰教堂式，等等。当然最多的还是中西混合式的。除屋顶外，柱子、柱廊、拱券、雕刻、装饰手法等，也都富有西方特色，又少不了中国建筑特色和开平地方的乡土建筑风格。

穹窿顶开平碉楼

其实，碉楼最富变化的也就是屋顶部分，下部的墙体基本没有什么变化，所不同的就是体量大小与高低。因此，纵观全部的开平碉楼形象，还是有一个总体风格的。碉楼的平面造型主要有两种，分别是正方形和长方形，层数一般多建为三到六层，少数高达九层，但占地面积却不是很大，较大的每层立面约在三开间，小的只有半开间。所以整个看来，碉楼形体方正、高耸直立，让人一看就有稳定坚固之感。

碉楼由下至上分为楼体、挑廊、屋顶三个部分。

挑廊就是位于楼体上部的出挑部分，或是一圈上有遮挡的环廊，或是一圈露天的阳台，几个挑斗。挑廊的作用主要是供人瞭望和射击，所以它的四面都有枪眼或窗洞，就连出挑部分的楼板上也设有长条形的枪眼，分别适合远、近距离的射击，以便于更安全、紧密地防卫。枪眼除了长条形，还有圆形及"T"字形，多是外小内大，与一般军用碉堡外大内小的射击口正好相反。

碉楼的墙体多是生土材料砌筑，又分为土坯墙和版筑墙两种形式。

土坯墙是由土坯砌筑，只要土坯全部晒干，就能将碉楼一次性由底砌到顶，比较省时快速，所以土坯墙建筑的碉楼都能较快完成。而为了延长土坯墙的寿命，增加土坯墙的坚固度，人们还常常在砌筑好的土坯墙的表面进行一些处理，即先抹上一层灰砂，然后再抹上一层水泥，这样可以防止雨水的冲刷腐蚀，也能防御枪弹的射击。

版筑墙，是黄泥、石灰、砂子和红糖水混合而成的三合土材料，经在两块大木板中夯制而成墙的。虽然，墙体比福建土楼的墙体要薄得多，但却非常坚固，因为三合土的坚固度与低标号的水泥相差无几，而抗张力甚至更大。不过，这种版筑墙的夯筑比上面所说的土坯墙费工费时，必须等先筑好的一段墙体干透之后才能再筑上面一段，所以版筑墙体的碉楼往往历经一年还不能完成。

带回廊的私人住宅式碉楼

除了大部分的生土材料墙体外，还有少部分钢筋水泥墙体。当时的水泥都是依靠进口，所以，人称“红毛泥”，装在1米多高的木制圆桶中用船运来中国。这样的材料建筑的墙体自然更为坚固，但它的造价太高，因此较为少见。

碉楼的楼体外墙各层均设有小窗，窗口内安有竖向的铁条，外面是用超过3厘米厚的钢板做成的钢窗。墙体上开设这些小窗，主要是为了室内透光通风，所以，平时小窗都是打开的。如果有匪徒入侵，则立刻关闭小窗，以外面的钢板窗扇抵挡枪弹。虽然小窗的主要作用是采光通风，不过，因这些小窗形状各异，或整齐一致，或参差错落，却在无形中起到了一种装饰作用，给平板单调的楼体增添了些许活泼的气氛。

碉楼内的楼板，有钢筋水泥的，也有木板的，根据经济能力、建筑时间、楼体大小等来定。有些楼内建筑得较为精致、讲究一些，如用光洁美观的水磨石的钢筋水泥楼板，底层用平整的方形釉面砖铺地，楼梯扶手采用欧式风格等。

在碉楼建筑的鼎盛期，每个村庄都至少建有两到三座碉楼，有的村庄甚至建有十几座。碉楼多建筑在村落的后部或两侧，既便于防御又不会打破村庄原来的格局。

遍布开平各地的碉楼，大约可分为三大类，一是更楼，二是众楼，三是居楼。

更楼也可以称作灯楼，也是一种小型的炮楼，一般建在村头或村尾，有的则建在小山坡上，主要供民团和更夫使用。楼内有报警器、枪支，还有探照灯，在楼内

最为简单的开平碉楼形式，没有复杂的屋顶样式

仿寨堡式碉楼

近代式碉楼

带阳台与中式山墙的碉楼

仿西欧中世纪教堂式碉楼

负责巡视的人一旦发现盗贼可以立即报警，让村民做准备，同时，打开探照灯指明入侵者所在的方位。在村民们安全躲进其他碉楼后，民团便可以在此楼内开枪打击进犯者。

众楼是由多户人家共同修建，一般三到六层，每层分设成不同的房间。具体布置方式也就是集居式，楼的中部为通道和楼梯间，两旁为房间，分别归属参与建筑碉楼的人，因为碉楼内部空间不大，所以这些房间也都较狭小。底层大多作为储物处，也多兼作厨房；最上面的两层由年轻人居住，主要起瞭望与守卫作用；中间的几层则供其他村民居住。众楼多在有匪患或水灾时才有人居住，平时一般较少有人在这里住。

居楼是由某个华侨单独出资修建，并用于长久居住。因为它是独户使用的住宅，所以内部房间分隔较为灵活多样。

此外，还有一种形式独特的裙楼，它是普通住宅与碉楼相结合的形式，就是在碉楼前部加建了一座两层的建筑，看起来就好像是在碉楼的腰部围了裙子一样。裙房比较宽敞，采光通风也好。裙房与碉楼，一高耸，一低沉，一封闭，一开敞，形成高低、封敞对比，参差错落而和谐有致，既不孤立又不拥挤。更主要的是，裙房与碉楼相连，

楼顶有塔楼装饰的碉楼

让人们可以在遇险时更快速安全地躲进碉楼内，而平时人们则住在宽敞舒适的裙房中。

最盛时，开平共有碉楼3000～4000座，直到今天，开平仍保留有各具特色的碉楼1000多座。从塘口镇到赤坎镇，从百合镇到蚬冈镇，碉楼建筑纵横连绵数十公里，蔚为壮观。

赤坎镇位于开平市西南部，是昔日的开平县府所在地，因处在潭江岸边的红土高地上而得名。赤坎沿潭江而建，南为乡村，北是城市，建筑为清一色的骑楼和庞大的洋楼群，都与碉楼一样，为中、西方建筑风格的结合。城区有三条与江平行的横道，包括沿江的堤东、堤西路和城内的中华路两条主干道，以及两者之间的小道“二马路”。而潭江上有上埠、下埠两座桥，其中的下埠桥就是堤东、堤西路的分界线，堤东住户全部姓司徒，堤西则全部姓关。

我们在前面所提到的迎龙楼，就位于堤西，而当初建楼的关圣徒就是堤西关氏先祖之一。这座楼的顶式还没有受到外来因素的影响，而是非常传统的中国样式，与后来的开平碉楼有较大的区别，但从功能上来说，它却算是开平碉楼的源头，也是开平碉楼最原始的形式。迎龙楼是开平市现存最早的碉楼，由迎龙楼我们可以看出早期开平碉楼的形态。

赤坎镇除了迎龙楼外，还有虾村下属的加拿大村村口的四豪楼等碉楼，这就属于后来所建的带有中、西方两种建筑特色的碉楼了。

百合镇的东北部与赤坎镇接壤，南部与蚬冈镇相邻，北面靠着塘口镇。百合镇著名的马降龙村，就有保存完好的碉楼十多座。远观，不同的碉楼参差错落地矗立在青山绿水之间；近看，则有翠竹青青、绿树成荫，或依傍，或掩映着座座碉楼，好一派鸟语花香的怡人景致。

建于1925年的天禄楼是马降龙村最有代表性的碉楼，也是典型的众楼，由当地的29户村民集体修建。该楼共有七层，高达21米，钢筋混凝土结构。楼内一到五层共有29个房间，每个集资修建者各占一间，第六层是公共活动空间，第七层是瞭望亭。从外观上看，一到四层楼体上下几乎垂直，到第五层时开始有了变化，出现了挑廊，更特别的是，从挑廊所在的第五层到顶层，呈层层缩进形式，仿佛一个尖顶塔，不过，每层的平面仍保持方正。挑廊的立柱为罗马柱式，柱子之间是优美的拱券。瞭望亭是四面拱券而顶为攒尖式的小亭，攒尖顶的中心又突出一个飞檐攒尖小顶，小顶上立着一根长而细的尖柱，直冲向天。

虾边村的适庐则是三合土筑造，古色古香，宁静优雅。适庐建于20世纪20年代，共有五层，下面三层为标准层，上面两层为亭阁。碉楼顶为欧洲城堡式，第四层正面为古希腊式神庙柱廊，而四角各突出一个燕子窝，上面设有“T”形枪眼，用于射击。

塘口镇是开平较为著名的侨乡，位于开平中部，距离市区约10公里。塘口早在清代隶属平康都时，镇内就有了罗马式和西班牙式的碉楼，风格独特。现存较为突出的碉楼景观有方氏灯楼、自力村碉楼群等。

方氏灯楼坐落在塘口镇塘口墟北面的山坡上，由宅群村和强亚村的方氏家族共同出资修建，原名“古溪楼”。该楼共有五层，高约18米，钢筋混凝土结构。从外观上看，楼体的变化在四、五两层：第四层出挑一圈柱廊，并且是古希腊神庙的柱廊形式；第五层则是中世纪欧洲城堡式、教堂塔尖式结构，威严、神秘。楼内配备有报警、防

隐身于林木之间的碉楼

挑台为实墙体的碉楼

御装置，包括西方早期的发电机、探照灯，还有枪械等，是较为典型的更楼。站在楼上，田园、村庄尽收眼底，视野开阔，为当初方氏族人防范土匪袭击起到了积极的预警作用，现在它则成了游人登览村落景致的最佳点。

要说到塘口镇最有代表性的碉楼，还属于自力村。自力村的碉楼不但具有代表性，而且最为集中，数量也比较多，可以说是碉楼成群。人们在碉楼之间开挖池塘，种植了大片大片的荷花，而池岸边、建筑旁则是浓密的绿树、青青的小草，人行其间，鼻中不时沁入青草的气息与清幽的荷花香。如此清新优美的自然环境，令人心旷神怡，流连忘返。而碉楼建筑在各色植物的掩映下，也不禁呈现出一种动人的风韵来。

自力村现存最早的龙胜楼建于1917年，是一座低矮朴实的众楼，也是自力村为数不多的众楼之一。抗日战争时期，日本军队入侵该村，豪门大户都躲进了自建的碉楼，而穷人是无法进去的，幸好有龙胜楼躲避，村中穷苦人才得以保全性命。

自力村最精美的碉楼要数铭石楼。铭石楼共有五层，下面的四层形体方正，建筑朴实无华，而第五层却富丽堂皇，豪华精美。第五层的具体外观设置为，前部是宽敞的柱廊，三面共有8根立柱，均为爱奥尼式，平台四周有变形的罗马式栏杆，正面正中为“铭石楼”匾额，匾额上部是巴洛克式曲线山花，形态优美。楼顶中部另建有一

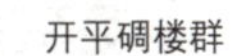
转角处带燕子窝的碉楼

开平碉楼群

个中式琉璃顶的小亭子，但其中的立柱为爱奥尼式，小巧而精致不凡。楼内的装修装饰也极为华丽，现存的陈设与日常用品等，都极真实地反映了当时的华侨文化与生活。

青砖墙体碉楼

整体来说，蚬冈镇的碉楼在开平碉楼中最为奇异与特别。

第一座特别的碉楼是位于锦江里的瑞石楼。它是蚬冈镇最为精美也最为高大的碉楼，共有九层，其高度堪称开平碉楼之最。瑞石楼坐落在锦江里村后左侧，占地90多平方米，钢筋混凝土结构，坚实牢固。楼内第一层是客厅，二到六层中间是客厅，两边则为卫生间和住宿房，这几层较为朴实，至少外观如此。但七到九层则极尽奢华，其富丽堂皇有如宫殿一般，四面出挑柱廊，四角则各建一个拜占庭式的穹窿顶，第九层穹窿为中世纪意大利城堡式望塔。在这部分整体为西方风格的建筑中，却又带有灰雕、窗楣图案等中国传统建筑文化元素。

总体来说，瑞石楼造型典雅大方，形体高大雄伟，并且是开平碉楼中原貌保存最好的一座，所以号称“开平第一楼”。

蚬冈镇的另一座特别的碉楼是边筹筑楼，位于春一南兴村，建于清代光绪年间，标准层有五层，顶部采用中世纪欧洲平台式建筑样式。此楼形体较为方正而简洁，风格朴实不事雕饰，整体看来并无特别之处。而之所以说它“奇”，则在其倾斜的态势，这是地基一侧下沉造成的，但是它却斜而不倒，人们因此将它称作“斜楼”。

蚬冈镇还有一座较特别的碉楼——中坚楼，钢筋混凝土结构。它的“奇特”之处在于外形酷似机器人。

中西结合、形态特别而又风格各异的碉楼，是开平一道奇特的建筑风景线，是开平人的血汗与智慧的结晶，也是开平那段动乱历史的纪念物，是极珍贵的民居样式。

第二十三讲

围拢屋

围拢屋是客家特有的一种住宅形式。

客家人是迁移到广东、福建、江浙一带的中原人的统称，“客家”之名是相对于当时当地的“土著民”而言的。客家人原籍在中原腹地，由于历史的原因，经过不断地迁移来到了南方，并定居下来。

形成客家的较大规模的迁移活动主要有两次。一次是在中国历史上比较混乱的魏晋南北朝时期，主要事件是西晋末年的八王之乱和匈奴、鲜卑等少数民族的入侵，此后，中原地区就基本处在了分裂状态，一直到隋朝时才归于统一。这种混乱的局面迫使中原人向南方安定地区迁移。另一次则在北宋末年，金兵南侵，进入了中原地区，这一次不但普通百姓和士族南迁，就连赵宋王朝的统治者也被逼至临安（现在的杭州）躲避。

人们迁移到新的居住地后，一方面尽力适应当地的各种风俗文化、人情地况，一方面又极力保持原有的中原汉族生活习俗与特色，渐渐在语言、风俗、习惯及民居建筑等方面，形成了新的独具特色的系统，这也就是客家文化。它的“特别”逐渐受到中外众多学者和各界人士的关注，客家文化便被广泛传播开来，“客家”也成了广为人知的一个特定称谓。

广东竹筒屋剖面图

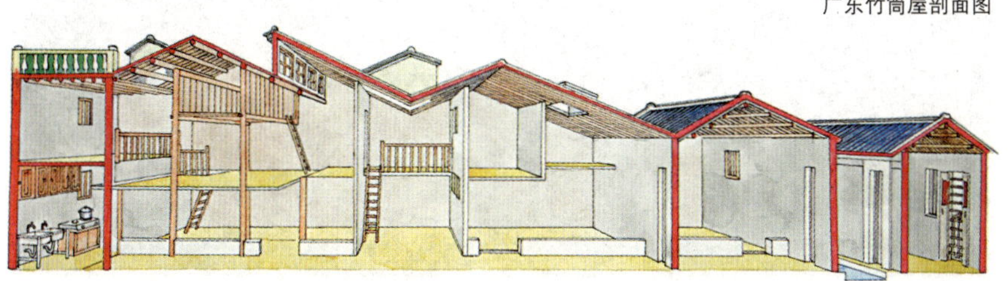

客家人目前的主要聚居地有广东的东北、福建的西南和江西的东南地区，另有部分散居在湖南、四川、广西、海南和台湾等省，其中有30多个纯客家聚居县，包括广东省的梅县、大埔、蕉岭、平远、兴宁、五华、翁源、龙川等17个县市，福建省的宁化、上杭、永定、清流、武平等7个县市，江西的寻邬、安远、龙南、信丰、崇义等10个县市。

客家人定居以后，靠自己勤劳的双手获得了丰富的物质财富，也创造了多彩的精神文化，这包括衣、食、住、行和语言等众多方面，其中的“住”就是以围屋为代表的民居形式。客家民居作为独特的客家文化的一个重要组成部分，自然具有显著的客家特色，围屋更是如此。围屋是客家地区，特别是广东客家地区，比较常见的集居式防御性住宅。

不过，由于气候、地理、人文等背景的差异，客家人在不同地区创造的居住模式的实际形态也不尽相同，即使是统称为围屋的生土建筑，各地也都又有不同的特点。其中，福建围屋的具体形式是土楼，江西围屋的具体形式是围子，而广东围屋的具体形式则是围拢屋。

围拢屋是广东客家民居类型中的最典型者，从它的防御性能和主要建筑材料方面看，与福建土楼、赣南围子有许多相似之处，但它又有自己独特的样式和形态，非常

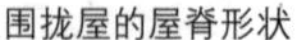

围拢屋的屋脊形状

别致。

广东省除了梅县、大埔等17个县市为纯客家人居住区外，另有30多个县市居住着不同数量的客家人。纯客家县市又分为粤东和粤北两大组团，而粤东客家民系聚居区较少受到外界干扰，文化较为纯净。梅县地区就是粤东客家人的聚居地之一，更被称为客都，是客家民系文化的发源地和核心区，是名副其实的客家之乡。

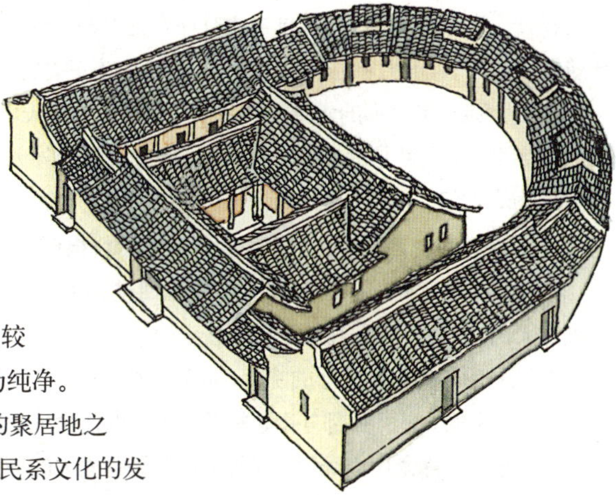

广东梅州围拢屋俯视图

梅县客家聚居地位于广东省梅州市。梅州市在南北朝之前为义安郡管辖，位于义招县境内，南齐建武四年，即公元497年，由义招分离出来并定名为程乡县。南汉乾和年间，升为敬州，成为独立的行政区域。宋代时改敬州为梅州，后又几易其名。新中国成立后至80年代末，改为梅州市，辖梅县、大埔、五华、平远、蕉岭、丰顺、兴宁等7个县。大埔和兴宁在东晋时就已设县，而大埔也就是义招县；五华县则是在北宋时由兴宁分离出来的；平远、蕉岭、丰顺3县，则晚于前几者而设于明清时代。除丰顺是客、闽混居外，其余6县均为纯客家居住地。

梅州地区因多丘陵，是建造围拢屋的最佳地形。围拢屋一般选在前低后高的山坡上，以丘陵为后部的依托。即使没有靠山，也要将后部建筑基座筑高，并建大树以衬。客家人认为这样才能上应苍天，下合大地，吉祥如意。

民居形式不像官式建筑那样不论地区差异都恪守某一程式，而是根据地理、自然、社会文化等条件的不同，甚至是房主人的个性，而产生不同的具体形态，形式众多。围拢屋是广东客家区别于其他省市客家围屋等民居的称呼，在广东客家区域内它也是一个统称，因为它又可细分为圆围、半圆围、半椭圆围、八卦围等多种类型。

围拢屋作为粤东客家聚居地区最具有代表性的居住建筑，其具体的造型与设置又是如何呢？

围拢屋的平面多为马蹄形，在其住宅敞口的一面，有半月形的水塘，这和福建五凤楼前的设置有些相像，不过围拢屋的半月塘大小有一定的规律。一般来说，水塘的宽度与厅堂的宽度相等，而较大的围拢屋的水塘的宽度，则可达到最里面两排横屋的外边檐处。此外，围拢屋和五凤楼还有一个更大的区别，即，五凤楼都是把房顶作为建筑的正立面，而围拢屋则是把建筑的山墙作为正立面。

在围拢屋与半月形的水塘之间，有一块较大的露天场地，主要是用来晒谷子的，因此得名禾坪，也就是晒谷场。禾坪前方的大门称为外大门，禾坪与屋宇之间的大门是建筑物的正门，位于屋宇中轴线的正前方。大门的侧边还有出入方便的小门。

围拢屋的大门都做得非常牢固，门扇的木料很厚实，并且多设置两个以上的门闩。两扇门板还带有企口，一扇凸起，一扇凹进，对应关紧以后，丝毫没有透空门缝，从外边无法用东西将门闩挑开。

围拢屋后部有个半月形的院落，地面拱起，极似乌龟的背壳，称龟背，象征长生不老，金汤永固。龟背后部外围建筑是围屋，也称枕屋或围拢。围屋的中央开间，做成敞厅的形式，称龙厅或垅厅，是供奉刚逝去的先人的地方，围屋多为一圈，但也有两圈，甚至是三圈的。龙厅两侧是多个围屋间，放置农具，储存物品，还设有磨房和织布房等。

围拢屋是在门堂屋的基础上，于建筑后部加上枕屋或围拢构成的，因此它的平面构成受门堂屋的影响而有不同的形式。门堂屋也称一堂屋或单栋屋，也就是三合院形

某围拢屋前水池景观

式，从平面上看，其中间为正屋，两侧是厨房和杂物房，前有一段墙体，与房屋围成一个天井院，墙的正中设置大门。门堂屋是客家聚居建筑的基本形式，是当地其他类型民居建筑的原型。

围拢屋除了基本的三堂四横加围屋外，还有三堂两横加围屋、二堂两横加围屋、三堂六横加围屋、二堂四横加围屋等变化形式。堂就是厅堂，分上堂、中堂、下堂。下堂也就是门厅，是大门内的过道，内设有屏风遮挡院内景象。中堂是供奉天、地、君、亲、师牌位的地方，是家庭的中心，祭祀、红白喜事、接待贵宾等都在这里。上堂较之中堂更为私密。横屋是位于厅堂两厢，与中轴线平行的长形屋子。这样的布局也与五凤楼相近，不过小的围拢屋不建上堂。

因为围拢屋后部的半圆形围垅和前部的堂屋与横屋一样，也可以有数量多少的变化，一圈，两圈，三圈，所以，也就有了三堂四横一围、三堂四横二围、三堂四横三围，三堂两横一围、三堂两横二围，或二堂两横一围、二堂两横二围，以及三堂六横一围，三堂六横二围等等，不同的组合形式。

围拢屋的中段结构很有特点。屋面相连，俯瞰屋面是一个个的十字交叉方格，方格内是天井，每一个天井都是“四水归堂”式，即房顶均向天井内倾斜，雨天时，排水都落于天井内，又不会淋到廊下的人，晴天时，则可以遮挡阳光的照射。这和皖南、

围拢屋后部的围拢与龟背

徽州等地的天井民居造型差不多。天井内均以青石铺地，较耐雨水冲刷。

广东梅州围拢屋平面图

围拢屋虽是在门堂屋的基础上变化而来，但在造型与平面构图效果上，比门堂屋更为完美。后部半圆形的围屋与前面半圆形的池塘遥向呼应，一高一低，一山一水，既有相同之处，又有变化和特点。同时，因围拢屋多建于山坡地带，所以建筑立面呈前低后高之势，围屋的轮廓基本都可以在立面上反映出来，而其前低后高之势有如下山的猛虎，因此，深受一方百姓的喜爱。

围拢屋的规模可大可小，最小的只住一户人家，一般可住二三十户人家，大的可居住七八十户人家。多个围拢屋可组成一个村落，较大规模的甚至可单独成为一个村庄。围拢屋中居住的可以是同宗同房的人，也可以是不同房的，甚至不同姓氏的人。

围拢屋依山而建，可节约耕地，又利于排水；围屋的坚实性，可以抵御山洪暴发后洪水的冲击，同时，因其形状为半圆形，利于洪水的排泄，也可阻挡寒流冷风；此外，围拢屋的外墙厚重，墙身坚固，与横屋一起连为一个独立又封闭的整体，可以防范匪类、抵御外敌，极好地保护居住者。

梅县围拢屋的一个重要特点是屋面相连，从空中俯瞰效果最佳，一个个十字交错的方格屋面，里面是一个个的天井，其形式极为优美生动。

围拢屋民居一样有着美妙的装饰，并且也极具自己的特色。

装饰由入口即开始出现，并且入口的装饰以中间部分最为突出。常见的形式是在门前设有廊，廊子的顶部多为卷棚形装饰。廊前立有两根廊柱将之分为三开间，柱子上面的月梁往往带雕刻精美的瓜柱，如雕成狮子的形状，多能发挥木雕的特性。廊下的各面墙壁也是装饰的重点部位，不过梅县围拢屋此处多用彩画作为装饰，而不似其他地区入口处墙壁多用水磨砖装饰。

进入大门以后，可以见到门里面设置的六扇屏风门，这些屏风门是围拢屋木雕的

某围拢屋天井

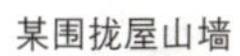

某围拢屋山墙

表现重点。屏风门窗棂格的木雕，其题材一般为花草、鸟兽、八仙、文房四宝等，而不太采用方胜、回纹等几何纹样。

门厅的顶部是围拢屋中装饰最好的部位之一。当人们进入门厅，其视线被屏风挡住时，必然会随意四下观望一下，当抬头上望时，便能看到头顶的装饰，那么门厅的优美与丰富多彩性，也就在屏风与顶部装饰中被表现出来了。装饰精美的顶部却并不设天花，而是暴露出椽子和望砖。较为讲究的围拢屋，在椽子、檩子、梁上都绘有彩画，彩画多用较为复杂的几何纹样。有些彩画的表现可以说是让人叹为观止。

门厅前行是第一进天井，天井两侧是待客的花厅，因此墙的下部也多有彩画装饰，不过一般采用黑白两色，其内容多为卷草纹。

梅县的南口镇、白宫镇和东北部的雁洋镇等地，都有围拢屋实例存在。如，南口镇侨乡村的南华又庐和宁安庐，雁洋镇桥溪村的仕德堂、虎形村的叶剑英故居，白宫镇新联村的联芳楼，以及白宫镇的棣华居，等等。

南口镇的侨乡村有一座三星山，上有八条山脊，构成鱼网状的地形地貌，几十座围拢屋就坐落在这张“网”上。村前田地间曲折穿过一条小河。这种地理地形被风水师称为“网状风水”，是吉利、富足、多子多孙的象征。

围拢屋门厅内景

广东梅县南口镇的南华又庐

南华又庐是侨乡村的印尼华侨潘祥初所建，其时为清代光绪年间。“南华又庐”是潘氏自己取得宅名，之所以用这个名字，是因为他当年出生在村里的祖屋南华庐。南华又庐住宅的中部为上、中、下3堂，3堂左右两侧各有一横，每横又有4堂，两横的8堂加中部的3堂，共11堂。中部上堂的后面还有一排枕屋，中有两座房屋，枕屋的后面是一片果园，种有很多果树。虽然枕屋不是一般围拢屋中的半圆形，而是和中部3堂平行，但其果园的形状却是一个半圆形，所以其整体平面形式还是与一般围拢屋相同的。

南华又庐内共有房间110多个，其中大小厅堂就有10个，厅堂之间的天井有9个，所以人称“十厅九井”。宅子的主人潘祥初共有8个儿子，每人居住两横中的一堂，各有一厅，每座堂前带有一个天井，而中部的上堂和中堂之间是一个大的天井，上堂和中堂也分别带有一个大厅。

南华又庐的3堂几乎呈并列式，没有太大区别，所有的堂屋一个朝向，前设大门。两侧的两横也各为3堂重叠式，只是最前部不设大门，而封闭成倒座房的形式，出入时均使用中心轴线上的大门。庭院内设花墙、敞廊、鱼池、小亭、花台等，游赏建筑与景观，为住宅增添了一份优美、盎然的生活气息与无限情趣。而精美的装饰则显示

广东梅县白宫镇的棣华居

出了建筑的豪华气派。

同处于侨乡村的宁安庐，建构比南华又庐更为全备，也就是说，在围拢屋民居中宁安庐更为典型，它是广东客家围拢屋的代表。宁安庐住宅主要分为前后两部分。前部平面近方形，是三堂屋加两侧横屋的组合；后部平面为半圆形，由正中的围屋厅和14间平面为扇形的围屋组成，分上下两层。

围屋与正座建筑之间用过道间连接，而过道间也是围拢屋通向两侧侧门的交通要道。围拢屋的前方还有一块禾坪，是人们平时聚会谈天和休息的地方，也是收割季节晾晒谷物的场所。禾坪前面就是半圆形的池塘，池中蓄水，可以养鱼，也可以用于农田灌溉。

说宁安庐比南华又庐更为典型，一是宅后部的围拢为半圆形，二是从宅子的侧面看，宁安庐的半圆形围拢明显呈前低后高之势。

而仕德堂、叶剑英故居、联芳楼、棣华居等，在平面布置与结构形式上，除了棣华居较为典型外，其他几者多有变异，都无法和宁安庐相比。

以上所列都是梅县境内的围拢屋，其他如大埔、蕉岭等县，当然也都有或典型，或微有变化的围拢屋形式，像蕉岭县的丘逢甲故居，就是其中较为有名的一座。它是典型的二堂四横一围的围拢屋。此住宅建于清代光绪年间，初名“心秦平草庐”，堂

广东梅县某村落围拢屋外部环境景观

名“培远堂”，南厢房“念白精舍”是居室，而北厢房“岭云海日楼”则是藏书处，后面的半圆围屋住人兼作厨房。

围拢屋虽然在防御性上比不上开平碉楼，甚至也比不上福建土楼，但围拢屋的整体形象与外观，却比碉楼和土楼更为优美，更富有诗情画意。

第二十四讲

藏族碉房

藏族民居分布的地域极为广阔，较为集中的区域有青海的果洛、西藏的拉萨和泽当、四川的阿坝和甘孜。就连内蒙古的部分地区也有藏族民居的分布，虽然各地地形气候有所差异，但总体来说，多属于高原地带，因而其典型的藏族民居形式多大同小异。

藏族民居的主要形式是碉房。据《汉书》记载，碉房在汉文帝元鼎六年（公元前111年）前就有了。碉房是一种用乱石垒砌或土筑的房子，一般高三至四层，也有部分低至一两层和高达五层的碉房，这多由各家的经济状况决定。

这种藏族民居为什么被称为“碉房”呢？这主要因为它是由土或石建筑而成。或石块砌筑，或乱石码砌，或土砖砌筑，或土石混合，或生土浇捣等，方式多种多样，但都坚固结实、厚重保温，而且形似碉堡，所以俗称碉房。

藏族碉房的产生，是由当地的气候与地理等条件决定并与之相适应的，也是人们在长期的生产和生活实践中，逐渐创造出来的。藏族人民生活的地区，其地理、自然、气候等条件都非常特别，与一般的汉族人民聚居地有很大差别，民居也就表现出与汉族完全不同的风格。汉族民居以院落形式组合不同功能的房间，而藏族民居则以单体的形式，将厅堂、厨房、卧房、厕所、畜圈、仓房等不同功能的房间安排在一栋建筑之内。这一点可以说是汉、藏两族民居最本质的区别。

比较来说，在众多的藏族人民聚集地区中，比较主要的、人口较多的生活区域还是西藏，因此，作为藏族特有的民居形式——藏族碉房，也就自然以西藏地区分布最多，最具代表性。

“西藏”一词起用于清代初期，之前其域外民族都称之为“吐蕃”，而藏族自称西藏为“蕃”。西藏高原平均海拔4000米以上，素有“世界屋脊”之称。西藏自治区在地理区划上跨度很大，地理类型非常丰富，高山、平台、草原、林区、河谷、湖泊等均有，从方位上来看，可大致分为藏南、藏北、藏东、喜马拉雅山脉地段等四个区域。

藏南主要是雅鲁藏布江及其支流流经的河谷、平地，如拉萨河、年楚河等河谷地区，及雅鲁藏布江流域的日喀则、山南等河谷平原，土地较为肥沃，是西藏的农业区，其中的山南地区更有“西藏江南”的美称。

藏北高原主要是指那曲和阿里两区，虽处在高原地带，但地势较为开阔平缓，所以有“北方大平原”之称，也就是藏语中的“羌塘”。这里是西藏的主要牧业区。

藏东是高山峡谷，主要为昌都区，该区山高谷深，山顶为终年不化的积雪，山腰是茂密的原始森林，谷底则是四季常青的农田果园，由山顶至谷底，形成了一道奇特的景观。

喜马拉雅山脉地段，位于中国与印度、尼泊尔、不丹等国的接壤处，包括有吉隆、洛札县、错那县等地。其西部气候干燥寒冷，东部气候湿润。

由以上介绍可以看出，西藏地区由于地形、地貌、高空气流等的影响，气候复杂多样。如此多样的地理与气候条件，以及不同区域的经济与生产方式，决定了这里的民居中既会有定居式的碉房、窑洞等住宅，也会有诸如牛毛帐篷等游牧民的住宅形式。

不过，总体来说，西藏的气候条件是日照多，辐射强，大风多，温差大，气候较

藏族某碉房环境景观

为寒冷、干燥。这样的气候条件，影响与决定着当地的定居式民居建筑，主要表现为一种特定的形式，这就是坚固、安全、防寒的碉房。碉房是独具风貌、最富地方特色的藏族民居形式，也是藏族最主要的地方民居形式，我们所说的藏族民居主要就是指这一种。

西藏民居的历史较为悠久，但发展并不是很快，这主要是因为当地人民早期时都过着游牧生活，无法真正安定下来，所以定居的传统建筑没能得到应有的发展。这也让其民居的特色，相对于其他地方民居更加显著与突出。西藏藏族民居主要有拉萨民居、阿里民居、昌都民居、林芝民居、山南民居、那曲民居等几种地域之分。其中，阿里的部分地区和那曲地区的居民主要居住在帐篷里，林芝地区民居主要是木结构斜坡顶，山南也有部分林区和牧区的住房形式，除此之外的民居就都是碉房了。

西藏最主要的碉房民居区域是拉萨，拉萨碉房民居主要以拉萨城市民居为主，同时包括了周围村镇的居民建筑，之外的就是农民住宅。城市里的碉房民居一般底层不设牲畜圈，而设置连排式的商店门面，租给做买卖的商人使用，农村里的碉房民居底层多作为牲畜圈，用来喂养牲畜，这是拉萨城乡民居的最大差别。

吐蕃时期的拉萨城，除了有九层高的碉堡外，还出现了平房及二三层的楼房民

西藏张嘎乡格桑伦珠宅

居。碉堡与平房、楼房虽然体量大小、精致程度有较大差别，但其总体的风格与形态是相同的，并且，就最初的防御等功能方面来说，也属于同一类型。

拉萨城市民居又分为贵族家院、政府公房、商人与一般居民的私房等几种。

贵族多是一些有官职与势力的人，因此，他们所建所居的家院较为豪华、宏伟，同时，房间的主次与功能安排也较为分明、恰当。一般是先有一座三四层的回字形平面的主楼，楼前再建二层院廊。主楼的底层多作为仓库和杂物房，二层为管家住房、厨房、食物储藏室等，三层为主人住房与大厅，四层设经堂和较高级住房，高级住房多是留宿贵客时使用。贵族家院房屋都以石墙为主，土坯隔墙，房屋的质量较好。

政府公房是由地方政府建造的院落式住宅，主要是出租给城市里的居民使用，它不分主楼、配房，房屋设计较为规范，只有横向空间上的大小之别，以供租用者选择。院落中的每个房间紧挨着排列，没有主次、贵贱。这类建筑大多底层为石墙，二层及以上者则用土坯墙，地面、屋面均为黄土，其建筑较贵族家院来说也更粗糙一些。

商人和居民的私房，相对来说规模较小，也没有大的院落，多是一楼一底的正方形或长方形平面形式，简单明了。即使有设置内廊或天井的，其面积也都很小。还有

雍布拉康藏族碉房群

西藏雍布拉康某碉房

些私房是简陋的平房，多为土坯墙体，只有少数夯土墙体。

这些位于拉萨市里的房子（主要是指政府公房），只要是临街的住宅，都是底层商店、上层住房的一楼一底式，楼内中部为天井。一层又分为店铺、储藏室、卧室几部分，而二层则用墙体区分出若干个房间，房间多少视整个房子的大小而定，这些房子的大小也不尽相同，住着人口不同的家庭。

拉萨的农民住宅与山南地区的碉房大致相同。

山南民居中，除少部分牧区的帐篷和林区的木结构民居外，大多数民居都是单层的碉房，也就是平房形式。平房民居的平面布置一般呈“凹”字形或“L”形，房子的中央设大开间，作为全家活动的主要场所，在一侧设厨房或卧室等房间。另外，在离住房稍远处设牲畜圈、厕所、杂物房等。房子的外围建有院墙，住房与牲畜等用房都在院墙之内，形成一个完整的院落生活空间。山南民居大多是土坯墙，虽然强度较低，但因砌筑方便，造价低廉而被广泛采用。

阿里地区有很多牧民，一年四季居住在牛毛帐篷里，没有定居住宅形式。另有一些靠近山边的居民，则住在挖掘而成的靠崖窑洞内。而一般的平房和楼房民居，则在平地上建筑，住房内设有厨房、仓库、卧室等，生活起居都在厨房中，建筑都采用夯土墙。

西藏泽当尼马宅庭院

蓝天白云映照下的碉房民居，显得古拙朴实

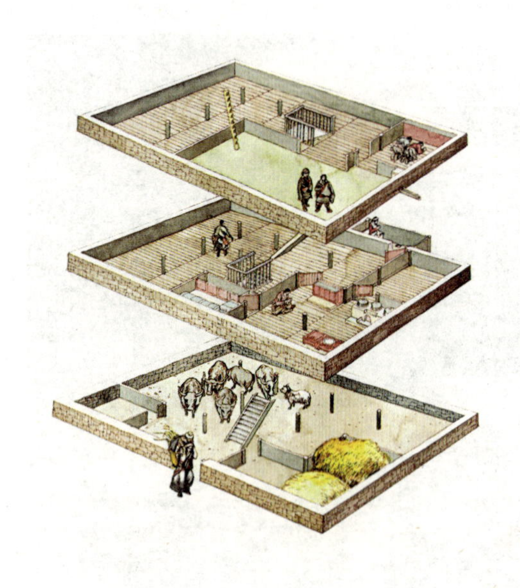

藏族碉房分层示意图

昌都民居多是二到四层的楼房，就连最穷苦的农民也多修建两层房屋。由于昌都地区夯土技术较为成熟，因此，民居主体均用夯土墙，给人稳定、厚实之感。两层的农民住宅，一般是底层关养牲畜，二层为家人主要的活动场所，而三层及三层以上的住宅，则在顶层设经堂和客房。

农民住宅底层多是牲畜圈，如果不设窗户会很暗，而且牲畜的气味难闻，所以人们一般会在左、右、后墙的正中上方靠近楼板的地方，各开一个小通气孔。通气孔的形状内大外小，内低外高，斜着朝向外。从外面看，只是一个长宽各约20厘米左右的小洞，非常安全。有了这些出气口，既方便排出牲畜异味也使室内进些光线。底层室内有很多柱子，形成多个方格，在木柱间装置木板后与牲畜相隔，可以堆放草料。

起居室与待客厅在二楼，要上二楼必须经过牲畜圈。上楼的楼梯一般设在中间略靠大门的地方，牲畜的气味无可避免地会窜上二楼，但因牲畜对人们的生活非常重要，所以为了保证牲畜的冷暖和安全，只有选择人、畜共处一屋。

西藏人民生活在高寒地带，但这种寒冷的气候反而造就了他们热情的性格和剽悍的气质，质朴、豪爽，粗犷、大气，这种气质与性格不仅体现在迎人待客上，也反映在了建筑色彩上。西藏建筑外墙以白色为主，也就是在粗加工的毛石墙或土墙上涂一层白色浆，每年冬季上一次白灰，除旧迎新。上白色灰浆时，甚至不用刷子，人直接站在屋顶或墙头，将涂料顺墙体浇淋即可，因为其建筑外墙都是上窄下宽的形式，所以这一方法较为可行，这也是其粗犷豪放风格的表现之一。

一般的民居还会在外墙上沿涂上两条宽约5厘米的红、黑色带，绕墙一周，非常醒目。这白、红、黑三色也就是藏族民居的主要色彩，象征着天、地、人。白色代表白年神，即天上神，同时，这也是受到佛教崇尚白色的影响，佛教认为白色最为神圣、崇高，藏传佛教也同样信奉这一点。红色对应的是红年神，即地上神，代表人间或人。黑色则是对黑年神，即地下神的崇拜。

由以上所述，可以总结出西藏藏族碉房的总体特征与形态。

碉房多建成两到三层的楼房形式，贵族、富商等甚至建到五层，所以碉房也称碉楼。碉楼平面大多以柱网为单元进行组合，构成方形的居室，一般是外部为一大间，内套两小间，层高较低，错开的房间形成了错落有致的浑厚造型。

柱网与土石墙体结合，就组成了土、石、木的混合结构系统，不过，墙体仍是主要承重结构，楼层之间的楼面以木板铺就。土坯墙和毛石墙的厚度多在40～80厘米，墙体在室内保持垂直，而在外部则是由下至上逐渐收分，形成微微的斜坡。厚实的土、石墙体，较为封闭的院落围合形式，使之具有较强的防御性，特别是一些高层的碉楼，更具有明显的眺望与守卫等防御功能。

碉房民居的外观主要为方形或近似方形，整体呈下大上小的形式，上为女儿墙围绕的平顶。平顶用当地风化了的“垩嘎”土打实抹平，可以用来晾晒粮食与其他物品，在特殊情况下还可作为瞭望之处。而建女儿墙主要是为了保护登上屋顶的人的安全。不过，昌都的部分民居虽然也是平顶，但却没有女儿墙。

两层及以上的住宅都有楼梯上下，顺着楼梯可以通往每一层，也可以到达阳台。阳台是供人们休息或做家务用的，处在与屋顶接近的向阳位置，人们可以顺着梯子由屋顶下到阳台。阳台与房间相连的一面墙，墙体做成通敞透亮的形式，利于通风。

传统的藏族民居的楼梯大多是圆木掏制成的独木梯，也就是在一根木头上削出一级级的台阶，成为楼梯。早期只有土司住宅才用板梯，如今普通百姓也改用板梯，但为防止牲畜顺梯而上，将梯子做得很陡。

西藏藏族民居中，个别富裕农民和城市里的商人、贵族的住宅，其实只占整个民居的一小部分，大多还是较为贫苦的农民的住宅，也就是说，农民住宅在藏族民居中最常见，数量也最多。

坚如碉堡的藏族碉房

神奇的雪域高原上，有巍峨的雪山，壮阔的湖泊，苍莽的草原，也有浓荫蔽日的原始森林，纵横的峡谷，飞流而下的瀑布，这一切在蔚蓝色的天空映衬下，越发的优美迷人。如此壮美、激昂的景致，培育了民族性格，陶冶了民族情操，更造就了超凡脱俗、崇高壮美的民居建筑。

除了西藏，四川西部的阿坝和甘孜自治州也是藏族的主要聚居地。

这一聚居地区为青藏高原的一部分，地高天寒，年积雪时间在200天左右，因此，在建筑中利用日照就是极为重点考虑的因素了。据统计，青藏高原地区全年日照率为50%，比四川盆地各处的日照率大一倍，而且冬季日照时数恰与盆地内各季日照时数相反，也就是说冬春季较夏秋季日照多。所以藏族住宅的布局、造型比较注意在冬季利用太阳能。

而这个地区的风以冬春两季为最多，南部地区多偏南风，北部地区多西、北风，并且多有大风，如康定、甘孜等地，每年有四五天刮八级以上大风，四五十天刮六级以上大风，而刮五级以下风的天数更多。这样的风力与风向，对于建筑的选址、朝向，甚至开窗等，无疑都有一定影响。

此外，很多地区的广阔茂密的森林及特殊的地质构造等，也都影响了民居的建筑形式。

阿坝、甘孜两地境内都有广茂的森林，除大量的果树、灌木外，则为适合作建筑

某碉房民居宅门

材料的松、柏、杉、桦、白杨等大型树木。地质上，则多为深厚的有机质泥炭土和黄土，土质粘结坚硬，可以用来夯筑墙身，铺筑屋面、楼面，用草甸砖或草甸皮来砌墙、防雨，既坚固又经济。藏族人民利用当地的这些土、木、石材，创造出极具当地特色的藏族民居。

总的来说，日照长，风多雨少，气候多变等特别的自然环境，促成了建筑特有的地方风格。

四川藏族住宅，按人们的社会地位与职业，可大致分为牧民住宅、农民住宅、城镇居民住宅、寺庙喇嘛住宅、土司头人及寺庙喇嘛上层住宅等。

牧民住宅又有帐篷、冬居、驮运牧民住宅等形式。帐篷与冬居都是牧民的临时居所，与碉房样式相差极远。驮运牧民，主要利用牦牛帮助商家和寺庙等运输货物，是牧民中少数富裕者。他们有较为固定的住宅，并多位于交通要道附近，其造型也较为接近碉房。驮运牧民住宅多为一楼一底的楼房，底层堆放货物及圈养牲畜，上面住人。同时，还在屋前或屋的两边围筑带有房盖的宽大空间，既可以作为畜圈，也可以暂时住人或堆放货物，房盖上正对楼上窗口的地方开有天井，以便人在楼上看管货物、牲畜。

农民住宅多是碉房，也称“庄房”，多分布在气候较温暖的河谷地带。由于平地较少，稍微平坦的地方都已开垦成田地，所以住宅多建在田地的边缘。几家或几十家为一村落，一幢幢的碉房，非常壮观。农民们以农业为主，同时从事牧业、狩猎、采药等副业。

出于生产需要，房屋的层数较多，以三层为主，少部分达四层。底层为畜圈及草料房，二层是居室和经堂等，顶层是堆放粮草的敞间及晒坝。如果是四层的话，则二、三层均为居室，二层以冬室为主，三层以夏室为主。

顶层一般分为前后两部分，前为晒台，后面是包括经堂和喇嘛卧室的平顶房屋。晒台是一个较为特别而又实用的地方，它与藏族人民的生产、生活有着密切的关系。晾晒粮食和家什不会受到邻近房屋的遮挡，阳光充足，并且可以节约土地，又因地势较高不会有牲畜来糟踏粮食。平时人们还可以在此做家务、休息，冬天则可在此晒太阳取暖，就像一个露天的起居室，温和平静。如此高的位置，便于瞭望，使住宅具有很好的防御性。经堂和喇嘛室则是住宅中最为庄严、神圣的地方，是人们祭拜神灵、祖先，以及喇嘛诵经之所。

二层主要有主室、贮藏室、客室、楼梯间、杂物间、穿堂、经堂等，稍小型的住宅则只有主室、贮藏室，主室兼作厨房、经堂等。二层各房间平面的划分，一种是和底层相应，一种是以梯井为中心四面布置。主室是住宅中最主要的房间，平时起居、睡眠、做家务及饮食、婚、丧、待客等均在此，一室具有多种功能。二层如果有多个房间的话，主室一般位于前部，且面积较大，朝向也较好。

底层的平面大多呈正方形或纵长形，因作牲畜圈及强调防卫，只有一门可以进出，墙上也不开窗，仅在近楼层处开有气洞，洞口内低外高，斜向天空，可略微接收阳光。因为此层既有牲畜，也有杂物、草料，还有上楼的楼梯，所以空间上都有所分隔。有用石墙分隔的，也有用木柱连栅栏分隔的。

四川藏族碉房的厕所安排非常特别，除了少数设在底层牲畜圈内，大部分的厕所都悬挑在楼层室外，上下层重叠，但蹲位错开，粪便直落入屋外粪坑，方便卫生。

城镇民居有少部分受到汉族影响，大部分仍是藏族住宅形式，并且大多为一楼一底的两层式，少数有三层。

城镇一般居民住宅，底层与农民住宅相似。而商人住宅则底层前为商店，后为仓库、账房。

城镇民居二层也是主要层，其分隔比农民住宅更为复杂：主室、卧室、客室、经堂、厨房、穿堂、贮藏室、阳台、走廊、内天井等，其中又以经堂最为主要。

土司是元、明、清时，各朝授于管理少数民族地区的首领的世袭官职。土司的住

坚固高大的碉房有山的气势

宅被称作“官寨”，是土司处理事务、经商、享乐、进行宗教活动等的场所，它较之城镇住宅更为坚固、庞大、复杂。

土司官寨一般高达四五层，建筑平面为长方形或近正方形，外墙坚固厚实，内部缘墙体建屋，中间留出天井。层层相叠，但内无通柱。官寨底层一般住地位低下的乌拉、娃子，以及堆柴草，作粮仓、马厩等；二层为经堂、佛殿及娃子、乌拉、喇嘛等居住的卧室；三层为公堂及头人、管家、客人等的卧室；四层则为土司、眷属、贵客室，以及小经堂、管家、随员、储藏室；五层及以上，为娃子、卫队等住屋。在各层中，以二、四层的佛殿、经堂、土司居室最为宏大富丽。

四川藏族碉房的外墙，多不开窗或开设小窗口，并且小窗口也多是在墙体上部开设，底层一般不开窗，但有时为了增强防御性，也会在下层开有小窗户，或是为了通气透光开设像农民住宅中牲畜圈墙上那样的小气孔。而朝向院落的墙上多开设窗户，特别是向阳的墙面多开设大窗或落地窗，以利于吸纳阳光。因为早期没有玻璃，为了防止窗纸被风轻易吹坏，特意将窗格做成排列紧密的形式。每一户碉房民居只有一个可供出入的大门，这也是碉房民居具有良好防御性的表现。

层层递进的碉房前部景观

背倚高坡的藏族某碉房

藏族家庭，不论是农民住宅、牧民住宅，或是上层人家住宅，多有宗教设施，最简单的也设置供案奉祀菩萨。一般住宅都有经堂，有些还设有喇嘛卧室，宅前竖立大经幡等占有重要地位的宗教设施。

藏族由于天气寒冷，除了短期的夏天外，常需要在室内生火取暖或在室外利用太阳能，因此所居住的房间，多是卧室兼厨房，特别高大宽敞，一家合住一室，以便都能就火塘内的火取暖，只有家中的喇嘛和来访的客人，才住在经堂或另外一间房内。

从以上所介绍的西藏和四川两地的藏族民居来看，它们的相同之外是非常多的，而差别则较少，二者都极明显地表现出了藏族碉房的特色。

藏族碉房民居是一种颇有特色且集多种功能于一体的实用的住宅。

第二十五讲 窑洞民居

窑洞民居由史前文化时期的穴居、半穴居发展而来。

人类进入奴隶社会以后，木构架房屋开始大量出现，但由于木构架房屋的建筑成本高，所以众多的奴隶仍然居住在开挖洞穴内。魏晋南北朝时期，石拱技术达到了很高的水平，而凿建窑窟又极为风行，石拱技术开始用于地下窟室及洞穴。隋唐时期是中国古代社会发展的高峰，这也包括建筑方面所取得的成就，人们已经能建造宏伟的宫殿和庙宇。这时已有黄土窑洞被官府用作粮仓的明确记载，如当时的含嘉大粮仓。而从当时的府、县志记载与古迹中可知，这一时期的开挖建造较为用心，窑洞也一直在民间使用，这就产生了真正的窑洞民居。宋代时的一些县志上，也有关于窑洞民居的记载。

河南古窑洞遗址

靠崖式窑洞剖面图

元、明、清时期，中国传统古建筑发展进入顶峰，建筑材料与形式都更加成熟。元代时已有一些门用半圆形券和全部用砖券的窑洞了，如现今发现的最古的窑洞——陕西省宝鸡市的金台观张三丰窑洞即是一例。明代时，砖产量大增，民居中开始普遍使用砖瓦。但窑洞民居由于其多方面的优点，没有被其他的住宅形式所替代，因而仍然广泛存在。

随着经济的不断发展，当前中国的窑洞民居日益改善，涌现出了多种新型的窑洞民居，还出现了学校、图书馆、医疗室、粮仓，甚至小型的工厂等公共及工业用窑洞。

独具特色的中国窑洞民居，均分布在呈现多种地貌的黄土高原地区，这些地区多干旱少雨，树木稀疏，因此这里的人们便因地制宜，开挖窑洞作为居住的房屋。因为窑洞恰好不需要太多木料，是节省木材的住宅形式。尽管窑洞怕雨水，但窑洞所分布地区的年降雨量都很少，因而不会构成威胁。

综合各地区窑洞来看，由建筑布局与结构形式上分，可大致分为三种，并且是各地都同时拥有这几种形式。这种分类方法的原理是，虽然同处黄土高原，但不是每块地方的地势都相同，所以依据具体的位置与情况，便挖、建了不同形式的窑洞。主要包括有靠崖式、独立式、下沉式三种形式。

靠崖式窑洞主要分布在山坡、土塬的沟崖地带，在山崖或土坡的坡面上平着挖掘出一个窑洞，前面是开阔的平地。从整个崖坡的侧面看，好像一只靠背椅。靠崖式窑洞因为要依山靠崖，所以，必然是随着等高线布置更为合理，因此，数口窑洞或一组窑洞常常呈曲线形或折线形排列。这样的排列方式，既减少土方量又顺于山势，可取得较为谐调、美观的建筑艺术效果。

普通型独立式窑洞

此外，有一种沿沟窑洞也属于靠崖式，它是在沿冲沟两岸壁基岩上部的黄土层中开挖的窑洞。沿沟窑洞因为沟谷较窄，没有靠山式窑洞的开阔外部空间，但也正因为其外部空间狭窄，才有避风沙的优点，太阳辐射较强，可以调节小气候，使之冬暖夏凉。

独立式窑洞是在地面上用砖砌拱券，两侧附女儿墙，并在上面覆土。实际上就是砖构建筑上的覆土建筑。独立式窑洞是三种窑洞中最高级的一种形式，也是造价最高的一种。

传统的独立式窑洞中，最好的要数山西平遥县的。在人们的印象中，窑洞是贫困地区的居住形式，甚至一想到窑洞就可能想到贫穷。但是如果见过平遥窑洞，就不会再有这样的想法。平遥民居在全国民居中是佼佼者，是平遥人外出经商致富后回家乡建筑的，不但舒适、坚固，还非常华丽。

平遥民居一般是院落的形式，正面辟有大门，不过大门并不居中，而是偏于前左侧。当院落朝南时，大门在东南角；院落向北时，大门在西北角。进入大门，可以看到一条长长的院子，顶头是正房，两侧是厢房，背后是倒座房。一般来说，只有最重要的正房才是窑洞的形式，厢房和倒座房往往不是窑洞，只是单坡房顶的房子。

正房多为三开间的独立式窑洞，当地人称之为一明两暗。此外，也有五开间的，不过在平遥较为少见。不论三开间还是五开间，人都要从中间的窑洞进入，两侧房间靠前面窗口处设炕，炕前有小炉灶，烟火从炕席下的烟道曲折通过，可以使炕变得暖和。炕太热时，可以堵住烟道，让烟直接从烟囱走。

正房的窑洞一般是灰砖砌筑，多数为平顶。平顶的正房其总体高度往往还没有两侧厢房高，因此常在顶上加设小楼等提升高度的建筑，这些设置并没有其他用途。特别有趣的是，这些提升高度的设置中，居然有通常是放在大门内外，作为遮挡物与装饰的影壁，在这里它们被设置在正房顶后侧边缘的女儿墙上。正房中央开间的里面有的还用隔扇墙分出内外两个空间，内侧作为祖堂。隔扇墙的设计与装饰大多繁琐华丽，重视技巧。

独立式窑洞和在黄土崖上开挖的窑洞室内的感觉是一样的，上面是拱券，后墙不开窗。但是平遥民居的房前设有檐廊，檐廊和门窗是装饰的重点。平遥独立式窑洞的装饰普遍较为复杂，雕刻非常精细，在窑洞建筑中是不多见的。

窑洞的两侧有砖砌的踏步，可以登上正房的屋顶。踏步下面是有拱券形式做成的空间，可以储藏物品。

窑洞冬暖夏凉，没有噪声，建筑坚固，比木结构房屋更抗地震。因为有这些优点，所以有些有经济能力的人家还把厢房也建成窑洞的形式。平遥民居的厢房一般为六或九开间，所以院子是纵深狭长的形状。有些较为考究的院落，还在院落的中间设一个中门，使院子变为里外两个。中门都很高大，做成门楼或垂花门的形式，装饰极其细密。中门两侧的墙上，一般设置神龛，供奉土地爷和灶王爷。

下沉式窑洞是位于地面以下的窑洞。黄土高原也并非都是沟壑纵横，有些地方会是一望无际的平地，由于没有天然的沟壑可以利用来开挖靠崖式窑洞，人们便想办法建造向下发展的地下窑洞，也就是在平地上挖出一个凹进去的大院子，再在这个院子的四面墙上掏出窑洞，这就是下沉式窑洞。

挖掘这种下沉式窑洞，要先挖一个方形、凹陷的大坑，并使四面垂直，作为开挖窑洞的崖体。然后再像开挖靠崖式窑洞一样，在四面垂直洞壁上向里水平地掏出若干口窑洞。形成一个由四面窑洞组成的位于地下的院落。院落的四面墙的上端，也就是与地面的平行处，盖有窄窄的伸出的屋檐，可以减少雨水对墙壁的冲刷。屋檐顶部砌有一圈女儿墙，形成下沉院边缘的标记，还可以阻挡雨水流入院内，也防止地面行人不小心跌入院中。

通常这个地下院落的深度，也就是院落的地面到上面天然地面的高度，以10米左右为宜。太深的话，人上下出入不方便，而且挖土量也太大；太浅了，窑洞上方的土层太薄，不结实，也不安全。院落的大小则以长宽各9米，或长12米、宽9米两种形式最为常见。这样的院落的四面墙壁上都可以挖两到三口窑洞。

院落中挖掘好的各个窑洞，各有不同的功用。既有厅堂、卧室、厨房，也有储藏

河南巩县某下沉式窑洞

室，甚至还有牲口房。通常厨房与睡觉的炕铺相连，烧饭的余热通过炕底，再从烟囱出去。这样一来，炕会变得暖和起来，冬天也不会觉得很冷。而棉被要放在炕上靠近门窗的地方，夏天才不会过于潮湿。

也正因为在地下，所以每个窑洞口上都开有气窗，使空气自然形成回流，以平衡洞内外的温度和湿度，让人更舒服一些。

每个窑洞口都不必整个作为窑洞门，洞门只是洞口的一部分，不过设在窑洞口的什么位置，是中间还是两边，并没有太多讲究，只是依据各个窑洞的功能而定。

院内除了各个窑洞外，还有一个向下开挖的渗井，深度一般在十几米。平时可在井内放置蔬菜、瓜果等，可以保鲜；万一遇到罕见的暴雨，院内不能承受，渗井就成了排水的好管道了。渗井的位置安排还要依据风水，一般位于院落的西南方向。

下沉式窑洞既然位于地下，那么必定得有一个出入口，经坡道或台阶上下。出入口的形式大致有四种，分别为直通式、通道式、斜坡式和台阶式。如果窑洞院落外面有一侧地形较低，可以通向外部，就可设直通式出入口；斜坡式是只有坡道没有台阶，可以通车辆；通道式出入口是最常见的，有台阶可上下；而台阶式出入口与众不同，它不开在院落外，而在院内，挖院洞时顺势在一面墙上斜挖出阶梯即可，比较省工，但是却不方便设大门。

因为出入口形式的不同，台阶也有不同的安排。有整个台阶都在院内的，占用院落的空间；有院内、院外各占一部分的；也有全部位于院外的，不占院落一点空间，此种较多见。

出入口不但形式多样，而且方向也因环境与风水有所不同。环境主要是指附近的地形及离主要道路的远近；风水则与房主人的生辰八字相关，并由地师来相看，什么样的生辰配什么样的出入口方向。一般有雁行形、折返形、曲尺形、直进形四种。

雁行形出入口有两个90度的转折，虽然方向没有改变，但由入口处不能直接看到院内，这种形式适用于需要“藏气”的人家；折返形出入口也有两个90度的转折，但方向却与雁行形完全相反，这是因为大门的方向与房主人的“命”“运”不合，要以此种形式的出入口来补救；曲尺形出入口有一个90度的转折，这也是因为与房主“命”“运”不合；当房主的命向与大门方位完全一致时，就采用直进形出入口形式。

虽然窑洞民居以古朴粗犷著称，但在重点部位，也不乏具有艺术性的优美装饰。如女儿墙和窗等处，就有一些特别的处理。

下沉式窑洞是中国窑洞民居中最珍贵的形式。世界上除了北非突尼西亚少数几个村庄有此种窑洞外，就只有中国才有这种住宅形式。

窑洞民居的具体分布地区，主要有甘肃、山西、陕西、河南等省，另在河北省的

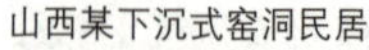
山西某下沉式窑洞民居

下沉式窑洞剖面及渗水井

中部、西部，以及内蒙古中部也有少量分布。

甘肃省的窑洞，大部分分布在该省东南部的庆阳、平凉、天水、定西等地区，并且在这些地区中，窑洞民居多占到民居总数80%或更多。

陕西省的窑洞，分布在秦岭以北的大半个省区，主要包括延安、米脂、洛川、铜川、宜川、黄陵、潼关、宝鸡、乾县、彬县、淳化、永寿、绥德、长武等地，并且也是窑洞的数量占据民居的大部分，也就是说，大多数的当地人都居住在窑洞式住宅内。

河南省的窑洞民居，主要分布在郑州以西、伏牛山以北的黄河两岸，包括有巩县、洛阳、新安、偃师、荥阳、三门峡、灵宝等地。其中的巩县，约有一半的农民住在窑洞中，而洛阳的部分地区，更是有90%以上的农户居住在窑洞内。

山西省则是全省均有黄土窑洞分布。其中，可以晋南的临汾、运城、太原等地区为代表。此外，晋东南地区、晋中地区，以及雁北、偏关、蒲县等地区，也均有黄土窑洞。这些地区的窑洞数量，还多达全部住宅形式的70%～80%以上。

由此，形成了中国的六大窑洞区，即陇东窑洞区、陕西窑洞区、晋中南窑洞区、豫西窑洞区、冀北窑洞区、宁夏窑洞区。从窑洞的单体形式、组合形式、村落布局等方面看，这六大窑洞区是各有特点，但窑洞的建筑类型却是共同的。

山西某窑洞入口

各地单体窑洞形式的特征。

陇东地区，位于甘肃省东部，东有子午岭，西有六盘山。陇东窑洞区包括有庆阳地区的庆阳、宁县、镇原、环县、正宁、华池和平凉地区的平凉、灵台、泾川、崇信、华亭等12个县，90%为农业人口，而农业人口中又约有60%居住在黄土窑洞内。这里是甘肃省黄土窑洞分布最集中、典型的地区。

陇东地区单体窑洞的构成主体，主要由窑顶、窑墙、窑脸、前墙、后墙等部分组成。

陇东的单体窑洞，平面多呈现外大内小或外宽内窄的梯形，一般进深都比较深，套窑、尾巴窑等异形平面的窑洞形式较少。立面多为土墙砌筑，上面设置一门、一侧窗、一高窗，部分窑洞的窗户以通气孔代替。总体来说，采光条件还可以。窑洞的拱形视土质情况而定。窑脸装饰较为简单。单体的纵剖面顶部多为外高内低，且呈楔形，其中很多大型窑洞设有两层空间，即带有木阁楼层。

陕北和山西窑洞的单体平面多呈等宽形式，或者称作等跨形式，进深一般都比较浅。陕北窑洞立面为全部木构，并设置大门、大窗，采光充足，拱顶多为半圆形；晋南窑洞的单体立面则与陇东相仿，多为一门、一侧窗、一高窗。而在剖面上，两地窑

甘肃某窑洞民居

洞的顶部，外侧和内侧一般是呈等高剖面。

豫西窑洞的单体平面，则多呈外小内大或外窄内宽的倒梯形，而且带套窑和尾巴窑的情况也较多，这与陇东地区正好相反。在立面上与其他地区差异较大，往往只开一门，从外观上看不出窑洞的拱顶形式，或者是小门小窗，采光条件较差。剖面上顶部多为外低内高的形状，很多窑洞的室内地坪都低于室外（即院子）的地坪。

黄土高原上的窑洞民居的室内外装修，由西向东表现为由粗犷到精细，由无装饰到有装饰。陇东窑洞多为土崖面、土窑脸，原土内墙抹白灰。陕北、山西、豫西等地，则多为砖窑脸，草泥白灰粉内墙，室内外装饰有了相对提高。而晋南与豫西窑洞多是砖砌崖面，并有装饰性崖檐口处理。

从单体窑洞装饰由西向东的变化可以看出，窑洞是与各地农村的经济水平相一致的。不过，决定各地区窑洞特征和差异的最主要因素还是自然条件。

黄土高原地区，由西向东海拔逐渐降低，而气温渐高，降水也渐多，湿度渐大。黄土的厚度，则以甘肃省的庆阳地区和陕西省的延安地区为最，晋南、豫西地区次之。这些自然条件的不同，必然会使各地区的窑洞有所变异，给居住者带来不同的感觉。如陇东地区蒸发量相对来说大一些，而湿度小一些，所以门窗稍大利于通风，窑洞内

河南巩县杜甫诞生窑，绿荫环绕

不至太阴暗潮湿；但豫西地区湿度较高，门窗又小，所以雨季时室内较为潮湿。又如，陕西渭北的下沉式窑洞，院上部四面都不设女儿墙，因为降水量较少，不会给人们的窑洞带来困扰；而河南洛阳等地区的下沉式窑洞，却都设女儿墙来防雨水。

除单体形式外，各地窑洞在组合形式、院落的布置与分类上，也都有所差异。

陇东地区窑洞组合形式主要有三种，包括单间并列式、套间式和串联式，其中以单间并列式最为普遍。

院落分类主要也有三种，包括下沉院、靠崖院、半敞院。

下沉院也就是下沉式窑洞院落，大部分只有一个坑院，也有一些上下两层的院落形式，它是在地下坑院的地面部分又围成一个院落。坑院的面积大小，视各家生活所需及窑洞的数目而定，院落内可以种植花草、树木，环境如地面上一样优美。窑院的平面形式多种多样，有正方形、长方形、圆形、椭圆形、三角形、曲尺形，等等。作为下沉式窑洞，当然要有一个上下的出入口，其平面形式有平行、垂直、自由三种，既有突出于地面的，也有隐于地面下的。有些地区还在通道窑壁上设鸡窝和兔窝等，以充分利用空间。

靠崖院即靠崖窑洞院落，此种院落为开敞式。陇东地区的靠崖院主要有单院、二合院、三合院等形式，这些形式是由窑洞崖面的平面形式决定的。直线形的平面崖面必然形成单院，厂字形的平面崖面必然形成二合院，倒凹形平面崖面则形成三合院，另有折线与弧形崖面，则可形成弧形院落。靠崖院中也有很多双层形式，即在崖面上有两层窑洞，当地人将上层窑洞称为高窑子。两层有呈直线上下的，也有呈阶梯状的；窑洞既有共一条轴线的，也有上下错开的。

半敞院，是下沉式窑洞院落的一面或两面半敞开形式，形成深、浅两层院落。

陇东地区的院落组合，主要有独立式、毗邻式、胡同式三种。以下沉式窑洞为例，所谓独立式院落就是指一坑一院，毗邻式院落就是一坑两院，胡同式院落就是一坑多院，坑内形成或长或短的一条胡同。

陕西地区窑洞的组合形式，主要有单孔窑、双孔窑、毗连窑等，虽说名称上有所不同，实际上与陇东地区的单间并列式、套间式和串联式等是相仿的。

陕西窑洞民居，一般是一个院落一户人家，院落除了作为居住之外，还是生产活动的场所，所以除居室外，还有厨房、室外灶台、杂物棚、玉米仓、牲畜窑洞，等等。

靠崖式与下沉式窑洞，因为要依靠崖壁，所以其布置必然随地貌特征而定。其布置形式有“一”字形、“L”形、倒凹形、“口”字形四种。

独立式窑洞因为是脱离崖面而独立存在的，所以院落布置不受崖势限制，不过却受到中国传统民居的影响。一般农家窑洞多为一字形加围墙与大门，院内也只设置必要的生活设施；较富裕的人家，则组合成三合院、四合院，甚至是多进院落。

晋中南地区的窑洞组合也分为三种形式，包括单孔窑、两孔并联、三孔并联。单

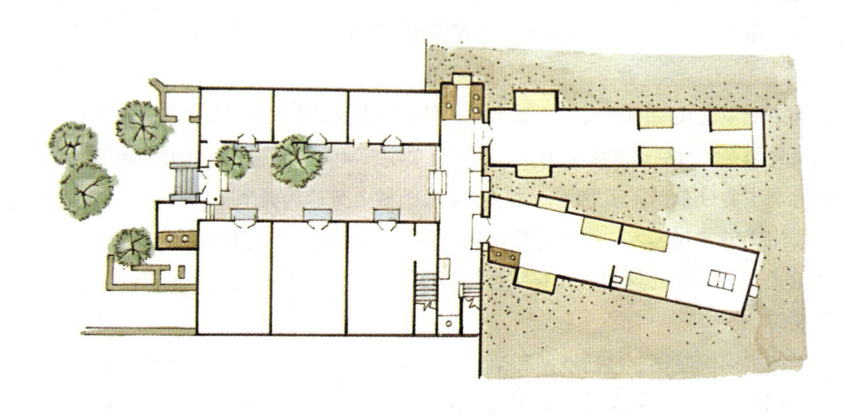

靠崖式窑洞及平房院落平面图

山西平陆县某窑洞民居

孔窑既是全家的居室，也是做饭处与贮藏室。两孔并联的窑洞，则是一孔为卧室，一孔为起居室、厨房、卧室合一。三孔并联的窑洞，称为一明两暗或一堂两卧，中间是起居兼厨房的堂屋，两边为卧室，中间开门，两边设窗。一明两暗式在山西随处可见，是其地窑洞的一大特色。

晋中南窑洞的院落形式，主要有下沉院落、靠崖院落、地面及半地下的土坯拱窑洞院落。

晋中南下沉式院的出入口类型多样，有台阶式、直通式、斜坡式、通道窑式，并以后两种居多。而院落的组合方式，主要有单院、双院、串院三种。山西的下沉式窑洞院落，主要分布在晋南地区，并以平陆、芮城一带最为典型。

晋中南的靠崖窑院，主要有靠山式和沿沟式两种。而院落的组合，则有无围墙的开敞式、有围墙的封闭式；有二合院，也有三合院、四合院；有单层院，也有上下两层院。

土坯拱窑洞院落，包括地面和半地下两种。晋中较为典型的土坯窑洞是一明两暗三孔朝南式，且布置在院落的深处，使窑前有开阔的院落空间，以设置其他设施及种植树木等。

山西平陆县某窑洞景观

豫西窑洞区、冀北窑洞区、宁夏窑洞区的窑洞民居，也都各有特色。不过，也不会过于超出以上所介绍的形式范围了。

在各地区众多的窑洞民居中，陕西省米脂的姜耀祖庄园、河南省的康百万庄园等，是较有代表性而较为知名的。

姜耀祖窑洞庄园，位于陕西米脂县桥河岔乡刘家峁村，已拥有100多年的历史了。庄园分上、中、下三层院落，共有几十孔窑洞。宅园修建在陡峭的峁顶上，门外是近20米高的悬崖，崖上筑有城堡，城角布置有角楼，城垣上还建有碉堡，这些都是庄园极好的防御措施。除此之外，进入庄园的陡坡和隧道等，也是极好的防御设施。几者共同构成完整的防御体系。

要进入庄园，首先要上到一个大陡坡，前行进入拱形的堡门；过了堡门，再穿过一条倾斜的隧道，就可来到管家院；如果不进管家院，而是再穿过一条倾斜的隧道，就能够到达正院。实际上，在正院与管家院之间有一条直通的暗道，暗道也是隧道的形式，里面是陡直的台阶。

人站在正院门前向庭内观看，首先看到的是一座正对着大门的砖砌影壁，影壁的中心是一个圆形月亮门洞，影壁的上部还有顶檐，檐侧与檐下都施有精美的雕饰。穿

陕西米脂姜耀祖宅月亮门洞影壁

过月洞门前行，在院落的正北有一节台阶，台阶上面就是高高矗立的垂花门。垂花门的两侧各有一个神龛，龛内分别供奉着灶王爷和土地爷。进入垂花门，便进入了雕琢精致的窑洞四合院。

姜耀祖庄园这种层层迭落的庭院布局，本就优美不凡，令人赞赏，加上其精到的细部装饰与点缀，更让人留连不已。不说月亮门洞上的精美雕饰，就是管家院内的几个用整块巨石雕凿而成的牲口槽，都极有艺术美感。

宅子的外围就是土悬崖，两者之间也是由隧道相连，所以要到土悬崖上，还必须接着穿过另一条隧道。

来回地不断穿行，一会儿道路狭窄，一会儿又豁然开朗，随着脚步的移动，景色也各异。其清幽曲折，仿佛江南小园林，而其巧妙天然，则又如自然山林。

姜耀祖窑洞庄园在总体规划上，巧妙地利用了地形，使建筑完全融于自然，宛若天成。而它的建筑构思采用的是先抑后扬的手法，收放兼得。其呈现出的古朴、苍劲的韵味，可比山岳中的千年古刹。

康百万庄园，位于河南省巩义市城西3公里处的邙山脚下的康店村，依着山坡。庄园与县城之间隔有一条伊洛河。

康百万庄园虽然是经历代陆续营造的，但其总体布局并未因此而变得散乱，依然是完整统一的。尤其令人佩服的是，营建者能随着山坡的走势巧妙地利用地形，使每个四合院内都有窑洞存在。院落在布局上既沿袭了传统的四合院，又随着地形条件安排出变化丰富的多进院和毗连院，使人能感受到其参差错落的空间序列变化，带给人不同的美感。

康百万庄园内共有靠崖式窑洞70多孔，并且其中的很大一部分，都是被作为四合院中的正房来使用的，而院落中的东西厢房，则大多为硬山顶平房。

康百万庄园内最为典型的院落是里院和新院。院落的东西两侧建楼房，正面山脚崖壁上筑有砖砌窑洞三孔，正中一孔最高最深，且窑洞为二层，上下层之间设置有木制棚板，这是康百万庄园中最大的窑洞。而庄园中最高的窑洞内部是三层。

康百万庄园虽然建在黄土山坡上，但规整的砖砌墙体多，而土、石墙较少，加上房屋各处细腻的砖雕木刻装饰，色彩深沉富丽，庭院中又种植有名贵的花草、树木作为点缀，使得整个庄园更添了几分豪华与气派。

姜耀祖庄园与康百万庄园，在防御体系上非常接近，但建筑形式却不相同。姜耀祖庄园除了正院的前院有几间平房外，其余都是窑洞，而康百万庄园中平房占有很大

河南巩县康百万庄园的双层窑洞

的比例。此外，姜耀祖庄园中的窑洞大多是掩土建筑，是用砖发券后又重新覆盖的土，而康百万庄园的窑洞，则是地地道道的黄土崖上掏出的靠崖式窑洞。

总的来说，窑洞民居与一般民居最大的区别在于，它一般不是在地表上用建筑材料建造的有体量的空间，而大部分是在地壳上挖凿出的空间，这在建筑构图理论上被称为“减法法则”。因此，窑洞民居具有与一般民居不同的艺术特征。如，窑洞是依山靠崖或于地面下挖掘而成的，不但没有在地面上增加什么，反而是减少了，所以适于减法法则；同时，因为它是就地挖掘，有一种取之自然而又融于自然之感，保持了环境原有的质量，较符合现代建筑美学原则；也正因为它是因地制宜的适应当地民俗与气候的建筑形式，所以具有浓郁的风土建筑特色，是真正“土生土长”的建筑形式。

第二十六讲

阿以旺民居

新疆位于中国的西北边陲，所以古时称为西域。总面积160多万平方公里，是我国最大的省区。境内四周高山环绕，因有三山两盆地而闻名。

横亘中部的天山山脉将新疆分隔为南疆、北疆两部分。天山山峰的平均高度在4000多米，而最高峰海拔则在7000多米，终年白雪皑皑。南缘为昆仑山，号称“万山之祖”，平均海拔6000米，主峰比天山山脉主峰还略高，被誉为“冰山之父”。北边则是阿尔泰山，主峰海拔4000多米。

塔里木盆地位于天山南部，是世界最大的内陆盆地，面积70多万平方公里。盆地中央是著名的世界第二大的塔克拉玛干流动沙漠，其周围分布着许多大小不等的绿洲。准葛尔盆地位于天山北部，面积约38万平方公里，中间是中国第二大的古尔班通古特沙漠，盆地边缘为山麓绿洲，有大片草原。

除三山两盆地外，还有塔里木河、伊犁河、额尔齐斯河及博斯腾湖、罗布泊等，众多的河流湖泊，共同形成特殊的地理环境。

特殊的地理环境形成了特殊的气候条件，又因为天山的阻隔，而使南、北疆的气候有着十分显著的差异。天山南部的南疆，气候干燥炎热，风沙大，雨水少，夏季气温高达40摄氏度，冬季气温又低至零下25摄氏度，且日照时间长，日夜温差大，是典型的大陆性气候。北疆则气候凉爽，降雨量比南疆多。

新疆文化历史悠久，早在新石器时代就有原始部落在此聚居，如今更有十多个民族分居在天山南北。其中汉族人口约占总人口的三分之一，多数居住在北疆；维吾尔族人口最多，占总人口的近二分之一，南疆、北疆皆有；另有哈萨克族、回族、蒙古族、柯尔克孜族、锡伯族、塔吉克族、乌孜别克族、满族、塔塔尔族、达斡尔族、俄罗斯族等。

不同的民族，具有不同的信仰、爱好、风俗、习惯等，因而，其民居也具有不同

维吾尔族某民居

的特色。而自然、地理环境等，更是影响民居形式的重要因素之一。所以，民居的造型与风格首先要适应客观环境，其次要适应风俗文化。

新疆民居因天山南北的生产与生活方式的不同而各异，天山北部因“畜牧逐水草”而以流动的毡帐为宅，天山南部则因农耕而为固定的住宅与村落。

新疆南部的固定住宅，为适应当地的特殊气候，多设置户外型的家庭活动中心，这也是此地民居的最大特色。维吾尔族家家都有果园，人们很少吃蔬菜而以瓜果为主，所以果园是住宅的庭院中心。

维吾尔族信仰伊斯兰教，因此家里不供奉神像，也不供祖先，民居没有明确的中轴线，没有对称的要求，各个房间都是围绕着户外活动中心或顶部封闭的户外活动中心布置，住宅的外部造型也千变万化。

房子是平顶的，这也是维吾尔族民居的一大特点。平平的屋顶四周有矮土墙作为栏杆，整个屋顶就仿佛一个大阳台。此外，维吾尔族民居中几乎各个房间都筑有“束盖”炕。所谓束盖炕，就是一种外形似炕，但里面是实心的，不能加热的土炕。炕有局部的也有满堂的。它不只是睡觉的地方，也是日常活动的场所。

综合以上各种条件和人们生活的需要，就产生了极具当地特色的住宅形式。而这其中最具代表性、最主要的民居样式，当属维吾尔族的阿以旺。阿以旺又有辟希阿以

新疆和田维吾尔族民居

旺、阿克赛乃、阿以旺等几种发展变化样式。

辟希阿以旺是一种接近汉族民居檐廊的建筑形式，但比檐廊深，一般深在2米以上。主要设置为实心的土炕。这种檐廊的地面是让人坐的，而不是让人在里面走动的，所以与其他建筑中的走廊不同。客人或家人在此盘腿而坐，观看院中果树、花草，呼吸新鲜空气。夏天可乘凉，冬天可晒太阳。上面大都设有壁龛式火炉，可在此做饭、用餐。

阿克赛乃是一种方形的庭院，四周加盖有一圈屋顶，就像四个辟希阿以旺围合在一起。比辟希阿以旺更私密安静，更舒适，更像是在室内。

从建筑的角度看，阿以旺完全是室内形式，但它的功能却是户外活动场所，属于维吾尔族民居中的开敞的庭院空间。既可待客用也可平时自家使用。

阿以旺与辟希阿以旺和阿克赛乃同属一种建筑形式，并具有相似的功能。甚至可以说阿以旺是辟希阿以旺和阿克赛乃的完整形式。

阿以旺是维吾尔族民居中享有盛誉的建筑形式，是维吾尔族民居中的精华部分。阿以旺在维吾尔族语中意为“明亮的处所”。从形式上看，它是在阿克赛乃开敞的空间上面再加一个屋顶，屋顶与庭院之间是四个侧面的天窗，作为采光通风的出入口。天窗一般高40~80厘米，用木栅、花棂木槅扇或漏空花板作窗扇。内部还有木柱、梁

维吾尔族辟希阿以旺

维吾尔族阿克赛乃

阿以旺剖透视图

檩、顶棚，在它们和炕边的部分，是建筑装饰最为集中也最为讲究的地方。所以说，阿以旺既是完全封闭的室内空间，又是一个带天窗的大庭院。

阿以旺是居住建筑的一部分，但它与居住建筑内部各个房间又有明显的区别，在功能上是作为户外活动场所而独立于“居住”建筑之外的。

阿以旺这样的建筑至少有2000年的历史了。它具有十分鲜明的民族与地方特色。居民的日常室外活动都可以在阿以旺中举行，如接待客人、聚会乃至舞会，都很合适。四面都有门通向周围房间的阿以旺庭院，也是住宅内全家人共有的起居室。

主人在阿以旺里接待客人，是对客人极为尊重的表现。大家盘腿而坐，共同享用主人捧出的美味瓜果。

维吾尔族的喀什地区、和田地区、伊犁地区等，都有阿以旺式民居。其中又以和田地区阿以旺住宅居多，而且最为典型。

和田地区地处新疆最南部，南临昆仑山脉，北接塔克拉玛干大沙漠，是举世闻名的古丝绸之路的南道，而今天的和田城附近，则是古代于阗国的都城。于阗之名最早见于《史记·大宛传》，由此可知其历史的悠久。和田地区总面积虽近25万平方公里，但绿洲面积只占1%多，并且绿洲还被沙漠分割为很多互不相连的部分，居民就生活在这分散的片片绿洲之中。

和田地区干热、少雨，多户外活动，所以民居以围绕“户外活动”区域为主来安排各种功能的空间。人们也极喜欢户外活动，平时待客、做家务甚至休息都在室外。旧时人们每年约有一半时间夜宿户外。民居的户外活动场所主要有五部分，包括果园（巴克）、庭院（哈以拉）、外廊（辟希阿以旺）、无盖的内部空间（阿克赛乃）、有盖的内部空间（阿以旺）。一般来说，这五部分是相互协调搭配的，而且多以其中之一为中心布置，也有少部分难分主次的多个中心设置。

和田农村几乎家家都有果园，不过只有果园在功能上起到了主要户外活动场所的作用，才可视为以果园为中心的空间布置方式。果园面积一般在几十到几百平方米不等，在果园和住房之间多以葡萄架连接过渡，人们就在屋外的大树和葡萄架下活动。这样可以尽情享受果园的绿色风情。

以庭院为中心的布置方式又可以分为外部式和内部式两种形式，设在主要建筑的前面或侧面的为外部式，而庭院空间的四面围有建筑的平面布局方式则是内部式。庭院面积多在30~50平方米，院内种有葡萄和少量的树木、花草。

"外廊"的维吾尔语即为"辟希阿以旺"，那么以外廊为中心的布置方式就是以辟希阿以旺为中心的布置方式。这种布置模式为，民居的中心有一个大进深的外廊，外廊的下面是巨大的"束盖"炕，束盖炕的一个角落设置火炉，可以烧饭和烤馕。馕是一种烤制而成的面饼，是维吾尔族、哈萨克族等民族的主要食品。

喀什某民居高侧窗

和田地区还有一种外廊式的特殊形式，即双侧外廊式，建筑的平面布置为"凹"字形，在民居的中心两侧都设置束盖炕。这样的外廊面积更大，几乎成了建筑的主要部分。而在一些城镇建筑中，外廊的进深则较小，失去了户外活动场所的作用，成了交通性的走廊，或者只是外廊的一种表现风格而已。

还有以阿克赛乃为中心的布置方式。阿克赛乃从结构上看，可视为较小的庭院上沿四边加了部分屋盖，也就是平面为"回"字形。在庭院的四周都布置上外廊，外廊的下面基本上是一圈束盖炕。当然，还是要留出一些入口以供庭院联络四周的房间。另外，束盖炕上四周

廊前精美的雕花垂柱

的墙壁上还要有一些窗口，以便四周的房屋采光。这种阿克赛乃比庭院面积小而较为封闭，是一种把室内外融为一体的建筑方式。在较高级的民居中，阿克赛乃多作为阿以旺的辅助户外活动场所。

最后一种布置方式就是以阿以旺为中心的形式，其他建筑、设置等都围绕着它安排。用一种更为直接的语言来形容就是，在阿克赛乃的上空加一个屋顶，屋顶的四周围是高侧窗，也就是天窗。

阿以旺比其他户外活动场所更适应风沙、寒冷、酷暑等气候条件，在使用中更为灵活，是外部空间与室内结合的更为完善的发展形式。阿以旺中间升起部分的屋盖如果过小，形状像个鸟笼，就被称为“笼式阿以旺”。笼式阿以旺完全失去了户外活动场所的功能，而成了采光通气的天窗。

和田民居中与开敞的户外活动场所或灰色空间相对的就是封闭的居室空间。和田民居的特点之一是面积大，分室多。有前室、夏客室、冬客室、夏居室、冬居室、厨房、茶房、库房、粮仓、杂用房及贵重物品储藏间，等等，并且从名称上就可以看出各个房间明确的功能。

和田民居各建筑构造的承重主要是木构架系统，但这种木构架系统十分具有地方

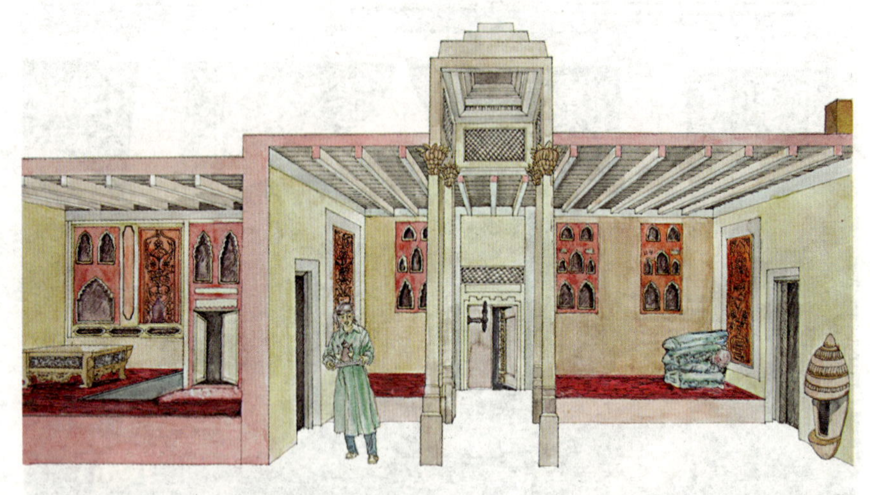

开攀斯阿以旺剖透视图，开攀斯阿以旺也称笼式阿以旺

特点，与汉式民居的木构架体系完全不相同。构架的传力部分有地梁、立柱、上梁、檩条等。主要立柱的间距一般在1.2~1.6米。开间大于4米时，在中间架一个横的大梁，并以木柱支撑。檩条改为纵向布置，以缩小长度。木构架以穿榫加硬木钉、木楔固定，为防止变形，还在立柱间加斜撑，尤其是拐角处必须设置，构成极为稳固的空间架构。

和田民居的构造，除木构架外还有墙体。墙体是重要的组成部分，是民居的围护结构，大致有五种材料类型。

用当地的黏质沙土和水搅拌成稍稠的泥沙，分层湿筑而成的土墙。底宽约1米，顶宽约0.5米。土墙不用模板也不用夯打，只在泥土干燥后，将室内一面铲修成垂直状，并可同时挖铲出壁龛、壁台，然后在表面抹一层草泥压光，室外墙面则保留原坡度。这样的墙体外部墙面为粗毛墙，有强烈的肌理效果，使住宅看起来具有浓郁的乡土气息。

编笆墙则是在木构架上稍加横向支撑，用树枝、柳条、芦苇等束在横撑间编成笆子，两侧以草泥打底、抹平、压光，和汉式的编竹夹泥墙为同一种处理手法，墙体厚度只有10厘米左右。这种墙体稍受侧压与撞击就会造成局部草泥脱落。不过，这种墙体对潮湿环境的适应性极好，且轻便而构造简单，使用较普遍，尤其是在和田的农村较为常见。

插坯墙，是在木构架的立柱间加较密集的立杆或斜撑及水平支撑后，将土坯斜插在缝隙内构筑成的墙体形式。插土坯时，既可以干插也可以抹泥后再插，而后在墙体两侧抹泥压光。较为讲究的民居为改善热工性能或设置壁龛等的需要，则做成双排立柱构架的双层插坯墙。这种墙体与编笆墙相比，既有立杆作筋、增加强度的作用，土坯墙又有一定的厚度，可以保温绝缘。

砌坯墙，是黏土资源丰富、地基干燥的地方以泥浆做成土坯或土墼所砌的墙体。土质较差的地方则以小型土坯侧列排砌，且不作承重墙。砌坯墙和分层湿筑的土墙相比，具有建造时间短，技术要求低的优点。这种墙体材料可以在人们闲下来时加工一部分，日积月累便可储备到房屋建筑的要求数量。

另有一种较少单独使用的木板墙，是为了防止编笆墙或插坯墙受损坏，而在其接近人们的主要活动处，特意将全部或下半部做成木板墙。它是以木板水平镶嵌在立柱间的做法。由于和田地区木材资源极其短缺，因而这种墙体的使用概率很低，在当地较为奢侈。

一般的民居建筑中往往是这几种墙体的混合应用。外墙常用土墙或双层插坯墙，内墙则用编笆墙或单层插坯墙，室内走道下半截做成木板墙等，而具体的选择，随居民的经济状况、装饰要求等来定。

和田民居的门有内门和外门之别。一般民居的内门都是简单的双扇板门，较高级的民居则采用花棂木槅扇，并有精致的压条图案。内门高度一般在1.6米左右。外门比内门稍高，且除框、扇、压条外，有时还有门亮子、门斗、门顶等。门亮子是在门之上再加一个不能开启的与门同宽的横披窗，为直棂式，不设窗扇，对外开敞。在果园和外庭院院墙上的大门，一般做成带门斗式的，附在院墙上的大门有时也做成带门顶的式样，装饰较为讲究。其大门的比例与汉式民居的大门相比，宽而矮，因而极具民族特色。

和田民居的窗户有不同的开设位置，屋顶的小天窗、屋顶竖向天窗、墙面高位窗、面向内院的侧面窗等，有拼板、花棂木格、木栅、花板等形式。由于当地气候炎热，和田民居的窗户不仅数量少，而且尺度小，每家的室内光线都较昏暗。这样，从炎热而阳光刺目的室外到达室内以后，人们很快就会有一种舒适的感觉。

和田民居的屋顶与喀什、吐鲁番等地的维吾尔族民居一样也为平顶。民居屋顶采用小梁上密铺椽条的做法，并利用密椽的多种铺置方法取得天棚艺术效果，而屋面都是木基层草泥屋面的平屋顶，由于气候干旱少雨，很少有泄水处理。密肋房顶是维吾尔民居的一个极重要的特点。另外，由于和田地区人口密度比较低，因而房顶作为晒场等空间使用的利用率要大大低于吐鲁番与喀什。

维吾尔族某阿以旺内景

和田维吾尔族民居的装饰极为丰富多彩，尤其是在对木质构件的装饰处理上更为突出。手法十分多样，如，素色描花、木质面雕刻、石膏雕刻、镶贴、压模、彩画等，而装饰图案都是花草纹和几何图案，线条简洁优美。装饰部位主要有室内墙面、结构件、建筑配件等。

室内墙面装饰，一般只在近天棚处或壁台下做圈式花边，沿炕墙围有印花炕围布。装饰手法以单色描花或石膏刻花为主，色彩多是单一的蓝或绿，如白底绿花、蓝底白花，图案多采用二方或四方连续式。此外，一般民居会有用雕花木模在泥浆抹面上直接压印出的图案，而较为讲究的民居则做彩画。和田著名的挂毯也是其民居墙面的重要装饰，色彩鲜艳，与炕上的铺毯相辉映，富丽、热烈。挂毯的背后往往是一些贮物用的壁龛。壁龛的功能很像欧洲住宅建筑中的壁橱。平时人们把床上的被褥、枕头都放入壁龛，用挂毯来遮挡。室内不需要许多家具，因而，空间相对开敞、整洁。

承重的柱、梁、檩等处也多有极具地方特色的精美装饰。木柱装饰主要集中在外廊式建筑和阿以旺内部，是木质构件中装饰最丰富的，采用的是维吾尔族建筑装饰的典型做法。

新疆某民居室内精美艳丽的壁挂

柱身的断面形式有圆形、四角、六角、八角、十二角等形状，不但不同柱身可采用不同形状的柱头，就是同一形式的柱身也可采用不同的断面形状的柱头、柱身和柱脚，如方柱头、圆柱脚、多面柱身，自然形成一种装饰。而不同断面的连接处，或以简单的线条，或以横向图案作为过渡，又是一种装饰。此外，也可在柱上附加斜撑、花式零件等作为装饰。

阿以旺内部的柱头，与上部的高侧窗的装饰构造浑然一体，风格、气氛与构图相一致，有时柱头在阿以旺的整体装饰中起着画龙点睛的作用。

梁上的装饰多在梁底和侧面，采用刨线、雕刻、镶贴、彩画等方法做出花草与几何图案。刨线、雕刻是直接在梁上做，而镶贴则是先做好花板然后贴在梁上。一般梁檩装饰图案不施色彩而用木的本色，少部分施单色。讲究的民居中则施鲜艳的彩画，或多种手段混合使用作为装饰。

多数情况下，密肋顶下部暴露的梁檩即是顶棚的一部分，所以其装饰风格也多一致，这使室内屋顶更有整体感。顶棚装饰大致有四种形式。

第一种方式，也是最普遍的做法，即在露明的木梁上用简朴明朗的弧面小椽条密铺拼装，利用木椽的粗细、排列方向、层次高低等的不同，铺构成错落而有空间感的顶棚，这种方式被称为“密檩满椽”。简单地说，就是像瓦楞纸板打开的样子。

第二种被称为“木板拼花式”，即在檩条底钉木板，外面以小木条拼花压缝，或呈花条状，或呈几何形，各具特色。

第三种为彩画，即在檩、板、顶心处绘制花纹，或几何图案，可单可丛，自由灵活。

第四种是藻井式天花，多用在较高级的民居中，且多装饰在客室和阿以旺、开攀斯阿以旺的升高部分，中间还装饰有“垂莲”式吊球。

外廊式建筑的廊檐也是和田民居的重要装饰部位，并且是极富维吾尔族民居特点的装饰部位，分为平直式檐和拱券式檐，尤其是拱券式檐更为精美。平直式檐即檐部为木檩明挑式和封板暗挑式，拱券式檐即平挑檐下部有拱券装饰。拱券有半圆拱、垂花拱、尖拱、深拱、复式拱等，在拱肩中可以填充各式花板也可镂空。有些则将拱同

阿以旺民居内的藻井

木柱上部钉木板条或苇箔后，抹石膏面雕石膏花或作彩画。由于维吾尔族民居为平顶，高度不大，因而每一开间多为两到三个拱。

建筑配件装饰主要是指民居的门、窗、壁龛等部位装饰。

门上的装饰主要在门框，手法有刨线、镶边、刻花、贴花及复合式等。

窗子的装饰也就是窗棂等的细部构造形式，主要有直棂窗、花板窗、花棂木格窗。直棂窗上只有整齐密集的窗棂而已；花板窗则是用花板件或整块花板做成，花板上雕饰或镂空各种花纹图案；花棂木格窗是和田民居极富特色的装饰构件，木格细密，制作精细，图案严谨，花式众多，不但用于窗、天窗，还用于亮子、门扇等部位。

壁龛装饰以石膏雕刻和素色描花为主，尤以壁龛拱券门处的装饰最为精致，图案与墙面装饰多一致。壁龛往往是由大小不等的数个构成整体构图，因而形式上变化多端，拱顶外形及其组合方式众多，壁龛群的构图本身就是墙体上的一件装饰艺术品。

维吾尔族民居的平面布置极有自己的特点。

与汉式民居不同，维吾尔族民居没有明确的中轴线和对称要求，各个房间围绕着户外活动中心布置，而这个中心又不是“形”或“量”的中心，所以建筑的外轮廓不一定整齐。

由于民居内没有专门的祭祀空间，因而没有宗法礼教的限制，内部房间以客室为主。客室、客厅布置在与户外活动场所联系方便及观赏自然景色最佳的部位。自家人的居室则相对地退居次要地位。居室的布置灵活自由，并可随形延伸，房间多时则可派生出另一个户外活动中心。居室并不按家庭成员的辈分区别出正、偏房来，不束缚于宗法观念。

建筑布局没有固定的朝向，院落大多按地形及外部道路等情况自由布置，院门开设以方便交通为原则，只有建筑本身为了吸收日照，大体使外廊朝向南方，或是以主要户外活动中心达到冬暖夏凉为目的。

不囿于室内空间，而是善于将外部活动空间作为住房的延伸，内外融为一体，内外环境相互呼应。这将室外的庭院、果园、外廊等，原本不属于居住建筑的部分，在功能上成为居住建筑的一部分。

作为几种有代表性的维吾尔族民居之一的和田民居，自然也具有上述这些布置特点。总平面布置组合自由，户外活动场所的建筑形态有封闭与开敞之分，前者如阿以旺，后者如庭院、果园等，更有半封闭、处于过渡形态的辟希阿以旺和阿克赛乃。在处理手法上，使室内外空间相互渗透，把室外，尤其是果园的景色，引入其他户外活动处或室内，使人仿佛置身于自然界的树木花草之中，达到一种精神与物质相融的境界。

喀什某民居内廊

在数次前往和田的民居调查中，本人记录了一些和田阿以旺民居建筑实例。

墨玉县奎牙乡某宅，是一座典型的农村阿以旺住宅。"阿以旺"是户外活动场所，家庭的共用起居间，也是接待来客的主要场所，所以没有另设专用客室。阿以旺两侧各设一组居室，有客人时，则其中一组作为客室。住宅建筑前方是一座庭院，在院落的一侧设有畜厩等。此住宅外围还有果园，将住宅隐藏在树丛之中，环境清幽静谧，是墨玉一带农村常见的民居形式。

宅基全部面积约920平方米，建筑面积约246平方米，其中的"阿以旺"的面积约82平方米。建筑为木柱编笆墙密檩满椽结构，装饰简朴，内部所有分间均筑有土炕，大部分房间设有壁台壁炉，是典型的传统建筑方式。

于田县农村某宅，是一座具有"阿以旺"和"阿克赛乃"两个户外活动中心的住宅，建造年代较为久远。其中"阿以旺"活动中心的四周有家用居室组、厨房、客室，有单独的门联系客室与外部庭院，庭院内建有一座无廊的小炕，作为客室的辅助户外活动场所。另一活动中心"阿克赛乃"的后面有一组客室，其中的夏室部分又是一个小"阿以旺"，室内十分敞亮。

住宅占地面积约410平方米。功能房以常用的"夏居——冬居——杂用"的"一明两暗"、"一明一暗"方式组成居室组群。果园和畜厩安排在后部和侧面，以突出住

新疆伊宁某民居内院

宅。建筑以木柱插坯墙为主，门窗、壁龛、土炕、隔断、天窗等，形式古朴。这座住宅是旧时住宅的典型形式。

于田某宅，平面布置以“阿以旺”为户外活动中心，“阿克赛乃”为入口处的过渡空间，家用组居室深藏后部，而在居室与阿以旺之间还有开攀斯阿以旺。

此住宅除因土地限制无外廊与庭院外，民居中各种建筑形式均已采用。室内装饰也集维吾尔族民居装饰的大成，大量采用花棂木槅扇隔断，炕、壁龛、门、木构件等部的装饰十分精细，尤其是主要的夏居室与冬居室装饰极为富丽。大客室内屋顶为十字梁藻井式顶棚，其他室内则为密檩满铺椽式顶棚。主要房间的墙体为木柱插坯墙，次要房间则为木柱编笆墙。

虽然这幢住宅处于城镇住宅区，其建筑受到土地限制，但它仍是一座较大型的住宅，建筑面积共有340平方米，前后进深达31米。

花园般的喀什某民居院落

第二十七讲 毡包民居

毡包是草原游牧民族的居住建筑形式，蒙古包就是毡包民居的一种，主要是蒙古族民众传统的居住形式。

蒙古族主要分布在内蒙古自治区和新疆维吾尔族自治区境内，在内蒙古，蒙古族的居住区分布全境，在新疆的蒙古族分居在南疆、北疆、东疆的部分县市里，并以巴音郭楞蒙古自治州、博尔塔拉蒙古自治州、塔城地区的和布克赛尔蒙古自治县、阿勒泰等地为多。

静立在茫茫草原上的毡包民居

蒙古族人民主要吃奶制品、牛羊肉、面食，喝奶茶，这些都是由他们从事的牧业生产决定，并与之相适应的。也就是说，蒙古族人民世代过着游牧生活，逐水草而居，为了适应生产、生活的需要，形成了自己独特的生活方式、习俗风尚。同时也产生了独特的毡包民居形式。

在蒙古族聚居的茫茫草原上，夏日清凉舒爽，冬日寒冷，所以冬、夏又分别居住在不同的地方与不同名称的住宅内。冬天的时候居住在山涧阳坡，喂养牲畜，居室称为“冬窝子”，蒙语为“玉木种”；夏天的时候则转移至山阴处或草原上较高的位置，居室称为“夏窝子”，蒙语为“锡林”。这就是逐草而居的生活方式。这种生活与生产特点决定着住宅要能随着畜群的转移而移动，要可拆可装，易拆易装，搬运方便，因此就有了“帐篷式行屋”这种独特的居住形式，即蒙古包。

蒙古包已经有2000多年的历史了，并且，据记载，最迟在汉代北方游牧民族就有了现在这样的蒙古包，古代文献根据其形将之称为“穹庐”。马致远的《汉宫秋》第一折即有“毡帐秋风迷宿草，穹庐夜月听悲笳”的诗句。

古时候，不论平民百姓还是王公贵族的住宅，甚至是宗教寺庙，都采用蒙古包形式。元代以后，受中原文化的影响，达官贵人的住所开始仿照中原，采用木结构建筑了，但普通居民还是居住在蒙古包内。

顶部装饰非常特别的毡包群

蒙古包的“包”字是“家”、“屋”的意思，古代时叫做“毡帐”，所使用的材料主要是毛毡。根据《周礼·天宫·掌皮》的记载，早在周朝，人们就已经掌握了利用动物皮毛制造毛毡的技术。用几根木棍搭成金字塔形，再覆上毛毡，就是最简单的毡帐。

“蒙古包”是满族对毡帐的习称，在满族人建立清朝，统治中原以后，这个名称便渐渐的被延用下来。蒙古包平面呈圆形，空间呈筒锥形，结构为木构架外围毛毡的内框外护式。作为住房用的蒙古包蒙语称为“色格勒”。

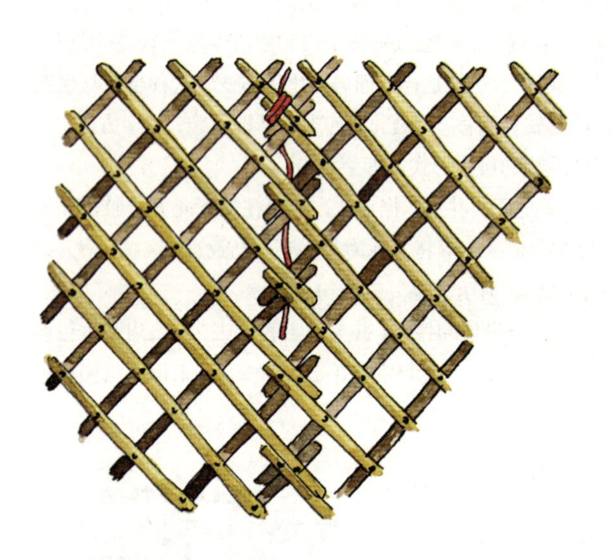

蒙古包哈那连接处示意图

蒙古包主要由骨架和毛毡两部分构成。骨架的最上部是像天窗一样圆形的陶脑，陶脑四周是一圈乌那，一根根架在下面像栅栏墙的哈那上面。一般的蒙古包由四个哈那组成，哈那围合以后，还要留出一个放门的地方。

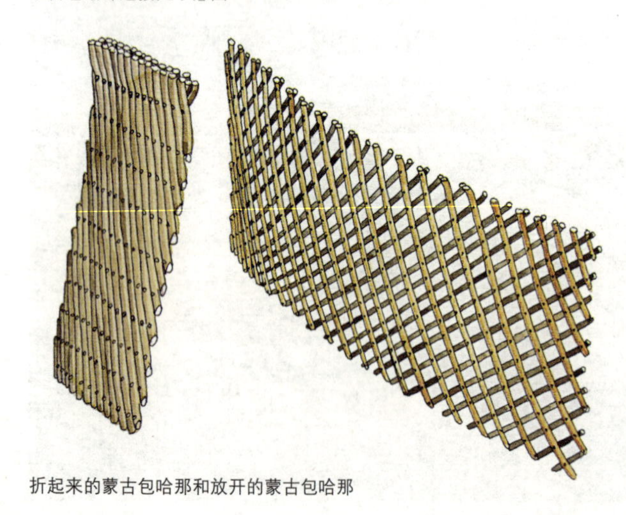

折起来的蒙古包哈那和放开的蒙古包哈那

陶脑就是蒙古包顶部的中心，由四圈铁环和若干木料组成的圆形顶。大体看上去是两个半圆，为两条并行的长木块隔断。在内两圈铁环和外两圈铁环之间均匀地排列有较小的木块。大小木块既固定陶脑本身，又连接下边的乌那。乌那类似伞骨，也就是蒙古包圆顶斜面

毡包的骨架

的骨架，装在陶脑最外圈的铁环上。乌那撑开后，与下面的哈那相连。哈那就是蒙古包的一圈墙体的骨架，它张开后如栅栏，达3米多宽，合拢后只有很窄的0.5米，非常便于携带。

蒙古包的门一般都是朝向东面的，因为蒙古族人认为，门朝向东方太阳升起的地方开，才会吉祥如意。蒙古包上惟一的窗口就是正中的炉灶烟囱的出口，也称天窗，蒙语为“鄂尔库”。

冬春时节蒙古包上用毛毡覆盖，夏秋则用白布作为围护，以适应不同的气候。更可在天气特别炎热的时候，将下面的毡子向上掀起一角，再用绳子固定，就露出了里面的哈那，这样就可以通风，使室内更为凉爽。哈那是组成蒙古包四周围墙的构件。

蒙古包的大小是以墙面组合部架，也就是哈那的数量来确定的。古时开会、娱乐、宗教活动及迎来送往等，都在蒙古包内举行，因此蒙古包的体量与空间都比现在的大得多，而为满足结构上的需要，往往在中间设立柱子。现在的蒙古包总体来说没有以前的宽大，不过依然有大小之分，主要是根据部架分为四种形式，包括十部架十个哈那、八部架八个哈那、六部架六个哈那和简易形四个哈那。一般来说，十部架和八部架的蒙古包较为注重外装修，在毛毡外面围有带各种色彩鲜艳的图案的白布，而六部架和简易形的蒙古包多不做装饰，仅在门上挂着一个带有图案的毛毡门帘，作为重点装饰。

蒙古包剖透视图

蒙古包上的毛毡一般都用毛绳拉结，并与蒙古包的骨架牢固地系在一起。毛绳还被编成各种图案，十分精美，本身就是一种很好的装饰。

从剖面上看，蒙古包是一个近似半球形的穹顶，这种形式最符合结构力学原理，只要很细很薄的龙骨，便能承受顶部覆盖的几层毛毡的重量。其平面为圆形，可使用最少的建筑材料，获得最大的居住面积，并且具有很好的抗风功能。因为圆形使其与风向垂直的面积被减到最小，对风形成的阻力也就最小，而背面能形成空气涡流，对蒙古包产生回推的力量。

蒙古包内的布置也很有规矩。右侧边为佛桌，下面放置箱柜，再下边为宾客坐卧处，最下边为小牛犊、羊羔的喂养处。左侧为主人的卧榻，下面是炉灶，两者之间用挂帘隔断。炉灶既是平时做饭的地方，也是冬天人们的取暖处。

蒙古包内除了靠门的一侧，其他三面均有地板，地板上面铺着地毯。人们进门不脱靴子，盘腿席地而坐，享用放在地毯上的奶茶、白酒和食物，所以也就用不着矮桌子了。如果有客人来访，则主人坐在西侧，正对着房门；客人坐在主人的旁边，同样对着大门；其他男人坐在客人的右侧，也就是南侧；妇女和儿童坐在主人的左侧，即北侧。

蒙古包内的家具很少，沿着墙壁一圈放置有衣橱、箱子，燃料箱放在入口的北侧，往里是碗橱，屋子的中部即是放置炉灶处。

大部分的蒙古包内没有什么装饰，四壁一般都露出骨架，显得简洁、古朴；也有一部分人家会在四壁设有装饰，如在墙壁上挂着各种色彩鲜艳的壁毯，看上去十分豪华。

蒙古包搭建容易而拆卸简单，建筑材料又便于携带，所以它是一种较适合经常搬迁的住宅。

牧民的蒙古包通常为四部架，但在调查中也见到例外，譬如位于一个山沟中的蒙古包，前后分别为羊圈和羊羔圈。蒙古包本身为六部架形式，室内除门边外，另三面皆铺有地毯。地毯上与门正对着的是台桌，桌上摆放有佛像；左侧为老人的床铺，右侧则是儿女们的住处。室内正中置有一铁皮炉，供做饭和取暖用，门的两侧则放置箱柜和炊具等。

20世纪50年代，刘敦桢先生在其著作《中国住宅概说》中就提到了由蒙古包发展而来的圆形平面住宅。这种圆形平面的住宅，尽管已经非常稀少，但在一些地区仍然可以看到。譬如新疆阿泰勒喀那斯湖林区的蒙古包式木制房屋就依然存在，这种外

富有民族特色的挂毯

搬运方便的毡包民居

表形如蒙古包的住宅，平面大体呈圆形，当是蒙古包的一种变化形式。整个建筑是先用上下面皆被砍平的圆木堆砌，并用榫卯连接而成骨架，然后在木头与木头之间用泥塞填，顶部则用草泥和草皮覆盖，屋顶部也与蒙古包一样留有一个天窗，便于采光和通风。室内的布置也与蒙古包相似。

除蒙古族的蒙古包之外，新疆的哈萨克族住宅也使用毡包形式。

哈萨克民族历史悠久，可追溯到公元前3世纪前后，当时有乌孙、康居、奄蔡三大部落，他们便是哈萨克族的先世。其后经过不断的征战、迁徙，曾有过较大的分散与重合，当哈萨克真正形成一个独立的民族的时候，已是15～16世纪了，所以说，哈萨克族的形成与发展，是一个极为复杂而漫长的过程。

现在，我国境内的哈萨克族主要聚居地，基本上都在新疆伊犁河及其附近，其生产与生活方式也没有太大的变化，均以游牧为主，人们长期过着游牧生活。因此其住宅形式也就和大多数的游牧民族一样，采用可移动、易搬迁的毡包形式。

具体地说，哈萨克族主要的居住地有新疆天山以北的伊犁哈萨克自治州，包括伊犁、塔城、阿勒泰三个地区，及天山以东的巴里坤和木垒两个哈萨克自治县，还有甘肃省的阿克塞哈萨克自治县；另有少部分居住在新疆的巴音郭楞、博尔塔拉两个蒙古

山坡下的哈萨克毡包

族自治州境内，以及昌吉回族自治州境内和青海省海西地区的一些地方。

哈萨克族人主要从事牧业，所活动之处大多是河谷间的广阔草原。其主要聚居地新疆北部的巴里坤草原、伊犁河谷平原、阿勒泰山川雪峰等处，都是极好的天然牧场。哈萨克族是一个勤劳、勇敢、热情、豪爽的民族，能歌善舞，真诚好客。有客人到自己的毡房来，不论认识与否，都会热情欢迎，把家中最好的东西拿出来待客。在他们之中还流传有一句俗语："祖先的遗产中有一部分是留给客人的。"而处于同一部落的人就像一家人，谁遭遇意外，有了困难，大家都会来帮助。

哈萨克族古老的最基层社会组织叫做"阿吾勒"，即由同一部落中的拥有同一祖宗的几户人家组成的一个游牧群体。他们的草场都安排在一起，并一起从事生产，一起随季节转场。阿吾勒之上还有阿塔、乌露、乌洛斯、联盟等不同层面的社会组织，目前这种组织已经解体，只有"阿吾勒"还在一些地区存在。

这种体系的解体主要是由于生产的发展与生活水平的改善，而生产、生活方式的改变也影响了居住形式。因此现今哈萨克族的民居建筑在毡包外，又出现了石块建筑、木构建筑、生土建筑、砖木建筑等几种形式。不过以牧业为主的哈萨克人，目前绝大部分还停留在天然放牧阶段，一年四季要按照草场所处位置及草的生长情况的不

毡包外围景致

同，而将牲畜转场几次，所以移动式的毡包依然非常重要。

一般来说，现在的哈萨克族人主要依据畜牧生产的要求，将住房分为两种形式。春秋两季在一般的草场地，夏季则进入海拔较高的深山草场，俗称夏草场。春、夏、秋三季，人们都住在毡房里；冬天的时候，人们则转移到较温暖的草场地，俗称冬窝子，并在这里建有土坯或石块垒砌的房子，如果是在林区，则搭建木头屋子过冬。

如今仍被大量使用的毡包住宅，是哈萨克族自古至今沿袭使用的最大众化的建筑，它具有许多自身显著的特点，是其他的住宅形式所不能取代的。

与蒙古包相同，哈萨克族毡房不论从平面还是立面看其形体都极为简洁，并且既能遮阳隔热又能避寒挡风，是一种与大自然融为一体的，能满足牧民最基本栖息条件的建筑。只要有三五十平方米的地方，即能搭建朝向随意的毡房，不用基础，适用于任何基地上。

顶盖的启闭和帐篷根部毡子的高低可随意调节，使得毡房在各种场合下都能获得适当的光照和新鲜的空气。如，将底下的毡幕和门密闭，顶部毡子全揭开，便能达到室内明亮而又保暖的效果。

毡包最外层的围护材料，都是未脱脂的羊毛擀制而成，厚度在0.5～1厘米，顶部又做成近45度的坡形，所以泄水顺畅，无论是滂沱大雨还是绵绵细雨都不会渗进房内。

此外，毡包的受力构件均为具有弹性的材料制成，节点均为铰接，加上这些材料又围构成圆形，所以毡包有着极强的整体性和柔性结构。而圆的外形，使得任何方向吹来的风所受阻力都是最小，并且在背风处可形成一个空气涡流，对毡房产生一股回推力，从整体上来说削弱了迎面风的压力。

毡房的组成构件主要有栅栏墙架、撑杆、顶圈、门，以及毡毯（围毡、逢毡、顶毡）等，哈萨克语中“栅栏墙架”称为“开列克”，“撑杆”称为“伍沃克”，“顶圈”称为“强俄拉克”，“门”称为“叶色克”，“围毡”、“篷毡”、“顶毡”则分别被称作“拖沃尔勒克”、“伍祖克”、“脱额勒克”。这里的主要构件，与蒙古族的蒙古包中的哈那、乌那、陶脑等，功能基本是相同与对应的，只是称呼不同而已。

哈萨克牧民虽然受游牧生活的限制，较少与外族人接触，但爱美是人的天性，哈萨克人也不例外。他们喜欢在居住的帐篷内吊挂各式各样的装饰品，特别是经过精心刺绣有花、鸟图案的挂毯和布帘，这些悬挂的装饰物已成了哈萨克族毡包建筑的一个组成部分。这些美丽的挂毯与布帘等装饰，犹如古典建筑中的壁画和石膏雕饰，又如

毡包顶部外观

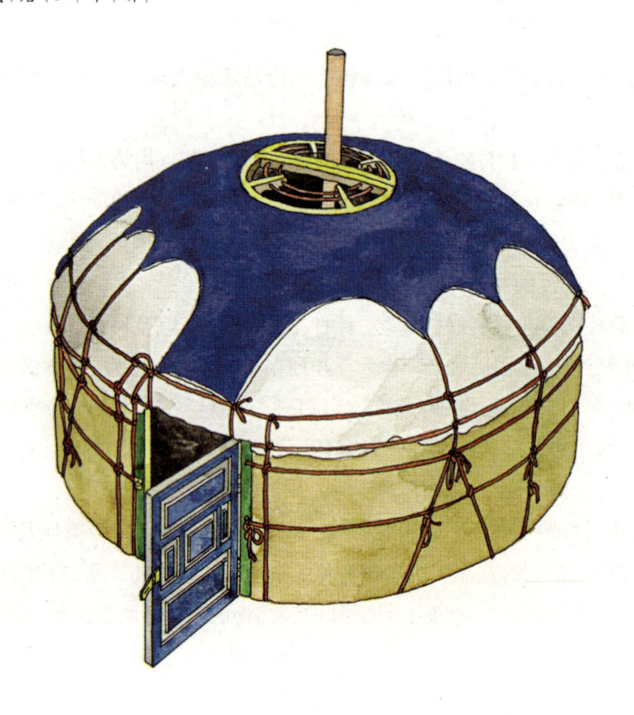

蒙古包外观

现代建筑中的壁纸和墙布，为建筑主体增添了无限光彩。

这些装饰图案花样繁多，云头、流水、漩涡形等各种自然之态，三角、双曲线、弓形等几何形态，三叶草、水草、月季、太阳花、星花等花草形状，等等。色彩上则有蓝、白、红、绿、黑等，也极为丰富。并且在哈萨克人的心目中，不同的色彩还各有其象征性，如蓝色表示开朗、高尚、宽广，白色表示纯洁、快乐、幸福、真理，红色象征着太阳、光明、热情，绿色象征着青春、生命、繁荣，黑色则象征着大地与哀伤。

哈萨克毡包内的布置与蒙古族类似。室内正中是做饭、取暖用的炉子；对着门的右后方是长辈的床铺，别人不可以随意在上面坐卧；后左方则是晚辈的铺位。但蒙古包中旧时都不设床铺，人们都是睡在地板上。地面也铺有毯，作为家人起居和待客用。年轻男子为迎娶新娘而搭建的小型毡房“吾陶”，其室内布置则较为活泼、漂亮，满毡房都是刺花、绣花、挑花、嵌花、贴花、补花、钩花等花饰，以及金银丝线等编织的各种装饰品，五彩缤纷，鲜亮多姿。

作为牧民们放牧期间栖身的毡房，室内部分面积相对较小，功能简单，而牧民们

装饰精美、色彩艳丽的某毡包内景

又习惯于野外生活，所以毡房四周一二十米的地段多成为毡房的辅助部分。人们多在其地架设第二炉灶，专门用来烧水和煮肉，而毡包内的炉子则主要用来煮奶茶、做饭、取暖。靠着帐篷的外边缘，则用来堆放杂物。与蒙古包相比，哈萨克族毡包的尺寸要大一些，而且顶部的穹窿部分，蒙古包平缓、圆润，而哈萨克族毡包则高耸，顶部明显呈现为一个尖丘形，而不是半球形。

另外，在新疆地区的柯尔克孜族牧民也居住着毡房，柯尔克孜人将它叫做“勃孜吾”，它在造型、布置、功能等方面，均与蒙古包、哈萨克毡房类似。

第二十八讲

合院式民居

四合院是中国民居十分常见的一种形式，也是应用最为广泛的一种院落式住宅，历史悠久。它的雏形产生于商周时期，元代时作为主要居住建筑形式而大规模出现在北京等地区。明、清两朝时，合院式民居作为中国民居中最为理想的营造模式而得到了长足的发展。

所谓四合院，是指由东、西、南、北四面四个朝向的房子围合起来的内院式住宅，

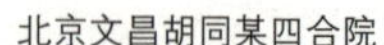
北京文昌胡同某四合院

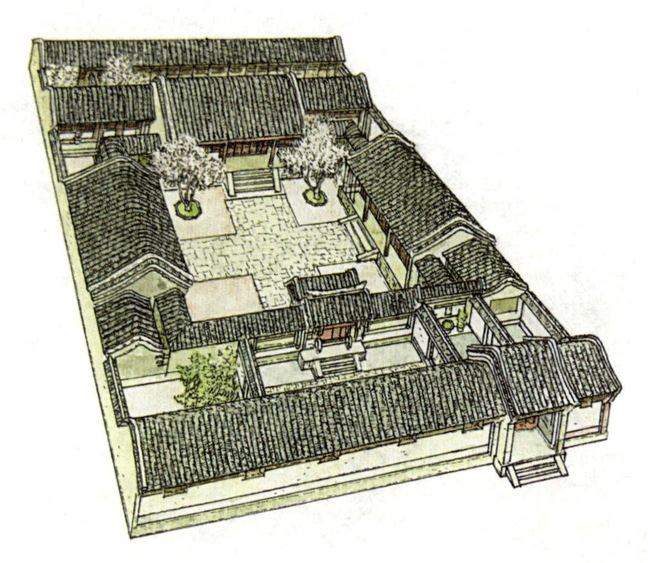

三进院落的北京四合院俯视

老北京人称它为四合房。

四合院的布局方式，十分切合中国古代社会的宗法和礼教，家庭中男女、长幼、尊卑有序，房间的分配有明显的区别。四合院四周都是实墙，隔绝外扰兼具相当的防御性能，形成一个安定舒适的生活环境。

四合院的形状、大小，单个建筑的形体等，只要略经调整，就可以适合中国不同地域的条件，因此，中国大江南北，几乎都可以见到四合院的身影。在所有的四合院中，北京四合院是最具有代表性的。

北京四合院是北方院落民居中的典型形式，也是北方院落民居中营造及文化水平最高的一种形式。

北京四合院的历史可以追溯到元代。公元1276年，元代在北京建都后，开展了大规模的城市建设。元世祖忽必烈还特别规定了建宅的一些条例、等级等，“昭旧城居民之迁京城者，以赀高及居职者为先，乃定制以地八亩为一分……听民作室”。“赀高”指有钱人，而“居职”就是指在朝廷做官的人。于是，元朝的贵族、官僚就按此规定，在元大都城盖起了一座座院落。

这些院落之间是供人行走的通衢街道，称为“衚通”。元末熊梦祥所著《析津志》中就有关于“衚通”的记载：“大都街制，自南以至于北谓之经，自东至西谓之纬。大

并连式四进院落

街二十四步阔，三百八十四火巷，二十九衖通。”“衖通”其实就是我们今天所说的胡同。胡同与胡同之间就是大片的四合院住宅。

元代的四合院，目前在北京已无实物留存，所能参考的遗址、绘画等也较少。明代的四合院住宅，保留至今的除安徽、山西等地有少量实例遗存外，北京四合院民居已极难见到实物。清代时的四合院，在北京有很多的遗存，并且至今仍在使用，成为当今北京古都文化的一道特色风景。

清代最具有代表性的居住建筑是府邸宅第，也就是官僚、地主、富商们居住的大中型四合院，之所以称之为宫室式宅第，主要因为它在规制、格局方面承袭了古代宫室建筑的特点。这种大中型四合院均设有客厅、饭厅、主人房、佣人房、车、马房等，院落重重，气派豪华。

明清北京四合院与元代时的四合院有较明显的变异，如院落布局的变化，工字形平面的取消，占地面积的减少等。由元代的四合院遗址中，可以看到其前院面积较大，而明清时的四合院则是前院面积小而后院面积较大，分配更趋合理。

北京四合院集各种民居之所长，在华夏诸民居建筑中堪称典范。北京作为六朝古都，长期居住着贵族、士大夫，这些阶层人士对家居环境的高要求，从各个方面促进了北京四合院的发展与完善。再加上北京地区的地理位置、气候条件、风俗民情等的制约，共同促成了北京四合院独具特色的建筑文化。

四合院与胡同相结合，并有序地排列在胡同的两侧，胡同的走向与四合院的方位有着直接的关系。

北京的胡同以东西走向为主，尤其以北京内城最为明显。四合院分列在胡同南北两侧，形成坐北朝南的街北院落和坐南朝北的街南院落。此外，还有一些沟通两条相邻胡同的直胡同，即南北走向的胡同，而分布在这些胡同两侧的宅院，就成为坐西朝东的街西院落和坐东朝西的街东院落了。这样，北京四合院住宅就有了以街北、街南为主，街西、街东为辅的四个基本方位。

地处外城的一些居住区，四合院形式相对自由，大多未经过规划。胡同形式有斜胡同、直胡同、短胡同、窄胡同等，因此，院落的方位也呈现出多样化，情况较为复杂。虽说有这么多的方位形式，但最主要的还是坐北朝南形式，这是由北京的地理与气候条件决定的，这样的住宅方位选择朝向好，会使人们的家居生活更为舒适。坐北朝南的四合院，正房正好是坐北朝南，而其他不是坐北朝南的四合院，也尽量将正房建成坐北朝南式，以取得好朝向。

四合院根据进数的不同分为几种不同的格局，包括一进院落、二进院落、三进院落、四进及四进以上院落、一主一次并列式院落、两组或多组并列式院落、主院带花

与自然融为一体的某四合院民居

北京某四合院正房

园院落等。

一进院落是最基本形的四合院，由四面房子围合而成，院落的正房一般为三间，两侧各有一间耳房，成三正两耳的五间式，也有不足五间的宽度，而将两侧耳房各建成半间的，这称为“四破五”式。正房南面两侧为东西厢房，各三间。正房对面是南房，也称倒座房，间数与正房相同。如果没有倒座房，则称三合院。

二进、三进、四进等形式的四合院，是在一进院落的基础上的纵向扩展。相对来说，二进院落是比较小型的四合院；三进院落属于中型住宅，被人们称为标准型四合院；四进及以上院落则属于大型住宅了。

如果在一座独立院落的一侧再加一排房子和一个院落，则形成一主一次的并列式院落。这是为了适应宅基地宽度，大于一个标准院落，而又小于两个标准院落而产生的四合院形式。为了充分利用宅基地，在确定了主院的尺度、格局之后，再将剩下的部分建成一个附属院落。

如果并列式的院落大小相等或相近，则属于两组并列式，一般为旧时有俩兄弟的大户人家所建。更大型的院落群则为三组并列，这在北京一般宅院中不多见。

并列式院落都是属于横向发展的四合院形式。

四合院内植栽

四合院内宽敞露天的院子，使人在家中即可观看天上日月星辰，欣赏地面花草树木，这源于中国人对土地与自然的无限热爱。

总体来说，北京四合院主要是由大门、倒座房、影壁、垂花门、屏门、正房、厢房、耳房、群房、廊子、围墙等单体建筑或要素组成，并且是按一定的原则安排的。

四合院规模的大小，也表示了一定的等级和主人的身份，而四合院的大门也是要与此等级相适应的。

门是民居的脸面，有财势的人家将大门修建得华丽突出，即使一般人家，也很讲究大门的装饰。因此，四合院的大门形式多样，内容丰富，变化多端。

北京四合院的大门有多种等级，旧时人们只要看到大门，就能知道房主的身份。北京四合院大多是将倒座房辟出一间作大门，当作大门的开间屋顶要比其他屋顶高，两侧的墙也较突出一些，地基也铺垫得高，高出外面的街面，以增添气势。房主由院内出来，有居高临下之势，而客人由外向内进，又有步步高升之意。

广亮大门是北京四合院大门的基本形式，也是各种四合院大门中等级最高的一种。过道在门扇内外各有一半。广亮大门是贵族人家才有的大门，清朝时，只有七品以上的官员宅子才可以建广亮大门。

大门上有两扇门板，下为高高的门槛，两侧配有一对抱鼓石。抱鼓石是外形做成鼓状的门枕，由古代的仪仗演变而来，放在门前，既有对来宾的欢迎之意，又可衬托大户人家的气势，显现出隆重庄严的感觉。两侧墙上凹陷的长方形墙面装饰叫做邱门。如果以白石灰涂抹的就叫软心邱门；如果是暴露砖石的清水砖墙，则称硬心邱门。其中以水磨砖拼成的邱门是等级最高的。大门前设有台阶，台阶两边立有上马石，以供主人上马时踏脚，多为武官所用。

广亮大门的屋顶为硬山式，上覆小青瓦。屋顶两端与山墙墙头齐平，山墙墙面上端裸露，没有屋顶遮挡，显得质朴硬实。上面常常设跨草屋脊形式，也就是在正脊两端以雕刻花草的长方柱体结束，并以似翘起的鼻子作装饰。屋檐下的雀替和大小额枋之间均为飘逸的云形装饰。

略低于广亮大门的是金柱大门。两者形式相近，只是金柱大门的门扇装在了中柱和外檐柱之间的外金柱位置上，因此，门扇外面的过道浅，而门扇里边的过道深了。此外，金柱大门的屋脊往往为平草屋脊，正脊两端用雕刻花草的盘子和似翘起的鼻子作装饰。金柱大门门前的台阶不似广亮大门的台阶两边有垂带，而是前、左、右三面均为阶梯，都可踩踏。

蛮子门又比金柱大门低一级，它的门扇装在靠外边的门檐下，气势不及广亮及金柱大门。但其里面的空间很大，可以存放物品，较实用。蛮子门前的台阶有时用古老的礓礤式，台阶不是一级一级的，而是用砖石的棱角侧砌成洗衣板面似的坡路。蛮子门有时为卷棚顶，上为鞍子脊，也就是说在卷棚的两坡相交处，不像通常那样做成一条正脊，而是做成圆形，似马鞍一般。屋檐下的处理，也往往不似广亮与金柱大门般，暴露里面的木结构，而是砖墙一直砌到屋檐下，称作封檐。

比蛮子门更低一级的是如意门，这种大门正面除门扇外，均被砖墙遮挡住。早期的许多如意门是由广亮大门改装的，平民买了贵族宅子，不敢逾制，将之改建。顶部为形式简单的清水脊，是一种没有复杂装饰的瓦作的脊。如意门上有一种特有的装饰叫砖头仿石栏板，位于屋檐下，上面有漂亮的雕刻图案。此处也是如意门的重点装饰部位。

再低一级的大门称为窄大门，其宽度只占半开间，除了门框和门扇外没有任何装饰，屋顶也和左右房间的屋顶一样高。上为硬山屋顶。

一般百姓所建的只能是小门楼了，这是四合院大门的最低一级。小门楼没有过道，没有台阶，只是在院墙上做个小屋顶，就是普通人家四合院的大门了。

因为大多数北京四合院都选择朝南方向，所以大门也多设在南面，但却是在院落的东南角处，这是为阻止外人对院内一揽无遗，以保持居室的私密性。

除了门的朝向带有保持宅室私密性的功能外，影壁也是保持住宅私密的重要组

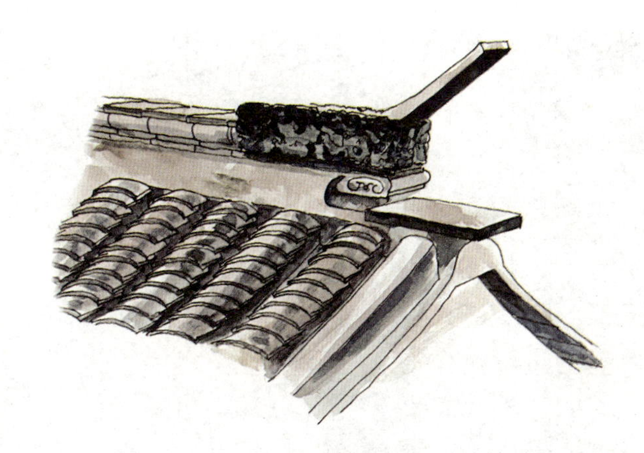

北京四合院跨草盘子清水脊

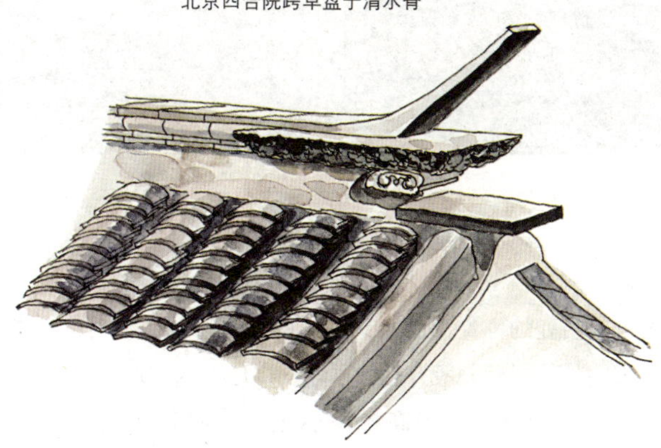

北京四合院平草盘子清水脊

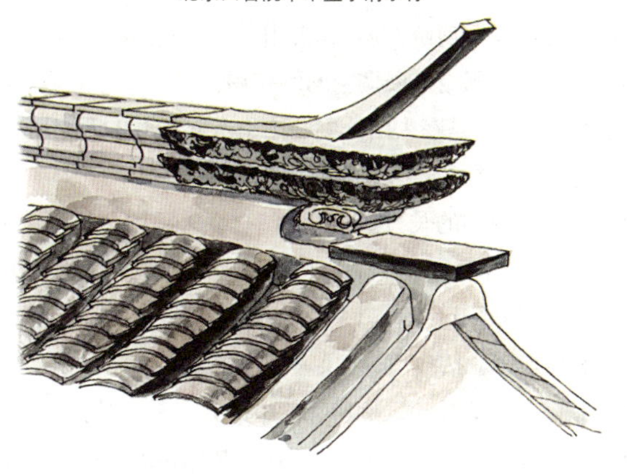

北京四合院平草双盘清水脊

北京四合院影壁

成部分。

影壁根据其所处的位置，可以分为两种，一是立于大门外的影壁，一是立于大门内的影壁。大门外的影壁一般有三种，即一字形、八字形、燕翅形。

一字形影壁中，既有一堵通高墙形式，也有中间高两边低的三段式，墙的下面为须弥座，顶部用砖雕出檐、椽，上盖筒瓦屋顶，中部的墙身是清水墙加花饰雕刻。

八字影壁的两边墙体向前斜着伸展，占用了胡同对面的一些空间，有利于本宅车马的停放和回转。它起到限定与强调空间的作用。

燕翅影壁也称撇子墙，是在大门外侧两边呈八字撇开的两堵墙，做法与一般影壁相仿，起着扩展大门前视野和增加建筑气势的作用。

四合院俯瞰如一个封闭的长方形，由大门进入外院向西行可见到客房、男仆房、厨房和厕所等建筑。外院也就是倒座院，倒座院前的房屋称为倒座房，是整座建筑的最前方一排房屋。之所以称为倒座房，是因为房门都朝向中心院，也就是都朝向后方。一般来说，倒座房最东面是私塾，旧时供家族子弟读书的地方。私塾西边就是四合院的大门，再西面是门房或男仆房。倒座院的中部几间屋，是接待平常客人的地方。

在外院正北有一座垂花门，因梁架下的柱子是不达地面而上悬在空中的，并且悬空柱头的下端有雕花装饰，仿佛倒挂着的一朵花，所以称为垂花门。垂花门的造型玲珑精巧，装饰非常华丽。垂花门也称二门或中门，是分隔内、外宅的一道门。四合院里的垂花门，有两种较常见的形式，一是一殿一卷式，二是单卷棚式，其中又以一殿一卷式最普遍。

一殿一卷式的垂花门，造型美观，装饰华丽，屋顶由一个带正脊的悬山和一个卷棚悬山组成勾连搭形式，这也是一殿一卷式名称的来由。一殿一卷式垂花门有四根柱子，前两根称前檐柱，后称后檐柱。单卷棚式垂花门，屋面构成比较简单，仅有一个卷棚悬山。这种垂花门的屋面形式没有一殿一卷式丰富，并且屋面较高，不适用于院落较小的住宅。

通过垂花门，就进入了内院，即主院。主院的平面近似正方形，较外院宽阔的多。北面是正房，为四合院中最大、最主要的房间，是举行家庭礼仪与接待贵宾的地方，一般采用七檩前后廊的构架形式。正房左右各接有耳房，耳房前还辟有小巧的角院。角院地面不铺砖石，常用来栽植花木，是个非常安静清幽的地方。正房是家中长辈的居住之处。

主院的两侧是厢房，位于内院与主轴线垂直的副轴线上，为儿子等晚辈的住所。厢房无论在开间、进深，还是高度上，都小于正房，标志着它在四合院中的次要地位。厢房一般为三开间。

主院内各房均有前廊，再以抄手游廊连接垂花门，则四廊皆通，在房与院之间形

北京某四合院垂花门

成了一个特别的空间，既不若房的封闭，又不似院的敞露。雨天时去其他房间也不会被雨水打湿。

更寓意家人之间要经常相聚谈天，提醒家庭成员要互助互爱，互相扶持。

比较典型完整的四合院中，正房的后面还有一个稍窄的院落，院北为后罩房，是四合院最后部具有私密性的房屋。正中部分为房主女儿居住的房间。有些四合院的后罩房，被建成二层楼的形式，称作后罩楼，这是一些较大型住宅较常采用的。

四合院对外封闭而对内开敞的格局，显现出一种向心凝聚的气氛，可以说它是中国人内敛、谦让的性格在居室上的表现。

四合院的装修，分为外檐装修和内檐装修，都是四合院住宅的重要组成部分。外檐装修是指位于室外或用来分隔室内外空间的装修部分，内檐装修是指用于室内的装修部分。中国传统建筑将木质的门、窗、帘架、隔断、楣子、罩、天花，等等，统称为装修。

北京四合院的外檐装修主要有街门、屏门、槅扇、帘架、窗、楣子、什锦窗等。

街门，指安装在宅门柱间或墙壁洞内的木质门框、门扇及附属构件，分为两类，一类用于广亮门、金柱门和蛮子门，一类用于如意门、西洋门和随墙门。

用于广亮等大门的街门，由槛框和门扇及其附件组成，槛框部分包括抱框、门框、

四合院秋意

中槛、下槛、走马板、余塞板、余塞腰枋、连楹、门簪、抱鼓石等，门扇部分主要为对开的棋盘门，是由门边、门轴、门心板等构成的木质大门，街门外面装饰有铜制门钹用来扣门，门扇下角处附有保护门板的铁皮包叶，呈如意状，称壶瓶叶子。

用于如意等门的街门，相对简单得多，门口仅有上下左右四框，门扇对开，下有门枕，上有连楹。门扇的做法与广亮等大门的街门类似，只是体量较小。

屏门在四合院中的运用主要有两处，一是垂花门的后檐柱处，一是第一进院内宅门两侧。屏门起着屏蔽作用，可以遮挡外人的视线，但没有防御功能。用于分隔空间的屏门有纯木质的，也有砖隔墙安木质门的，因为空间变动时，木门拆起来较为方便。垂花门后檐柱屏门是专为遮挡外宅视线的，没有特殊事情时是不打开的。

四合院的槅扇门安装在正房或厢房的明间，一樘四扇。而次间则安装支摘窗，设在槛墙之上，是北京传统民居运用最多的一种窗式。

槅扇门一樘四扇，平时只开中间二扇，但作为居室用仍然太大，不利于冬季保暖、夏季防热。因此，人们在两扇外侧贴附帘架装修，既限定了门口的尺寸，又方便悬挂门帘。

楣子有倒挂楣子和坐凳楣子之分。倒挂楣子装在房屋外廊檐枋下，是悬挂着的，

北京灯草胡同某四合院院景

青松翠竹掩映的四合院垂花门

有棂条、雕花两种形式。坐凳楣子安装在房屋外廊檐柱之间，可供人落坐休息。

什锦窗是一种装饰性极强的漏窗，多用在园林建筑中，具有美化墙面、沟通空间、借景、框景等作用，四合院住宅中也较常用。应用的部位主要是垂花门的东西两侧回廊的墙面上，起着同时装饰外院和内院的功能。什锦窗的形状多种多样，花卉、蔬菜、水果、器皿、几何图形等均可作为其形状，具体如梅花、寿桃、书卷、扇面、玉瓶、笔架、灯盏、玉壶、六方、八角、月洞，等等。什锦窗的主要魅力来自它多变、极富艺术性的造型，同时也来自窗套的色彩与装饰。

四合院的内檐装修，主要有碧纱橱、罩（包括几腿罩、落地罩、花罩、栏杆罩等）、博古架、板壁、天花等部分。

碧纱橱是用于室内的槅扇，常装在进深方向的柱子间，由外框和槅扇组成。外框包括上槛、中槛、下槛、拖框、短抱框，构造与外檐槅扇边框相类。碧纱橱的槅扇数量由房间进深大小决定，一般有六、八、十、十二扇不等，多为偶数。碧纱橱主要用于分隔空间，但要留门以利通行。碧纱橱因采用两面夹纱做法而得名，所夹绢纱，或为单一素色，或在灯笼框中心空白处绘画题诗，十分雅致。

罩一般也多用在进深方向，与碧纱橱不同的是，罩在分隔空间的同时，还有沟通空间的作用。其中的几腿罩是最简单、最基本的一种，其他的罩都是由它发展而来。几腿罩由上横槛、中横槛和两根抱框组成，横槛之间是横披，分为五当或七当，空当内安装棂条花格横披窗。中槛和抱框交角处各安花牙子一块。这种罩立面看上去像茶几，而两侧抱框就像几腿，因而得名几腿罩。在几腿罩两侧贴抱框各附一槅扇，即成落地罩。栏杆罩即是带有栏杆的花罩。

跨山影壁

博古架又称多宝格，是兼有装修和家具双重功用的室内装饰，既可分隔空间，又能于格内陈列古玩、器物等，所以要有一定的厚度。

板壁是分隔室内空间的板墙，其构造是在柱间立槛框，再于槛框间满装木板，木板表面刨光，或糊纸，或油饰彩绘，或雕刻，别有一番意味。

除了内外檐装修以外，砖雕、石雕、木雕等在北京四合院装饰艺术中也占有相当比重。

北京四合院的砖雕，主要装饰在门头、墙面、屋脊等较醒目的部位，如宅院门头、影壁、廊心墙、看面墙、廊门筒上的门头板、槛墙、什锦窗、栏杆、屋脊等处。砖雕的题材也极为丰富多彩，有松、竹、梅、灵芝、石榴、水仙等自然花草图案；有如意、柿子、牡丹、寿桃等组成的吉祥图案；有青铜器皿、酒具、瓶、书案、博古架等博古图案；有法螺、宝伞、莲花、法轮等宗教法器图案；有《西游记》、《红楼梦》等人物故事，等等。

北京四合院的石雕，主要包括有抱鼓石、滚墩石、挑檐石、角柱石、泰山石、陈设墩、绣墩等。

抱鼓石装饰于宅门口两侧，细分为圆形鼓子和方形鼓子两种。这两种鼓子石都与门枕石连做在一起，门枕石位于门内，抱鼓石位于门外，两者以宅门的门槛为界。

圆形鼓子多用于大中型宅院的宅门，一般分为上下两部分。上部为圆形鼓子部分，约占鼓子全高的三分之二，由一个大圆鼓和两个小圆鼓组成，大圆鼓中心为花饰，两边有鼓钉，鼓面有金边，两个小鼓是大鼓下面的荷叶向两侧翻卷形成的腰鼓部分；下部为须弥座，与一般的须弥座一样，由上枋、下枋、上枭、下枭、束腰、圭角等部分组成，不同的是，在须弥座的三个立面有垂下的包袱角，上有精美的雕刻。

圆鼓子上面的狮子，有趴、卧、蹲等不同形态。趴狮的狮身基本含在圆鼓中，只有前面的狮子头略微仰起，几乎不占立面高度；卧狮与趴狮相比，占据一定的高度；蹲狮则是前腿站立，后腿伏卧，头部扬起，比卧狮所占立面高度更多。

方鼓子比圆鼓子略小，多用于体量较小的宅门，如小型的如意门、随墙门等。方鼓子由幞头和须弥座两部分组成，幞头上刻有卧狮。因为其主要部分是幞头，所以又称幞头鼓子。

抱鼓石上的雕刻多为花草鸟兽、吉祥图案等，如莲花、牡丹、宝相花、卷草、狮子滚绣球，及麒麟卧松、犀牛望月、松鹤延年等等。

滚墩石上的雕刻、装饰与抱鼓石大致相同，其实也就是两面对称的抱鼓石，所以有些地方便将之称为抱鼓石。它用于独立柱垂花门或木影壁根部，既起着稳定垂花门与影壁的作用，又富有装饰效果。

较为讲究的四合院，墀头上的挑檐采用石构件，称为挑檐石。挑檐石端头的形状，是由半混、炉口、枭三部分组成的曲线，表面一般不雕刻。墀头下碱部分的角柱石，一般也不雕刻。

泰山石又称泰山石敢当，有避邪作用，多立于宅院外墙正对街口的墙面上或房角正对街口处。常见的泰山石高约1米左右，上端多刻成虎头形状，虎头下面刻着“泰山石敢当”字样，镶嵌在墙面或专为其建造的影壁上。

有些宅院中会摆放盆景、奇石等供观赏，放置盆景、奇石的石墩称为陈设墩。陈设墩多用汉白玉或清白石制成，表面遍饰各种花纹，本身就极具观赏性。而在庭院供人坐息的石墩则称为绣墩，一般雕制成鼓形，表面也雕刻各种花纹或吉祥图案。

四合院的木雕装饰主要应用于宅门、垂花门、槅扇、碧纱橱、风门、花罩、栏杆等处。

宅门木雕刻主要在门簪、雀替、门联等部位。门簪雕刻主要用在正面，且多为贴雕，题材主要有四季花卉牡丹、荷花、菊花、梅花，以及福、寿字等。雀替多采用剔地起突雕法，内容以蕃草纹居多。门联雕刻多采用隐雕，刻在街门的门心板上。

垂花门木雕主要在花罩、花板、垂柱头部分。花罩内容多为松竹梅岁寒三友、子孙万代葫芦、寿桃蝙蝠组合的福寿绵长，以及万字纹、回纹、寿字纹等。垂花门正面的檐枋和罩面枋之间由短柱分割的空间内嵌有透雕花板，雕刻以卷草和四季花草为主。垂花门的垂柱头是雕饰的重点部位。

第二十九讲

晋中、皖南商人住宅

皖南与晋中的商人住宅，是当地人外出经商以后建筑的民居形式，此类民居的出现，除了由当地的地理与自然环境等因素决定外，历史条件更为重要。不论是皖南还是晋中都是如此，因此，两地民居在产生背景与居住文化方面有许多共通之处。当然，其各自的建筑特色也是较为分明的。

皖南民居是中国民居中极为精美细致的一种民居形式。

皖南民居俯视图

绿树掩映着的皖南某祠堂外景

皖南地区在宋、元、明、清时期，被称为徽州，是中国开发较早的地区之一，历史悠久，就拿徽州的黟县来说，它在秦代时就已设立了，并且近两千年中未更改过县名，这在整个中国都是很少见的。唐代时，徽州曾包括歙县、休宁县、黟县、绩溪县、婺源县、祁门县等六县，因此被称为“一府六县”。

历朝历代的不断开发，自然创造了皖南地区的繁荣，徽州文房四宝、新安画派、徽派园林等，都曾盛极一时。明代著名戏曲家汤显祖，还曾因不能应友人之约去徽州，遗憾地写下了一首诗：“欲识金银气，多从黄白游，一生痴绝处，无梦到徽州。”“金银”指富贵，“黄白”则是指黄山和白岳，这不但从一个侧面反映了当时徽州的盛状，同时也描绘了徽州那令人向往的优美的自然山川景致。

徽州地处山川丘陵之中，其西北部是黄山山脉，东南部则是天目山和率水，新安江及其支流则蜿蜒其间。域内丘陵的面积占十分之九，盆地面积仅占十分之一，却居住着域内多达半数以上的人口。总体来说，此地气候温和湿润，雨水丰盈，农作物以水稻为主，人们生活相对富足。

富庶的生活带来的是人口的增多，因此使得耕地面积相对减少，很多徽州人只好外出经商谋生。大约在明代中叶以后，徽州人开始经营盐业，进而操纵了长江中下游的金融，很多的经商者身家达百万，而且商人们多将所赚钱财带回家乡，用以置宅院，建祠堂。这使得当地民居又得到了进一步的发展。

当然，钱财有了，可是土地却并未能如钱财般增加，因此建筑面积自然受到地少的限制，而人们又不想把房屋建的太小，所以只好将中心院落缩减，如此一来，院落就成一个天井形式了。再加上，男人在外经商，家中只有妻小，房子就要格外的私密，所以房子以高墙围合，只留有一个小小的入口。这就是皖南民居最主要的特点。

皖南民居间的窄巷

此外，由于人们外出经商，不再经营土地，自然也就无需农具，民居内也不再设置存放农具的空间。取而代之的是雕梁画栋、书画满堂。较大的庭院中，还堆有假山，辟有水池，形成美丽的花园景致。民居越发的精美考究。

皖南地区三面有山环绕，仅在西南面较远的山脉处留有缺口，这在风水中被称为“气口”，住宅应该面向这个气口，同时，偏西南方向冬季日照角度较小，日光可以更深地照入房间之中，所以民居多朝南偏西20～30度。民居的占地总面积一般不大，这也是当地的习俗决定的，孩子长大成人后外出经商或做官，多自立门户，所以民居也多是一家一户，较少大型住宅。

民居平面多是方形，建筑密集，多为二层楼。由各座房屋组合成院落的形式，而基本的院落形式是三合院和四合院。在三合院、四合院的基础上，又变化组合出两个三合院、两个四合院、一个三合院和一个四合院相结合等形式。一般来说，正屋较宽敞，侧面厢房较为狭窄，廊屋则仅是联系的过道。

三合院是一个正厅和左右厢房，围合一个天井。三合院多为一进两层民居，正屋面阔常为三开间。楼上明间作为祭祀祖先牌位的祖堂，左右次间作为卧室；楼下明间作为客厅，左右次间作为住房。三合院是皖南民居中最简单、经济的院落形式，被广泛地采用。

四合院比三合院前面多了一个倒座房，带有门厅，因而成了三间两进形式，也多

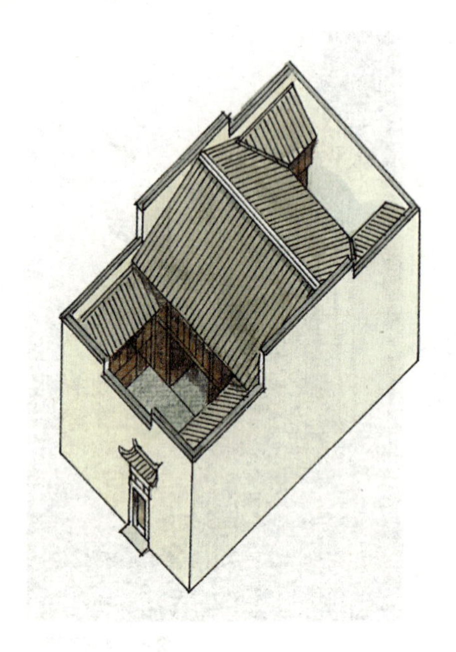

两个三合院形式

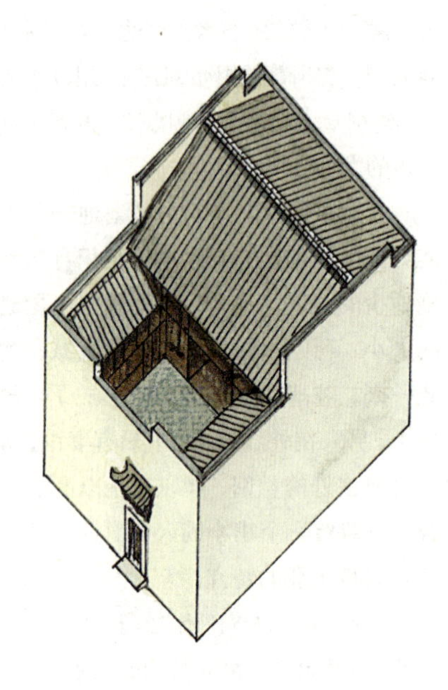

皖南民居三合院

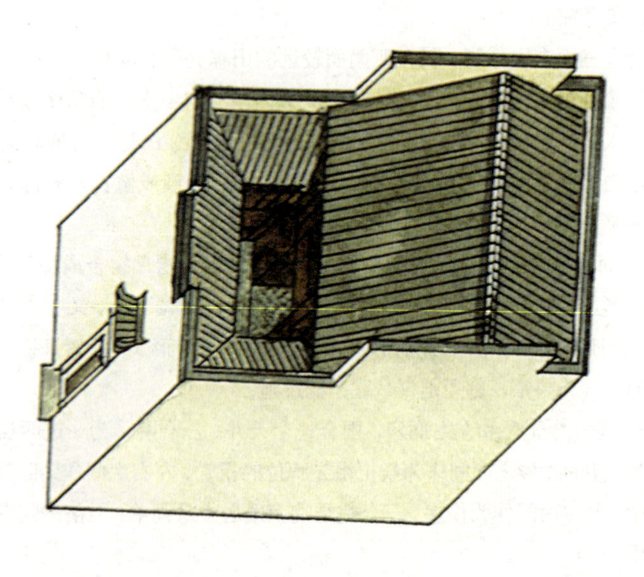

皖南民居四合院

为二层楼房。第一进楼下明间为门厅，两边为厢房，楼上明间是正间，两边是卧室；第二进楼下明间是客厅，楼上明间是祖堂。两进之间是长方形的天井，两侧沿着墙壁是廊屋，里面设有楼梯。四合院的倒座房是为了增加天井的气势，并显示家庭的实力而设置的建筑元素，实用功能并不是很大，所以四合院多为较富有人家所建。

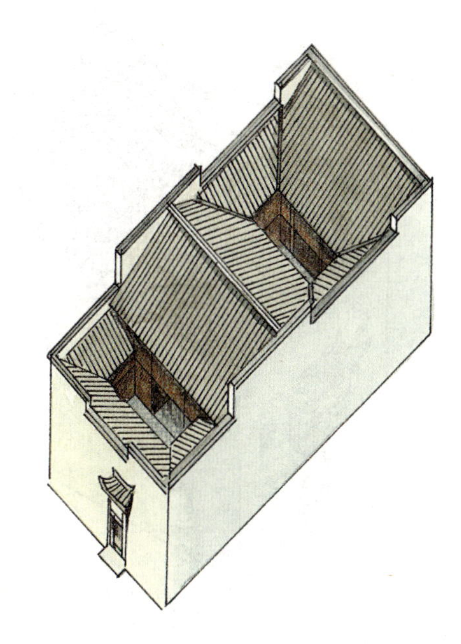

两个四合院组合

两个三合院形式，是将中间厅堂分为前后两个空间，供前后两个院落使用。两个院落背对背，各有一个天井。这样仿佛是中间两个厅堂合一个屋脊的形式，当地俗称“一脊翻两堂”。

两个四合院的形式，有上、中、下三个厅堂，两个天井。上厅堂是祭祀五代以内宗亲的地方；中厅堂供奉天地君亲师牌位，是家政中心；下厅堂即门厅，是为烘托气氛而设置的。一个三合院和一个四合院的形式，与两个四合院的形式相比，前面没有下厅堂。

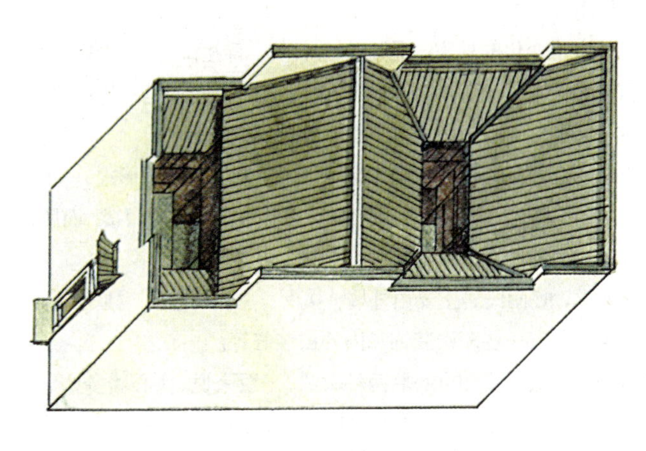

三合院与四合院组合

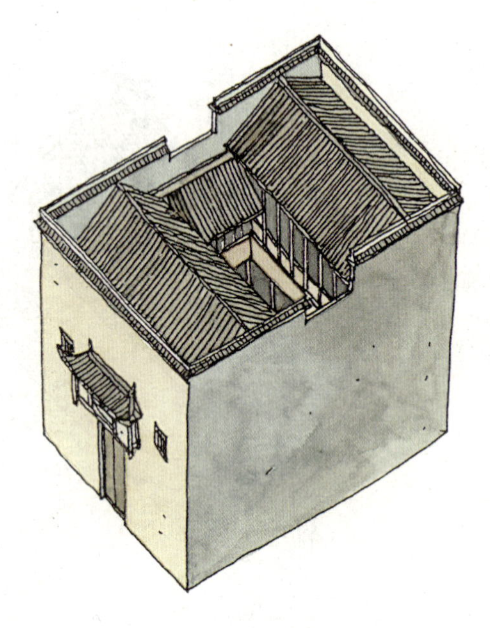
皖南民居小天井

在一条纵轴线上前后院落的排列俗称“步步升高”。每一个院落都有一个正堂，四层院落叫四进堂，五层院落叫五进堂，皖南甚至有九进堂的。每进一堂便升高一级，风水上谓“前低后高，子孙英豪”。

皖南民居的造型，内部为楼房形式，厅堂为人字形屋顶，大多三开间，中间开间楼上楼下都是不带窗的敞厅形式。厢房是单坡屋顶，楼上楼下都有槅扇门窗。无论是正房还是厢房，都是木结构朝向院落，外围一圈由高墙围合。所有的屋顶都是向院内倾斜的，一旦下雨，水都流向院子里，呈“四水归堂”之势，喻意“财不外流”，表达了人们的美好愿望。

院落四周的高墙是白色的，配上黑色的屋瓦，被称为粉墙黛瓦。墙体下部是石料垒砌的，石料雕凿方整，所以砌的墙面严丝合缝。墙的拐角处下部有石料作保护，同时起着装饰作用。

围墙上最富于变化的地方，是墙体上部以小青瓦做成的屋檐。此屋檐类似人字形，檐上还有屋脊。墙体上部的边缘线不是呈水平直线，而是安排一些台阶状的折线，类似马头墙的形式。并且折线变化多样，让人百看不厌。

围墙的前部正面是院落的大门。皖南民居的大门有两种形式，一种是门楼式，一种是牌坊式。门楼式大门，在门上部有一个凸出的屋顶状若门楼；而牌楼式大门则在大门的上方和左右的墙面上，凸出一个牌楼形状的装饰。

从细部来说，皖南民居主要由外墙、楼面、屋面、地面、柱子、梁架及栏杆、楼梯等部分构成，另有一些彩画装饰和内外檐装修等。

民居的外墙有实心墙和空心墙两种做法，一般来说，实心墙多见于明代时修筑的建筑中，而空心墙做法则出现于明末。明代建筑外墙的下部没有台基和群肩，只在墙角有转角石，外墙柱子也多与外墙不相连，而清代时的建筑中常有石块砌成的群肩，

皖南某民居内院

还有做成各种花纹的，边柱角柱也多呈半嵌入外墙内的形式。

明代所建楼面的做法一般是在梁上架搁栅，上面铺楼板。搁栅之间距离0.2～0.3米左右，直径约0.1米。小型住宅楼板面与檐柱相平，大型住宅楼板面则稍微超出檐柱。

皖南民居的屋面坡度都较为缓和，均有举折，椽子做成方形，明末开始使用飞檐椽。屋面铺设蝴蝶瓦，明代时瓦片较大，瓦下多铺设望板或薄砖，而不是草苇，显示出当地人的经济实力。

皖南地区气候湿润，所以铺地的材料多考虑到防潮效果。天井地面多用石板铺砌，较大型住宅地面用方砖正铺或斜铺，较小型住宅则有用墙砖侧铺的。

明代所建的民居中，柱子多做成中间粗两头细的梭形。柱础的形式则相对丰富多彩，简单的仅用方形、圆形、八角形石块，复杂一些的则雕出基座、础身、盆唇等。其花式是越近清末越繁复。

皖南民居的梁架多为彻上露明造，匠师们在适当装饰的原则下把结构与美观融为一体，并保持了与其他部分的统一性。简单的梁架做法是穿斗式琴面月梁，较华丽的大型住宅梁架则采用穿斗、抬梁相结合的做法，月梁粗大浑圆，并施以精雕细刻。而斗栱、鹰嘴、出檐等其他构件的做法，也都极富于地方特色。

皖南民居上层窗口下常设有一圈雕饰精美的栏杆，面临天井，其造型优美，雕刻手法高超，并有很高的艺术性。普通栏杆的高度与窗口齐平，最初的造型也比较简单，但后来逐渐变为复杂华丽，充分利用了木制品的特性；弧形的栏杆多在檐柱间置座板，栏杆本身向外弯曲，凸出于檐柱外侧，形如靠背，所以被称为“吴王靠”或“美人靠”，其雕饰之精美非同一般。这些栏杆坐凳的装饰，都是围绕天井布置的，因为天井是皖南民居的观赏和待客中心。

皖南民居的楼梯，多设在天井两侧走廊处或堂屋后壁内，下端用石块垫起来，以防潮湿。在没有依靠的凌空的一面，多设有栏杆以保护行人的安全。

皖南民居的彩画装饰色调淡雅，满铺，并且是平顶部分色较淡而梁架部分色较深，深浅相衬，明朗舒适，是明代彩画中的珍例。不过，所存实例已不多见，仅有几处。如歙县西溪南黄卓甫宅内楼上梁架所绘彩画，是在黑色木底上绘白色单线卷草及云纹，用笔简洁，色调素雅。另有休宁县枧东乡吴省初宅内彩画，其大厅及厢房等的后部平顶处都是在淡灰色木底上绘制，且不作披麻捉灰，直接绘于木材上，其具体的画法是，先在表面上绘制精致而有规律的木纹，再用花与叶组成团科，疏落有致地点缀在天花板上。

皖南民居的装修主要是在门、窗部位。门板的做法在明代时有两种，一是用水

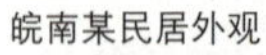
皖南某民居外观

磨砖块平铺钉在木板表面，多作斜方形铺砌；二是将整个大门用铁皮包住，在上面满钉大头钉形成装饰。门环多用铁制，做工精美。而在室内的房门上部，也有做装饰的，其中较为豪华的就有马鞍座木雕装饰。这些装饰除了美观之外，还有增加强度以及防火的实际功能。

明代所建住宅的窗子，主要有方格眼窗和柳条窗，并且是年代越早的窗格越细密。有些住宅的窗口外下部，还设有一截短的雕花木栏杆，当地人称为“槛达衣”。其花纹装饰几乎每家不同，颇富变化。

各个单体民居居于一处，构成了一个村落，而皖南地区盆地面积狭小，人们的宗族观念又很强，所以多聚族而居，形成聚居型村落。皖南村落较为重视水，以及村内道路的通畅，所以水口、水系、巷道、广场等，便成了其村落的构成要素。

皖南村落在村外500米左右的溪边都有一片树林，称为水口，其左右常有青山夹峙，具有守卫村口的意义。水口的附近还常常建有一些标志性的建筑，如亭、牌坊等。唐模村就在水口处建有沙堤亭和牌坊，后面还有一个小西湖，周围古木参天，形成天然屏障，是皖南村落的代表之一。

水是皖南村落极重视的，村落与水系有着紧密的联系，人们不仅在河道附近选定村址，还常常对天然水系加以改造，以获得更为满意的使用效果。对水系的改造方法很多，如筑坝、堆堤、挖塘、分流、疏导等，而筑渠引水则是最常用的方法，溪水沿巷穿越整个村庄，或穿庭入室，或傍宅而过，既方便了人们的用水，也是村内木制房屋的消防来源，同时也营造了一种民居与水相依相融的自然意境。更有些村落在水流的一处挖掘池塘，成为水广场，像宏村就以一个半圆形的水塘为中心，一面安排建筑了高大的书院与宗祠，另三面则建普通民居，形成以水为中心的开阔而宁静的空间。

这些水系除了实用功能外，还多成为村落一景。

巷道与广场的开辟，不但方便人们平时活动与行走，也使得村落民居显出高低疏密来，增添一种整体的美感与轻松感。特别是尽端处，常点缀有拱券、廊桥、牌坊等。

巷道多用青石板铺筑，以避免雨天地面过于泥泞，在村中的巷道上，往往建有更楼等具有特殊意义的建筑，成为街巷空间的节点和转折，同时，增加村落空间的层次感。村落中的广场就像村中的水塘一样，是巷道某处的扩大，或是若干巷道的汇聚处，这些地方往往集中交往、饮食、休息、游戏等多种功能，且店铺云集，热闹非凡。

由民居的形式、色调及村落的小桥、流水等，可以看出，皖南民居具有江南水乡的清新幽静情调，其色彩十分简洁、素雅，就像一幅幅传统的中国画。

粉墙黛瓦的皖南民居

与皖南民居相对应的是北方地区的一种商人宅居——晋中民居。山西省因地处太行山以西而得名，历史上曾为西周之地，春秋时则为晋国领土，所以简称晋或三晋。又因处于黄河之东，秦、汉、唐、宋时都称之为河东，元明时称山西，清代时置山西省。

山西全省面积约15万平方公里，分为晋中、吕梁山区、丘陵地区、雁门关以北的塞外地区。其中高原、山地、丘陵约占72%，分布在山西省的四周，而山西省的中间是一列串珠状的狭长盆地，汾水从中流过。晋中盆地地势平坦，土地肥沃，灌溉方便，交通也便利，是较为理想的生产生活之所。

由此可知，山西省以晋中地区最为富庶，自然、地理因素起着重要作用。自太原、太谷、祁县、平遥一直到襄汾的汾河流域，是山西省的人文荟萃之区，因而这一地区的民居也最具有代表性。

晋中民居豪华精美，闻名全国。早在商代时，当地就已被开发，西周时期已经有驻军筑城守卫。悠久的历史和良好的自然条件，使这一带一直十分富庶繁华，人口便不断增加，人均土地占有面积相对缩小，很多人便选择外出经商谋生。山西人比皖南人更看重经商，把经商排在第一位，其次是务农、行伍，读书只排到第四位。因此，到清朝初年，山西商人控制了近半个中国的经济。山西人经商致富后，便回

皖南某民居前临小河设美人靠

家乡盖筑房屋。

这些历史背景都与皖南地区的情况非常相似，因此晋中地区的民居形式也便与皖南民居有了很多相像之处。男人出门经商在外，家中只有妻小，民居的外部围墙高而严密的围合着院中居室；两地都十分注意节省土地，都是将住宅盖成楼房的形式，以便在较小的土地上，争取较大的使用面积，并且也是通过缩小院落面积，来增加房间面积的。

晋中一带民居也是合院的形式，常见的也是三合院和四合院两种，深宅大院则是这两种基本形式的组合或重复。

当然，山西民居造型还是极富当地特色的，这主要表现在屋顶、院落形式及院落大门的位置等处。

中国民居屋顶的主要形式是人字形，而在人们的印象中，单坡屋顶是穷苦人家借着城墙或挡土墙临时搭建的小窝棚上才会出现的。但在晋中地区，却是家家都采用单坡屋顶。

之所以采用这种单坡式屋顶，主要还是因为房主人外出经商，担心家中妻小受外界打扰，盖这种单坡屋顶的房子，外部的墙体也就是屋脊的高度，高大结实，院落围合起来以后就像是坚固的城堡，可以保障安全。高高的院墙还能防止冬季寒风

晋中民居中的船形反曲式斜坡屋面

的吹入。

山西民居的院落整体形式非常与众不同。平面上看是呈南北方向狭长，而东西方向窄小的形式。之所以采用这种形式，一是因为当地地处海拔800米以上的黄土高原，冬天很冷，经常刮西风，南北狭长的院落可以避免寒风的侵袭。又因为晋中地处盆地，夏天时，天气炎热，狭长的院落能减少日晒。

这种院落形式的形成，除了自然的因素外，还有一个人文的原因。居住在晋中一带的民众，特别喜欢深院。院落深长，院中分出多进院落，从前至后，有上有下，内外有别，区分出了长幼尊卑，很符合当地人们的宅院理想。

晋中民居的大门设置也与大多民居不同。它不是位于建筑前方的正中，而是在西南或东南角上。晋中民居大门的建筑方位遵照风水之说而设。按八卦将东、东南、南、西南等八个方位，分成两组，称为“东四宅”和“西四宅”，再结合房主人的生辰八字等因素，决定建成东四宅还是西四宅。晋中民居的大门多设在东南角，也就是设在“巽”的位置上，而堂屋设在后天八卦“坎”的位置上，俗称为“坎宅巽门”，也就是东四宅的一种形式。人们认为把大门放在东南方向上，不犯风水的忌讳，是一种稳妥的住宅布局方式。

像晋中这样将大门设在东南角的民居不多，另一处颇为典型的就是北京的四合院。

晋中民居的院墙造型也比较简洁，不过构筑得非常实在。就是以精良著称的皖南民居，其外墙也只是空心斗子墙，墙里面是空心的。至于其他民居，只有建筑外部才使用砖墙，里面一般都是直接暴露出木结构的。而晋中民居的砖墙是一色的青砖，墙体实实在在，非常厚实。院内的墙体也全以青砖砌筑，甚至院落、楼板的地面都铺满青砖。抬眼望去，满目青砖青瓦，呈现出典雅肃穆的风情。同时也使墙体更坚固并兼有防火的功能。

晋中民居上的装饰也异常丰富。装饰的重点集中在门、影壁、屋顶等处。

门楼的下方是精美的木雕图案，内容以植物为主，色调以石绿为主，地方色彩浓郁。影壁则以砖雕取胜，图案内容较为写实，结构立体，形象生动，构图不用对称布局，而是如一幅画，追求自然随意；色彩上大胆的采用黑色，显得厚重，带给人一种震撼。屋顶上的装饰更加多样，屋顶上的正脊高大，堪称全国仅有，正脊上的雕花与房顶上的烟囱形象不同，就连瓦当上的图案也雕刻得一丝不苟，与众不同。

晋商足迹遍及全国，因而其民居的影响面也很广。如陕西关中地区的民居，就与晋中民居形制类同，但因气候炎热，所以院落更为狭长；晋北的大同以及内蒙古的呼和浩特、包头一带，也是相似的形制，但因地处较为寒冷之地，为了多吸纳阳光，故院落比晋中民居稍微宽一些；陕北的榆林等地，虽和晋中较为接近，但因处在高原之地，低温干燥，所以院落就更为宽敞，便于接受更多的日照，以提高居室的温度。

晋中民居影响较大，数量众多，而其中较有代表性的实例有祁县乔家大院、灵石县静升镇的明清民居、太谷县的四合院等，并且几者之中又以乔家大院最为典型。

乔家大院位于山西省祁县的乔家堡村，位于山西省最为繁荣富丽的汾河湾地区，占地面积8700多平方米，建筑面积达3800多平方米。乔家大院不但是晋中民居的典型形式，也是山西民居的典型形式，更是祁县乡间民居的代表。

乔家大院位于一个方形的围墙之内，四周是全封闭的，墙面由砖砌筑，高10多米，上层是女儿墙形式的垛口。由外面还能看到一个个的更楼、眺阁，就像是城墙上的敌楼一样，很有气势。整体看来，在坚实的墙体掩护下，乔家大院就如一座稳固的城堡。

乔家大院围墙的里面，中间有一条巷道，巷道的外一头是宅院大门，对准大门的另一头是祠堂。宅院大门坐西朝东，与大门相对的是位于公共街道东侧的砖雕百寿图照壁，因为照壁上面刻有100个形态各异的寿字，且笔力遒劲，非同一般。大门内巷道的左右两侧各有三个大门，共六个院落。每个院落中又是两三进的小院子，院子的左右往往还有侧院。院落的总数达19个，而其中的房间更是多达310多间。如此复杂的布局，组成了一个富有变化的建筑空间。

虽然现在看来，乔家大院内的建筑是一个整体，其实六个院落建筑有先有后，并非营造于同一时期。乔家大院中最大的院落是一号院和二号院。它们的布局形式是祁县一带典型的“里五外三穿心楼院”，具体地说，也就是里院的正房、东西厢房都为五开间，外院的东西厢房都是三开间，里外院之间有穿心厅相连。而除了厢房外，倒座房、过厅、正房都是二层楼房。

一号院紧靠着大门，是乔家大院中建筑最早的院子，院子的前面是一个横向的长方形的倒座院，倒座院的房顶是平顶形式，沿中轴线死胡同一侧设有女儿墙，造型自然而颇有韵味。对准倒座院的大门的是一座雕有“福、禄、寿”字样的高浮雕的砖砌照壁。照壁上的图案内容是松鹤等动植物，主题明晰高雅，画面瑰丽动人。照壁上还设有一个神龛，更显得曲婉深沉，变化有致，给人一种跌宕起伏的感觉。

一号院的院门左右对称，秩序井然而有章法。在门楼内还设置有一对石狮子，造型生动，神气十足，衬托得院门威严庄重。从这个院门开始，往里的建筑逐层升高，到最后部的正屋还要上好几级台阶。这样的前低后高形式，符合风水中“前低后高，子孙英豪”的吉利说法。

乔家大院院落内景

一号院的前院，两侧是东西厢房，厢房的檐下都暴露出内部的木结构，称作露檐。而如果不暴露木结构，以砖块一直砌到顶部的，叫做封檐。使用木构架在传统民居中很有好处，中国民居基本都是木构架承重，外部即使砌砖墙也只是起着空间围护的作用，所以，民间有“房倒屋不塌”的说法。因为在没有高科技的情况下，砖与砖的砌合不可能达到特别稳固的程度，如果砖体墙遇到振动，砖块会很容易散落，但木构的架子却可以相互支撑而不倒地。

山西民居的房间的正面，不像南方的民居设有一排槅扇门窗，而是多使用支摘窗，门窗面积较小，房前也没搭建前廊，乔家大院当然也是如此。

所有的院落都有正、偏之分，乔家大院的正院为主人居住，偏院有客房、奴仆房和灶房。正、偏院之间有门相通，门上的装饰精美华丽。偏院都是平顶房，并且相对低矮。平顶屋顶部是厚厚的三合土，冬暖夏凉。从平顶和坡顶的功能上看，并没有多少差别。主要还是为了区分等级，坡顶的高度远远大于平顶，这显示出了主人高高在上的地位。偏院在地平线上也略低于正院，从偏院处观望正院，建筑高耸，气势逼人，给人一种压迫感。

乔家大院建筑中，最有特色的地方还在于人能上房顶。因为有一个小暗间搭设楼

山西乔家大院房顶上颇有意思的亭式与房式小烟囱

梯通向房顶。上去以后，能到达各个房顶。房顶上有为更夫设计的道路，宽窄不一，其目的是让更夫可以观察各个院落的安全；在坡顶房上的道路外侧设有女儿墙，以防止人不小心掉下去。如果相连的屋面高度不一致，则设置踏步以方便行走。此外，在房顶上还设有更夫楼，更夫楼是卷棚顶，虽然尺度不太大，但设计精细。更夫楼的设置给更夫提供了很多方便。更夫在楼上，居高临下，既能看到外围的情况，也能看到各院落的情况。

在整体的构成上，乔家大院的房顶非常有韵律。房顶由高到低，由低至高，起伏变化，抑扬顿挫，在反复、连续、交错、间歇中更是得到了淋漓尽致的表现。

除了房顶本身，在房顶上还可以看到很多有意思的小烟囱。有的做成小房子形，有的做成小亭子形，上面还有砖雕的门窗，结构清晰，惟妙惟肖。

乔家大院因为院落众多，门自然也就多了。每个门上都有繁复的装饰，其中的雕刻异常精细，同时每个门又各有特点。

如此大规模的乔家大院，其中的砖雕、石雕、木雕比比皆是。并且其雕刻常以素色表现，沉着、冷静而又淡雅生动，甚至每一个画面都是一个故事。

这些大的宅院也许不能完全代表当地民居的全部特点，但却极好地代表了当时商人所建大宅院的主要特色。

第三十讲

水乡民居

在长江三角洲广袤的平原上，以太湖为中心散布着中国著名的水乡城镇。

太湖平原由长江泥沙冲击而成，地势平缓，除了在太湖的北、西北、东北三面，零星分布着一些古海岛形成的孤立的小山外，大部分地区海拔都在10米左右。

地理地形经过漫长的自然变迁，以及当地居民为农业生产灌溉浚河修渠，形成了该地区现今蛛网般纵横密集的河道，而河流总长达4万多公里。在3万多平方公里的太湖流域之中，较大型的湖泊就有200多个，约占太湖流域总面积的10%。

太湖地区因东面临海，又没有高山阻隔，因而属亚热带海洋性季风气候。主导风向为东南风，年平均温度在15摄氏度，年平均降雨量在1000毫米以上，空气较湿润，但日照充足，四季分明。

丰富的水资源与温和宜人的气候，为其经济文化的发展提供了得天独厚的自然地理环境。

浙江绍兴民居旁小河

浙江乌镇民居前的水上拱桥

优越的自然地理条件，使这一地区很早就成为被开发区域，因而有着较为悠久的历史。由春秋战国，经秦汉唐宋，至南宋时已是全国农业经济最发达的地区。水乡的条件适合种植水稻、养殖鱼虾，因而江南水乡又被称为“鱼米之乡”；同时，温和、湿润的气候适于种桑养蚕，因而又盛产蚕丝。该地区工业以纺织和缫丝为主，明显是受到农业发展的影响。此外，该地区的手工艺品也异常精美，其中尤以苏绣最为闻名。

工业、农业、手工业的发达，及其产品的美名远播，促进了商业的发展，在城市与农村之间形成了贸易小集镇。民众为了交通、生活所需，又开凿众多运河、渠道贯通天然河道，形成纵横的水网。而民居的形式与自然条件和经济、文化等社会历史因素有着密切的关系。如吴江县的盛泽镇、松陵镇、同里镇、平望镇等地，民居均傍水而建，“贴水成街，就水成市”，形成优美的“小桥、流水、人家”的水乡集镇景色。

水乡集镇的总体布局框架，主要是根据集镇与水体的组构关系形成的，主要可分为四类，包括沿河流或湖泊一面发展的布局、沿河两面发展的布局、沿河流交叉处发展的布局、围绕多条交织河流发展的布局。前两种布局较为简单，尤其是第二种布局，在太湖水乡极为常见，太仓县的沙溪镇，就是这种布局的典型村落。

水乡集镇的构成要素，除河流与民居外，还有桥梁、码头、道路等。

浙江绍兴民居前的私用码头

虽然现今公路、铁路等交通都很发达，但对于江南水乡来说，水路交通仍然具有重要意义。水乡村舍临水而建，几乎除了房屋就是水道，出入主要由水道往来，因此船只是必不可少的交通工具，而上下船则要经过码头，码头是水路交通必不可少的组成部分，所以，各村落临河都建有码头。

码头由条石铺就，分私用和公用两种。私用码头是住宅的重要一部分，当地人称“河埠头”，其实也就是一些简单的临水踏级，家人可以在此洗涤、取水，还可在此从货船上购物。但因河道是公共交通要道，所以私用码头不能侵占河道，只能顺岸而建。公用码头设在方便公众出入的地段，如城镇水路进口附近，主要供公众洗涤、上下船只。条件较好的码头，往往利用天然地形或人工围合成小型避风港，以供船只停靠或装卸货物。此外，公用码头还是村落防火的重要取水之地。

有水之地自然也必有桥，桥既是连接交通的重要设施，也是水乡一景。在水乡的街河水面上，每隔不远就会有一座桥梁沟通两岸，甚至在池边和屋宇之间，也有各式小桥搭连，造型各个不同，生动灵巧，优美异常。更显出了江南水乡的动人风韵。

船只是水乡主要的交通工具，船要在水上行，所以水面上的桥梁自然不能太低，因此桥梁多为石拱桥，高挑上拱以利用船只从下面通过。而即使有少数的平桥，也往往架设得很高。而平桥的桥面平坦，利于车辆在上面行走。

桥梁的立面形式主要是考虑船只的需要，而桥的平面形式则主要与地形有关，根据行人的来往方向及河面的宽度等因素，桥面主要建成一字、八字、曲尺、上字、丫字等形式。

集镇中某些重要的桥头地带，人流往来相对频繁，并常常成为人流的集中地，因此，桥头处的居民多利用民居的底层开设店铺，小商贩和集市贸易也往往在桥头路旁展开。原以交通为主要功能的桥梁，实际上已成为商业活动的集聚地带，成为水乡城镇空间的转折和标志。

对于水乡来说，民居、桥梁、码头、河流等，都是它的组成部分；而对于水乡民居来说，桥梁、码头、河流等，又是民居不可分割的一部分。

水乡民居的房舍选址离不开水，因此，根据其与水面的远近、向背等关系的不同，可以分为多种形式。大致有以下几种。

背山临水（即正面临水）的形式。这一类建筑前部沿河而筑，后有山石可依。建筑与河道之间有街道，而临近街道的房舍大多为商业店铺。

两面临水的形式。假如河道拐一个90度的弯，或呈丁字形，或为十字交叉形，村落可选在河道拐角处，则建筑两面临水，在用水与交通上更为方便。

三面临水的形式。如三面被河道包围，或是村落类似半岛形深入河中，自然形成三面临水的形式。

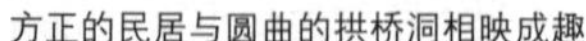
方正的民居与圆曲的拱桥洞相映成趣

因沿河地价较高，因此，在不影响河道船只运行的情况下，一般都会借取河面上的一些空间，作为自家屋舍的一部分。其借取的形式也有多种：

江南水乡吊脚楼

吊脚楼。建筑的一小部分伸出在水面上，此部分必须依靠木柱或石柱等来支撑。上部可以是楼房或阳台，下面还可以设踏步，以方便家人洗涤和取水。

出挑。利用大型的悬臂挑出，出挑大的可以成为房屋的一部分，出挑小的可以做檐廊，类似于阳台，最小的可以只挑出一根靠背栏杆到屋外，乘凉、晒太阳、观赏景色等，是个很好的地方。

水乡民居出挑

枕流。整栋建筑都建在河面上的形式。窄的河面可直接凌空架梁，宽的河面就要在水里竖立石柱，支撑上面的建筑物了。有些人家因为近河两岸都是自家房屋，便用“枕流建筑”把两岸的房屋连接起来。当然，“枕流”只能建在没有水路交通的地方，而且河面也必须是自家的私产。

水乡民居中的枕流

此外，“倚桥”也是一种借取方式，较为特别。因为它原是桥，但是被靠近桥的人家拿来作为民居的一面侧墙了。这样的借桥建

江南水乡倚桥民居

屋方式，能节约室内的空间，并且可以直接利用桥梁作为楼梯而无须另建，上楼也很方便。当然，“倚桥”是私产侵占公产的建筑形式，主要产生在法律不严的旧时。

水乡民居的单体建筑，因其所处基地环境条件的不同，以及屋主的经济实力、生活需求乃至社会地位等因素的差异，而有不同的规模形态。不过，总的来说，其建筑结构都是极为自由与灵活的，很少生硬、造作。民居的这种朴实、灵活的风格，恰与严格、规范的官式建筑相对照。

江南水乡地狭，因而民居的庭院多较小，主要用于房间的通风、采光。也因地面的小而珍贵，所以大多民居为楼房，以节省地面空间。高耸而轻巧的楼房沿河而建，倒映于河水中，美不胜收。再经来往船只的穿梭，河水荡漾，倒影变幻不定，更衬出江南水乡的活泼灵秀。

民居的基本空间单位是间，这与中国传统木构架建筑体系的建筑基本构成一脉相承。一般来说，临水的民居每户有一、二、三、四间不等，间的进深多是五、七、九等奇数，这样脊檩正好居中。

简单的、规模较小的民居，仅有一间平房或一楼一底。规模大的民居，是在小规模民居形式的基础上，沿横向增加间数，或沿纵向延伸并以“进”来组合，或者采取纵横结合的方式。以“进”来组合的民居，少的是两进，多的可达四进。进与进之间以天井作为过渡，以利于民居的室内采光和自然通风。

两进的民居，一般是以左右高院墙与前后房屋共同围合天井，形成较为封闭、静谧的内庭空间；或者是一面用高墙围合，另一面设单坡顶走廊，这样更利于前后两进房屋之间的交通联系。

参差错落的苏州水乡民居

屋脊装饰精美的乌镇临水民居

单开间的多进民居，平面呈狭长形状，进与进之间以天井相隔，天井已成为纵向空间不可缺少的元素。而基地地形的变化和开间尺寸的收缩、扩张等，都较为随意、灵活、切合实际情况。

两开间三进的民居，多以“侧弄”作为前后进的交通联系体，避免了一般多进民居纵向穿越的弊病。

江南水乡气候湿润多雨，民居多设有檐廊，以保护外檐装修免受雨水侵袭。檐廊的位置依据民居的规模与形制的不同而变化，一般设在二层楼房的底层，也有楼上楼下均设置的。底层檐廊多为开敞柱廊或半开敞的栅栏廊，这种设置多用于民居临街的一侧。

民居的前后进之间，多以侧廊相连。侧廊与檐廊形成三面或四面环抱天井的回廊，使前后空间彼此贯通，民居看来更富有层次与亲切感。

檐廊的具体布置多是依附于房屋的木构主体，即由大木结构向外增加一步，以落地外檐柱支撑。檐廊的形态多种多样，且大多能与使用功能相结合。

水乡民居的平面构图不强求中轴对称，表现出一种朴实的风格，拥有一份宁静的生活环境。清新淡雅的水乡，古朴清幽，纯净天然，不知曾吸引多少文人雅士的

透过圆月似的拱洞看水乡民居，如梦如幻

浙江乌镇民居临河景致

称赞吟咏。

民居的房屋因使用功能的不同而有堂、室等之分。

“堂”主要用于会客、祭祀，及家人平时生活起居，兼有礼仪性与实用性。一般来说，较小的民居的堂屋只有一间。而在较大的民居中堂屋则不只一处，并有主次之分，正堂用来祭祖，会见贵客，次堂用作家人起居，会见一般客人。

堂屋多面向天井或内院，从住宅正门进入，穿过天井就可到达正堂，这显示了堂屋在功能上的重要性和公共性。

室是民居中的专用空间。在江南水乡民居中，“室”相对封闭、私密，可以是卧房、书房、厨房等，所以空间结构形态较封闭，不若堂屋般开敞。江南水乡民居的一个极大特点是空间利用率高，无论是平面布置还是空间设置，都尽量让其发挥到最大效用。

“室”出于私密性与安全防卫性的需要，其大面积开窗的部位通常面向天井，底层除开设小店铺外，临街一侧多设高窗，这显示出民居的内向性特征。但是在民居的二层以上，无论临河或临街，开窗面积都较大，甚至设满堂窗以争取日照及自然通风，或者采用挑廊、槛窗等以增加室内外的交流与融合，这显示出的则是水乡民居的外向性特征。内、外向性格的并存正是水乡民居的重要特点之一。

浙江乌镇某民居

水乡民居的营造，因基地条件、使用要求、建筑用料等而灵活多变，不过其基本形态与技术仍是遵循苏南木结构建筑传统。无论平房还是楼房，都采用木构架加填充墙结构体系，所以素有“墙倒屋不塌”之说。木构架的构造方式主要有穿斗式和抬梁式两种，另有其他一些演变形式。

穿斗式构架，以落地木柱直接承受檩条及屋面荷载并传至基础，同时用穿插枋将落地木柱从纵横两个方向加以联系，使其成为具有较好刚度的空间构架系统。穿斗式构架，立柱较密，用料较小。

抬梁式构架，除了用木柱支承檐檩并直接落地外，还用童柱将脊檩和其他檩条的荷载经横梁传递至前后檐柱，再用枋加以联系。抬梁式结构中，除檐柱外，在跨度之间没有落地柱，所以较适于厅堂等面积较大的开阔空间。

此外，还有这两种结构体系的复合变体，分别被称为双步梁架构和三步梁架构。其特点是檩的数量与落地柱的数量不相等。通常的做法是前后檐柱落地，其余立柱则根据空间划分的需要每隔一檩或两檩落地，形成双步梁或三步梁。脊柱则可落地也可不落地。

水乡民居的建筑艺术风格质朴、简约、富于生活气息。

苏南水乡素为鱼米之乡，商业繁盛，但民居却极少为标榜财富而浓妆艳饰，一般

沿河苏州民居群

民居乃至名门士人、商贾府邸等，都采用较简洁的造型，于朴实中显高雅。这也是由吴地历来的发达文化与文人雅士云集而自然产生的审美情趣及诗意品位。

水乡民居粉墙黛瓦，在碧水、蓝天、绿叶的映衬下，仿佛充满书卷气息的中国泼墨山水画。民居的内外檐装修，多为棕色木质，街巷路面多以灰黄色或青灰色石块铺砌，简朴、素雅、自然。

水乡民居在总体上的独特布局及其与水的联系、呼应，形成了风貌独特的群体造型。因而，苏南水乡的民居造型的耐人寻味之处，既在于单体建筑的精妙，更在于群体的和谐与韵味，是非常独特的民居建筑。

参考书目

1. 王其钧. 中国民居. 上海:上海人民美术出版社. 1991
2. 王其钧. 中国传统民居建筑.香港三联书店. 1993
3. 王其钧. 古往今来道民居. 台湾大地地理文化科技事业股份有限公司. 2000
4. 李秋香. 中国村居. 百花文艺出版社. 2002
5. 王其钧. 中国民间住宅建筑. 机械工业出版社. 2003
6. 王其钧、贾先锋. 中国民居. 香港和平图书有限公司. 2003
7. 陆元鼎、杨谷生. 中国民居建筑. 华南理工大学出版社. 2003
8. 孙大章. 中国民居研究. 中国建筑工业出版社. 2004
9. 阮长江. 中国历代家具图录大全. 江苏美术出版社. 1992
10. 徐雯. 中国古家具图案. 台北南天书局出版. 1991
11. 程建军、孔尚朴. 风水与建筑. 江西科学技术出版社. 1992
12. 堪舆. 鸿宇. 中国社会出版社. 2004
13. 王其钧. 大地之乐平戏台. 大地地理杂志社. 1996
14. 马炳坚. 北京四合院建筑. 天津大学出版社. 2001
15. 陆翔、王其明. 北京四合院. 中国建筑工业出版社. 1996
16. 徐民苏、詹永伟、梁支厦、任华堃、邵庆. 苏州民居. 中国建筑工业出版社. 1991
17. 中国古镇游. 中国古镇游编辑部. 陕西师范大学出版社. 2003
18. 王星明、罗刚. 徽州古村落. 辽宁人民出版社. 2002
19. 黄浩、邵永杰、李廷荣. 江西天井式民居. 景德镇市城乡建设局内部资料. 1990
20. 何重义. 湘西民居. 中国建筑工业出版社. 1995

21. 魏挹澧、方咸孚、五齐凯、张玉坤. 湘西城镇与风土建筑. 天津大学出版社. 1995
22. 黄汉民. 福建土楼. 台湾《汉声》杂志社. 1994
23. 陆元鼎、魏彦钧. 广东民居. 中国建筑工业出版社. 1990
24. 黄为隽、尚廓、南舜薰、潘家平、陈喻. 闽粤民居. 天津科学技术出版社. 1992
25. 云南民居. 云南民居编写组. 中国建筑工业出版社. 1986
26. 云南大理白族建筑. 大理白族自治州城建局、云南工学院建筑系. 云南大学出版社. 1994
27. 朱良文、木庚锡. 丽江纳西族民居. 云南科技出版社. 1988
28. 李乾朗. 金门民居建筑. 台湾雄狮图书公司. 1987
29. 大地上的居所. 内政部营建署金门国家公园管理处. 1999
30. 叶启燊.四川藏族住宅. 四川民族出版社. 1992
31. 严大椿. 新疆民居. 新疆土木建筑学会、中国建筑工业出版社. 1995
32. 侯继尧、任致远、周培南、李传泽. 窑洞民居. 中国建筑工业出版社. 1989
33. 宋昆主编. 平遥古城与民居. 天津大学出版社. 2000
34. 李少华、王益明、张桂泉. 古城平遥. 山西经济出版社. 2001
35. 安锦才. 乔家大院. 山西经济出版社. 1999
36. 古镇书山西卷. 古镇书编辑部. 南海出版公司. 2003
37. 李长杰主编. 桂北民间建筑. 中国建筑工业出版社. 1990
38. 徐杰舜、杨秀楠、徐桂兰. 程阳桥风俗. 广西民族出版社. 1992
39. 楠溪江中游乡土建筑. 北京清华大学建筑学院. 汉声杂志社. 1992
40. 陈志华、李玉祥. 楠溪江中游古村落. 生活 · 读书 · 新知三联书店. 1999
41. 刘敦桢. 中国古代建筑史. 建筑科学研究院建筑史编委会 中国建筑工业出版社. 1984
42. 郭黛姮主编. 中国古代建筑史（第三卷）. 中国建筑工业出版社.2003
43. 刘大可. 中国古建筑瓦石营法. 中国建筑工业出版社. 1993
44. 楼庆西. 中国传统建筑装饰. 台北南天书局. 1998
45. 楼庆西. 户牖之美. 生活 · 读书 · 新知三联书店出版. 2004
46. 中国江南古建筑装修装饰图典. 中国建筑中心建筑历史研究所. 中国工人出版社. 1994
47. 楼庆西. 中国建筑的门文化. 河南科学技术出版社. 2001
48. 覃力. 说门. 山东画报出版社. 2004
49. 覃力. 说亭. 山东画报出版社. 2004

50. 高珍明、覃力. 中国古亭. 中国建筑工业出版社. 1994
51. 张德宝、庞先健、完颜绍元、郭永生. 中国风俗图像解说. 上海书店出版社. 1999
52. 万幼楠、葛振纲. 中国古典建筑美术丛书之牌坊、桥. 上海人民美术出版社. 1996
53. 晋元靠. 徽州牌坊艺术. 安徽美术出版社. 1993
54. 彭一刚. 中国古典园林分析. 中国建筑工业出版社. 1986
55. 刘庭风. 中国古园林之旅. 中国建筑工业出版社. 2004
56. 苏州古典园林. 南京工学院建筑系. 1978
57. 苏州园林. 苏州园林管理局. 同济大学出版社, 1991
58. 拙政园志稿. 苏州地方志编纂委员会办公室 苏州园林管理局. 1986
59. 吴靖宇. 拙政园. 南京工学院出版社. 1988
60.王其钧. 图说民居.中国建筑工业出版社. 2004
61.王其钧. 华夏营造 · 中国古代建筑史. 中国建筑工业出版社. 2005